"十三五"国家重点出版物出版规划项目
新时代中国核电发展战略及技术研究丛书

核电站核岛关键设备材料技术

刘正东　何西扣　杨志强　编著

科学出版社

北　京

内 容 简 介

AP1000 和华龙一号是具有国际领先水平的第三代压水堆核电站的代表，AP1000 和华龙一号核电站的工程首堆均在我国建造，其核岛关键设备包括压力容器、蒸汽发生器、异形整体锻造主管道、堆内构件、主泵等，上述关键设备的大型一体化设计和服役寿期延长对材料技术及其部件制造技术提出了严峻挑战。其中，压力容器 508-3-1 钢超大型锻件、蒸汽发生器用 508-3-2 钢及其大锻件、Inconel690 合金传热管是我国首次研制，异形整体锻造 316LN 主管道和 F6NM 压紧弹簧锻件是国际首次研制。本书在可公开发表资料范围内，较为详细地介绍了我国自主研制上述核岛关键设备材料技术及其部件制造技术的过程，是迄今压水堆核岛关键设备材料工程技术前沿。

本书适合核工程领域技术人员、相关领域的高等院校师生和研究机构的研究人员阅读。

图书在版编目（CIP）数据

核电站核岛关键设备材料技术 / 刘正东，何西扣，杨志强编著. —北京：科学出版社，2021.4

（新时代中国核电发展战略及技术研究丛书）

"十三五"国家重点出版物出版规划项目

ISBN 978-7-03-068474-5

Ⅰ. ①核… Ⅱ. ①刘… ②何… ③杨… Ⅲ. ①压水型堆-核电站-设备 Ⅳ. ①TM623.91

中国版本图书馆 CIP 数据核字（2021）第 054262 号

责任编辑：吴凡洁 罗 娟 / 责任校对：王萌萌
责任印制：吴兆东 / 封面设计：蓝正设计

科 学 出 版 社 出版
北京东黄城根北街 16 号
邮政编码：100717
http://www.sciencep.com

北京建宏印刷有限公司 印刷
科学出版社发行 各地新华书店经销

*

2021 年 4 月第 一 版 开本：787×1092 1/16
2024 年 1 月第三次印刷 印张：16
字数：359 000

定价：168.00 元
（如有印装质量问题，我社负责调换）

丛书序

核能是安全、清洁、低碳、高能量密度的战略能源，核能作为我国现代能源体系的重要组成部分，在推动可持续发展、确保国家能源安全、提升中国在全球能源治理中的话语权等方面具有重要的作用与地位。核能对在新时代坚持高质量发展、实现科技创新引领、带动装备制造业发展、促进升级换代、打造中国经济"升级版"意义重大。

核科学技术是人类20世纪最伟大的科技成就之一，核能发电始于20世纪50年代，在半个多世纪中经历了不同阶段的发展。当今分布于32个国家的400余座核电反应堆提供了全世界约11%的电力。以核电为主要标志的核能的和平利用，在保障能源供应、促进经济发展、应对气候变化、造福国计民生等方面发挥了不可替代的作用。进入21世纪以来，核科学技术作为一门前沿学科，始终保持旺盛的生命力，在国际上深受重视和广泛关注，世界各国对其投入的研究经费更是有增无减，推出了大量的创新反应堆、核燃料循环和核能多用途等方案，在裂变和聚变领域不断取得突破。

虽然2011年发生的福岛核事故客观上延缓了各国发展核能的进程，但通过总结福岛核事故，各国在新型核电站的设计过程中进行了大量提高核电安全性的改进，做到了从设计上实际消除大规模放射性释放。此外，在大力发展可再生能源的同时，人们认识到，核电作为可调度能源，对不可调度的可再生能源是重要的支持和补充。核电是清洁能源，不排放温室气体，为应对气候变化，核电将成为推动中国兑现碳中和承诺的主力军。

目前全球范围内的核电建设正迎来新的高潮，特别是对于新兴国家和发展中国家，发展核电更具有重要意义。我国核电发展起步于20世纪80年代，通过30多年的发展，我国在运核电装机全球第三，在建核电装机全球第一；具有自主知识产权的第三代百万千瓦核电技术"华龙一号"，具有第四代特征的中国实验快堆和高温气冷堆实现满功率运行，现在不仅跻身世界核电大国行列，成功地实现了由"二代"向"三代"的技术跨越，而且形成了涵盖铀资源开发、核燃料供应、工程设计与研发、工程管理、设备制造、建设安装、运行维护和放射性废物处理处置等完整、先进的核电产业链和保障能力，为我国核电安全高效发展打下了坚实基础。无论是科技创新成果还是国际合作，无论是核工业体系建设还是产业发展，都有令世界瞩目的表现。

面对国家新时代发展布局，核能行业积极谋划，整合行业内院士专家，系统梳理了我国在核能科技创新、产业协同规模发展的成果，按照"以核电规模化发展为主线，核燃料循环可持续发展格局，重点展望新时代科技创新发展"的思路，与科学出版社合作，推出了"新时代中国核电发展战略及技术研究丛书"，丛书包括自主先进压水堆技术"华龙一号"和"国和一号",具备四代核电特征的高温气冷堆技术,我国自主的核燃料循环科技和产业体系、核心设备和关键材料的科技发展情况。丛书首次系统介绍了自主核电型号和配套核燃料循环体系,特别突出了未来先进核燃料发展和关键设备、材料的应用,力图全面描绘出新时代核电科技发展趋势和情景。

本套丛书编委和作者都是活跃在核科技前沿领域的优秀学者和领军人才,在出版过程中,团队秉承科学理性、追求卓越的精神,希望能够体现核行业科技工作者面向新时代,对核能科技和产业体系高质量发展的思考,能够初步搭建汇集核能科技体系和成果的平台,推动核能作为我国战略产业,与社会更好地融合发展。

中国工程院院士

2020 年 12 月

前言

核电是国家能力的标志性技术之一，"积极、安全、高效发展先进核电"是我国重要的能源和环保战略。压水堆核电站是我国核电主体，"高安全、大功率、长寿期"是大型先进压水堆核电技术的发展方向。核岛主设备包括压力容器、蒸发器、主管道和堆内构件等，设备趋向高安全、长寿期、大型一体化设计，材料技术是核岛主设备自主制造和安全运行的最重要保障，也是制约我国核电技术"自主化"和"走出去"的瓶颈。2004年前，我国百万千瓦压水堆核岛主设备材料全部依赖进口。2006年我国引进世界先进第三代压水堆AP1000核电技术，但外方不转让核岛主设备材料技术。为此，2007年国家设立科技重大专项，围绕压水堆核岛主设备材料技术和核电工程继续开展攻关。

本书是"新时代中国核电发展战略及技术研究丛书"的核岛材料分册。2008~2014年，刘正东牵头承担了大型先进压水堆国家科技重大专项"核电站关键材料性能研究"项目，重点研究AP1000核电站核岛关键设备材料技术，本书是在上述项目公开发表的科技报告基础上撰写而成。其中，第1~3章涉及的研究工作由钢铁研究总院刘正东、何西扣、杨志强、李权、唐广波等和中国一重张文辉、张景利、赵德利等完成，第4章涉及的研究工作由钢铁研究总院郎宇平等完成，第5章涉及的研究工作由钢铁研究总院王立民等和上重厂李向等完成，第6章涉及的研究工作由中科院金属所刘奎等完成，第7章涉及的研究工作由钢铁研究总院孙永庆等和中国核动力研究设计院龙冲生等完成。全书由刘正东、何西扣、杨志强整理、编著和审校。

作者衷心感谢2008~2014年间中国工程院干勇副院长、原冶金工业部副部长殷瑞钰院士、原机械工业部孙昌基副部长，国家核电技术公司郁祖盛、范霁红、熊健、沙智明等，中国一重原董事长吴生富、总经理马克等对该研究工作的指导和支持！非常感谢大型先进压水堆国家科技重大专项和中国一重对该研究的经费支持！

由于作者的知识和技术水平有限，书中不妥之处在所难免，恳请读者批评指正。

刘正东

2020年11月

目录

第1章

压水堆核电站核岛及关键材料

1.1　压水堆核电站核岛结构概况

压水堆核电站一般由两个回路组成,如图 1.1.1 所示[1]。一回路为反应堆冷却剂系统,由反应堆、主泵、稳压器和蒸汽发生器等组成(美国西屋公司设计的 AP1000 核电站把蒸汽发生器和主泵集成在一起)。二回路由蒸汽发生器、给水泵、汽水分离再热器、汽轮机、蒸汽凝结器(凝汽器)等组成。核电站的一、二回路经过蒸汽发生器进行热交换。一回路的冷却水在压力作用下始终处于液态,其将核裂变产生的热量带至蒸汽发生器,通过传热管使二回路的水汽化,蒸汽排出推动汽轮机,汽轮机带动发电机发电。做功后的蒸汽冷凝成水,再回到蒸汽发生器进入下一个做功循环。

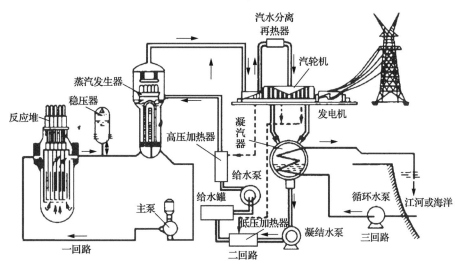

图 1.1.1　压水堆核电站工作原理示意图

反应堆堆芯置于压力容器中,由一系列正方形的燃料组件组成,燃料组件大致排列成一个圆柱体堆芯。燃料一般采用富集度为 2.0%~4.4%的烧结二氧化铀(UO$_2$)芯块。燃料棒全长 2.5~3.8m。压力容器为低合金钢的圆筒形壳体,内壁堆焊奥氏体不锈钢。蒸汽发生器内部装有数以万计的薄壁传热管束,材料为奥氏体不锈钢或镍基耐蚀合金。主泵多采用立式单级轴封式离心水泵,泵壳和叶轮为不锈钢铸件。美国西屋电气公司设计的 AP1000 压水堆核电站采用大型屏蔽电机主泵,并直接倒置在 4 台蒸汽发生器的底部,既省去了连接管路,又没有轴封泄漏问题[1]。稳压器为较小的立式圆筒形压力容器,通常用低合金钢锻造而成,内壁堆焊不锈钢,它起稳定一回路的压力和提供超压保护的作用。

压水堆核电站一回路的压力一般为15MPa左右,压力容器冷却剂出口温度约为325℃,进口温度约为290℃。二回路蒸汽压力为6~7MPa,蒸汽温度为275~290℃,压水堆的发电效率为33%~34%。我国现有的和在建的压水堆核电站的主要参数列于表1.1.1[1,2]。

表 1.1.1 中国压水堆核电站的主要参数

主要参数	堆名					
	秦山	秦山二期	大亚湾	岭澳	田湾	AP1000
设计年份	1985	1996	1986	1997	1996	2005 批准
核岛设计者	上海核工程研究设计院	中国核动力研究设计院	法马通公司	法马通公司	俄罗斯核设计院	美国西屋电气公司
热功率/MWt	966	1930	2905	2905	3000	3415
毛电功率/MWe	300	642	985	990	1000	
净电功率/MWe	280	610	930	935	1000	
热效率/%	31	33.3	33.9	34.1	35.33	
燃料装载量/tU	40.75	55.8	72.4	72.46	74.2	
平均比功率/(kW/kg)	23.7	34.6	40.1	40.0	40.5	
平均功率密度/(kW/L)	68.6	92.8	109	107.2	109	
平均线功率/(W/cm)	135	161	186	186	106.7	188
最大线功率/(W/cm)	407	362	418.5	418.5	430.8	
燃料组件	15×15	17×17	17×17	17×17	六边形	17×17
平衡燃料 U^{235} 富集度/%	3.0	3.25	3.2	3.2	3.9	
平均卸料燃耗/(MW·d/tU)	24000	35000	33000	33000	43000	
压力容器材料	SA508Gr3Cl1	SA508Gr3Cl1	SA508Gr3Cl1	SA508Gr3Cl1	15X2HMΦA	SA508Gr3Cl1
压力容器内径/m	3.73	3.85	3.99	3.99	4.13	4.04
安全壳设计压力/MPa		0.52	0.52	0.52	0.5	0.407
一回路工作压力/MPa	15.5	15.5	15.5	15.5	15.7	15.51
堆芯进口温度/℃	288.8	292.8	292.4	292.4	291	280.7
堆芯出口温度/℃	315.2	327.2	329.8	329.8	321	323.9
环路数目	2	2	3	3	4	4
主泵数目	2	2	3	3	4	4
蒸汽发生器数目	2 立式	2 立式	3 立式	3 立式	4 卧式	2 立式
蒸汽发生器管材	Incology800	Inconel690	Inconel690	Inconel690	不锈钢	Inconel690
运行周期/月	12	12	12	12	12	

1.2 压水堆核岛关键设备

1.2.1 压力容器

反应堆压力容器(RPV)是核电站核岛中的关键部件,是核电站冷却剂压力边界屏障中的一个重要设备，是核一级安全设备。它主要用来装载反应堆堆芯，密封高温、高压冷却剂。功率在 1000MW 及以上的普通压水堆核电站反应堆压力容器设计压力高达 17MPa，设计温度在 350℃ 左右，直径近 5m，厚度超过 20cm，有的单件铸锭毛重达 500 多吨，需要分段锻焊组成，设计寿命至少要求 40 年。因为其体积庞大，不可更换，所以压力容器的寿命决定了核电站的服役年限[3]。

目前，随着核电技术的发展，对压力容器提出更高要求，压力容器朝一体化、锻制化、优质化发展，具有以下特点：

(1)压力容器锻件体积大、质量重。AP1000 型反应堆压力容器高约 12.2m，容器内径4.4m，壁厚225mm，总重量约425.3t。整个容器需分成若干小节进行锻造，然后拼焊而成。图 1.2.1 为 1200MWe 压力容器锻件结构及毛坯质量[4]。由图可知，大锻件的钢材利用率较低，约为 30%。

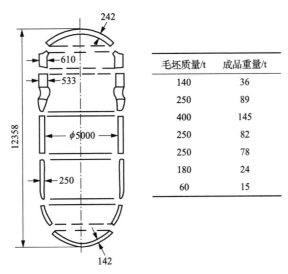

毛坯质量/t	成品重量/t
140	36
250	89
400	145
250	82
250	78
180	24
60	15

图 1.2.1　1200MWe 压力容器锻件结构(单位：mm)及毛坯质量

此外，由于锻件体积大，锻造中需大吨位的液压机，国内拥有大型液压机、具有大锻件锻造能力的企业非常很有限，表 1.2.1 为国内部分拥有万吨级液压机的企业。

表 1.2.1　国内部分万吨级液压机

参数	中国一重	中国二重	上海重机	中信重工	国光重机
公称力/MN	150	160	165	185	195
传动方式	油压	水压	油压	油压	油压

(2)压力容器的形状复杂，不易锻造。由于反应堆压力容器属于核一级安全设备，为了提高安全性，压力容器减少了横向焊缝，将上封头与法兰整体锻造，形成整体顶盖。因此，需要采取特殊的锻造方法来锻造压力容器整体顶盖，如旋转锻造法[5](图 1.2.2)。另外，由于压力容器筒体直径过大，每一节宽度过宽，往往超出大型液压机体内锻造极限，需改造设备进行体外锻造。

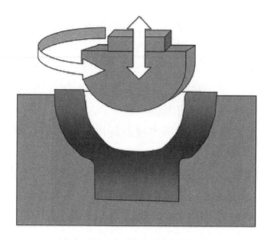

图 1.2.2 旋转锻造法示意图

(3)压力容器质量不易控制,成品率低。压力容器在锻造时需要特大钢锭,钢锭在浇铸过程中往往存在偏析、夹杂、二次缩孔等不可避免的缺陷。若锻造工艺不合理,将无法消除钢锭中的缺陷。此外,整个加工过程中需要多火次的锻造,易造成变形不均匀而出现混晶。

(4)压力容器生产周期长,投资风险大。从原材料的冶炼到浇注、锻造,再到焊接拼装,整个周期长达数十月,如我国首台完全自主化百万千瓦级核电站反应堆压力容器的整个制造工期为 22 个月。压力容器属于单件小批量,致使制备工艺没有标准化,增加投资风险。

(5)压力容器焊接难度大。压力容器由各个锻件拼焊成筒身,在筒身处有一段为压力容器接管段(图 1.2.3),需要焊接 6 个接管[6]。进出口接管与接管段深坡口环焊缝部位厚度大、刚度大,具有相当大的结构应力和焊接应力,易产生焊接变形和裂纹。

图 1.2.3 进出口接管与接管段深坡口环焊缝

目前,国内建造的 AP1000 型核电站,其反应堆压力容器所需的大型锻件必须满足

60 年的使用寿命。性能要求的提高，极大地考验了我国的基础装备制造能力。国内能够制造该锻件的企业主要有中国第一重型机械集团公司(中国一重)和中国第二重型机械集团公司(中国二重)，在刻苦攻坚下，我国的核电装备制造已经取得了较为明显的进步，如在山门和海阳核电站建设中，1#机组的反应堆压力容器锻件大部分尚需韩国斗山供货，在 2#机组的建设中已经能够全部国产化，是国内首次完成第三代核电反应堆压力容器制造[7]。

1.2.2 蒸汽发生器

蒸汽发生器的主要功能是作为热交换设备将一回路冷却剂中的热量传给二回路给水，使其产生饱和蒸汽供给二回路动力装置。蒸汽发生器是一、二回路之间构成防止放射性外泄的第二道屏障。由于水受辐照后活化及少量燃料包壳可能破损泄漏，流经堆芯的一回路冷却剂具有放射性，而压水堆核电站二回路设备不受放射性污染，因此蒸汽发生器管板和倒置的 U 形管是反应堆冷却剂压力边界的组成部分，属于第二道放射性防护屏障之一。蒸汽发生器总高约 22.4m，上壳体内径 5.3m，下壳体内径 4.1m，管板厚度 787mm，重约 600t，壳体材料为 SA508Gr3。

蒸汽发生器材料主要是大型锻件和钢板轧制件，制件之间通过焊接组成完整的蒸汽发生器。锻件材料包括封头、管板、接管、安全端等，轧制件有筒体用钢板、管束、内件材料等。材料的制造需要良好的炼钢、锻造技术和重大的生产设备，世界上能够制造蒸汽发生器的企业不多，有日本制钢所(Japan Steel Works, JSW)、韩国斗山重工、法国的克鲁索及法内诺等。目前，国内的生产上有中国一重、中国二重、上海重型机械厂有限公司、上海宝山钢铁股份有限公司等。图 1.2.4 为我国在建核电站蒸汽发生器的结构及供货情况。

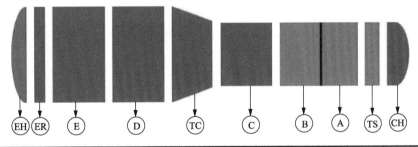

序号	部件	三门 1#供应商	海阳 1#供应商	序号	部件	三门 1#供应商	海阳 1#供应商
EH	上封头盖	韩国斗山重工/中国一重	韩国斗山重工	C	下筒体 C	韩国斗山重工	韩国斗山重工
ER	上封头环	中国一重	中国一重	B	下筒体 B	韩国斗山重工	韩国斗山重工
E	上筒体 E	韩国斗山重工	韩国斗山重工	A	下筒体 A	韩国斗山重工	韩国斗山重工
D	上筒体 D	韩国斗山重工	韩国斗山重工	TS	管板	韩国斗山重工	韩国斗山重工
TC	锥型筒体	韩国斗山重工	中国一重	CH	水室封头	韩国斗山重工(整体式)	中国一重(分体式)

图 1.2.4 我国在建核电站蒸汽发生器的结构及供货情况

蒸汽发生器可以拆分为若干锻件，锻件的制造流程为：炼钢和浇注→熔炼分析→锻造→预备热处理→初加工→尺寸检查→超声(UT)检查→性能热处理→尺寸检查→取试样→模拟消除应力热处理→力学性能试验和成品分析→精加工→尺寸检查→最终无损检测。

蒸汽发生器的锻造要在重型液压机上完成，由于蒸汽发生器部件较多，每个部件的钢锭形态不多，致使锻造工艺不同，如管板锻造的步骤为：初轧滚圆并切除冒口和水口端→墩粗（板压）→墩粗（锤墩）→墩粗/成型。下封头的锻造步骤为：切除冒口→压钳口并切除底端→轴向墩粗→旋转锻造→成型。预备热处理是为了改善毛坯锻造后的不良组织，消除锻造内应力，并改善切削加工性。

蒸汽发生器的上筒节、管嘴筒节等采用轧制的板材卷制而成。筒节钢板的加工顺序为钢锭的冶炼与浇注、钢板轧制。轧制前钢锭要加热至高温（≥1250℃），轧制分为三步，即初扎、扎出板宽、扎出板厚，轧制后需切除上、下端（冒口和水口），一般上端切除 7%，下端切除 3%。轧制后经过粗加工和无损检测后进行性能热处理、性能测试、消除应力热处理及最终检验。

1.2.3 主泵

核电厂主泵在核电厂一回路中提供冷却剂循环动力源，使堆芯的热量转移至蒸汽发生器中，从而在蒸汽发生器二次侧产生饱和蒸汽。主泵是核电站的关键设备，是核岛内唯一的旋转设备，核电站主泵运行故障将直接导致核反应堆停堆，甚至会造成核安全事故[8]。

常见的核主泵属于叶片泵，其基本工作原理与普通叶片泵类似，结构设计上有所不同，如常采用球形泵壳。由于使用场合特殊，其制造工艺、寿命等要求要比普通泵高得多，如新一代的核主泵要求其寿命为 60 年，远远长于普通泵。按美国 ASME 安全等级分类，核主泵属于核电厂的一级设备。核主泵是反应堆冷却剂系统的"心脏"，是核电运转控制水循环的关键，在冷却反应堆芯的同时将产生的热能带出，传递给蒸汽发生器产生蒸汽。核主泵是唯一在强放射性的核岛中长期高速旋转的装备，要求在启停、事故、地震、火灾等全工况下高效运行，并保证高放射性高温高压冷却剂无外泄漏和不发生非计划停堆事件。

最初，起源于军用反应堆的屏蔽电机主泵优先商用，而另一种核主泵——轴封泵则被研发定型于 300MW 级的商用堆[9]。加拿大、美国、苏联等国家开展研究及应用，分别独自建立自己的技术体系和运用体系；美国的主泵主要是三轴承轴系，而欧洲部分地区常为四轴承轴系。德、法、日则是引进核主泵技术，再加以研究及改变，也分别形成了自己的核主泵技术[10]。核主泵的技术伴随着核电厂技术的发展而逐步改进，并随着对核安全的高度要求，在性能和安全上都不断提高。如今世界公认的第三代核电技术有法国阿海法（AREVA）的 EPR1600 技术，其核主泵仍然沿用了 N4 型采用的 N24 型主泵种；另外一套公认的第三代核电技术为美国西屋电气公司的 AP1000 技术，其在整个体系上大大简化，且在整体安全性能上大大提高。它所采用的是单级、全密封、高惯量混流式屏蔽泵。

国内已有生产核主泵的企业，如沈阳水泵厂曾为巴基斯坦生产过核主泵。巴基斯坦所采用的核主泵的合同是于 1994 年中方与安特里茨签订的，通过采用"技贸合作"的形式，除购买大量部件外，还引进了大部分技术资料，但关键零部件的技术资料没能转让[11]。目前，我国的核主泵设计制造工艺等多方面技术与国外发达核泵技术在存在较大差距，国内核电厂的所有核主泵仍依赖进口。随着我国大力发展核电，国内也在积极引进、消化、吸收新一代的核主泵技术。我国从 2003 年开始启动第三代核电自主化依托项目的招标工作，国际三大巨头参与了竞标，美国西屋联合体最后胜出，于 2007 年 3 月正式中标。双方又经过 4 个多月的谈判，终于达成合同，约定 AP1000 技术 100%完整转让，关键设备也将 100%国产化。今后，中方将在引进 AP1000 核电技术基础上，完全拥有改进和开发输出功率大于 135 万 kW 的大型核电厂的知识产权。此前，国家核电技术有限公司组织召开 AP1000 核主泵技术转让工作第一次协调会议，确定沈阳鼓风机集团股份有限公司和哈尔滨电站设备集团公司为该项目的主要供货商。引进、消化、吸收国际先进技术的同时，真正全面掌握核主泵技术也将是一个任重道远的过程。同时，国内各大高校，如浙江大学、清华大学、上海交通大学、西安交通大学等强强联手，响应国家号召对核主泵技术积极开展大量基础研究。

1.2.4　稳压器

在压水堆核电站中，稳压器位于反应堆一回路，连接压力容器与蒸汽发生器，基本功能是维持一回路系统的压力，避免冷却剂在反应堆内发生容积沸腾，属于保证整个核电站安全运行的关键设备。AP1000 稳压器是一个锻焊结构的立式圆筒，上下分别是半球形的封头，总高 12.1m，最大外径 2.34m，设计压力 17.1MPa，设计温度 360℃，总电功率 1600kW，结构如图 1.2.5 所示[12]。二代和二代改进型核电稳压器为板焊+锻焊结构，其中筒体采用钢板卷焊制成，封头则由半球形封头与若干个接管锻件组焊而成。AP1000 稳压器为提高安全裕度，全部采用锻焊结构，减少了主要焊缝数量并避免了纵焊缝。

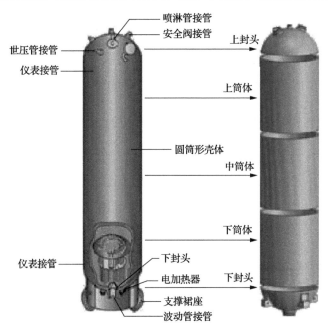

图 1.2.5　稳压器结构示意图

建造 AP1000 稳压器所需的锻件包括两个封头(上、下封头)和三个筒体(上、中、下筒体)，锻件材料均是 SA508Gr3。SA508Gr3 化学成分固定，而稳压器性能要求高，因此提高了冶炼难度，表 1.2.2 为 AP1000 与二代改进型核电稳压器锻件力学性能指标对比[13,14]。

表 1.2.2　AP1000 与二代改进型核电稳压器锻件力学性能指标比较

材料	抗拉强度 R_m/MPa	屈服强度 $R_{p0.2}$/MPa	落锤试验 RT$_{NDT}$/℃
SA508Gr3	620～795	≥450	≤−21
16MND5	552～670	≥400	≤−12

　　AP1000 稳压器封头锻件采用一体化设计，要求将二代改进型核电中焊接到球形封头上的接管改为直接锻出。其中，上封头带有两个安全阀接管和一个喷淋管接管，下封头带有一个波动管接管和四个方形底座。改为一体化设计后，稳压器封头锻件的几何形状十分复杂，成型难度显著增加。稳压器筒体锻件调质尺寸直径为 2.8m，高 4m，壁厚仅为 148mm，加热至高温状态时锻件整体刚度较弱，易发生严重的热处理变形。

　　目前，我国承担 AP1000 稳压器的生产厂家分别为上海电气和东方电气。三门 1# 和 2# 稳压器的生产厂家为上海电气，海阳 1# 和 2# 稳压器的生产厂家为东方电气。上海电气的稳压器锻件主要由上海重型机器厂有限公司提供；另外，上海电气还在中国二重订购了一套稳压器锻件的备件。东方电气的稳压器锻件主要由意大利 IBR 公司提供。国内对稳压器上封头和上、下筒体的制造已经没有太大问题，但是在下封头和中筒体制造方面还存在一定困难。2010 年 4 月 3 日，中国二重成功锻出三门核电站稳压器上、下封头。

　　AP1000 稳压器大锻件的制造工艺流程为：双真空冶炼、注锭→锻造→锻后热处理→粗加工→性能热处理→性能测试→精加工→终检。合格的锻件经过焊接组装成完整的稳压器。稳压器的上、下封头均是异形件，且锻件毛坯由碗形改为圆柱形实心毛坯，中心锻透，压实难度显著增大。锻造过程中必须有足够大的锻比才能获得中心压实的效果。稳压器筒体锻件与其他核电主设备如压力容器、蒸汽发生器筒体锻件相比尺寸较小，且形状相对简单，锻造成型难度较小，锻造过程也基本类似。

　　锻件成型后需要进行热处理。由于封头是异形件，在淬火时保证各处的冷却速率相同是热处理需要克服的难题。筒体在热处理时易发生变形，需要将工件在热处理炉中水平摆放，支撑点均匀分布，保证工件受力均匀。热处理合格的产品经过机加工后将部件环焊成稳压器，然后进行局部热处理。

1.2.5　传热管

　　压水堆蒸汽发生器传热管(图 1.2.6)是蒸汽发生器的关键部件[15]。蒸汽发生器传热管承担着一、二回路的能量交换和保证一回路压力边界完整性的重要功能，传热管的可靠性直接影响核动力装置的技术性能和安全性。传热管属于一回路的压力边界，管内为一回路含硼酸和氢氧化锂的高温高压水，具有一定的腐蚀性，正常工况下温度为 310～330℃，压力为 15.5MPa，传热管若发生破损将导致放射性物质泄漏到二回路，进而释放到大气，酿成核安全事故。一回路内材料表面的腐蚀产物会被冷却剂携带流经堆芯并被活化，提高了维修期间的辐射场，传热管占有一回路压力边界管道表面的绝大部分，其腐蚀产物释放速率对停堆期间辐射剂量有重要的影响。传热管外部与二回路水接触，由于二回路水大量沸腾蒸发转变为蒸汽，水中的杂质残留下来沉积在传热管与支撑板、管板等部件之间的缝隙处，将会造成传热管因介质浓缩而引起的腐蚀与应力腐蚀开裂。因此，传热管用材必须满足苛刻的使用要求，传热管要具有良好的抗一回路水介质的均匀腐蚀、应力腐蚀开裂、二回路正常与异常工况下介质浓缩、结垢而引起的缝隙腐蚀、应力腐蚀开裂、流致振动造成的传热管疲劳断裂和与支撑板之间的微动磨损等能力[16]。

图 1.2.6　蒸汽发生器传热管

　　核电站传热管材料的发展基本上由三个阶段组成：第一阶段是 20 世纪 50～60 年代，在核电发展的初期，主要采用的是 18-8 不锈钢管；第二个阶段是在 20 世纪 70 年代，先后采用 Inconel600 镍基合金和 Incoloy800 合金；第三个阶段是 20 世纪 80 年代后，Inconel690 合金逐步取代大部分 Incoloy800 合金，Inconel600 被淘汰[17,18]。因此，奥氏体不锈钢、Inconel600 镍基合金、Inconel800 铁基合金和 Inconel690 镍基合金均用于制作核电站传热管。

　　目前，俄罗斯的核电站传热管仍然采用 304 奥氏体不锈钢来制造。奥氏体不锈钢对含 Cl⁻的介质晶间腐蚀和应力腐蚀比较敏感。1970 年前后，人们认为固溶处理态的 Inconel600MA 耐腐蚀性能能够满足要求。Inconel600 合金 Cr 含量不高，在经过热加工或长期的高温运行后，Inconel600MA 会出现晶界附近贫 Cr 问题，从而导致晶间应力腐蚀倾向。为了解决 Inconel600 合金的贫 Cr 问题，通过对 Inconel600 合金在 700～730℃进行长时间的时效脱敏处理，使合金基体内过剩的 C 迁移到晶界，与 Cr 等形成 $Cr_{23}C_6$，同时使晶界附近的贫 Cr 区由晶内的 Cr 扩散补充，保持晶界附近区域的 Cr 含量与晶内基本一致，这种处理称为特殊热处理，用该工艺处理的 Inconel600TT 就可以大大减轻发生晶间腐蚀的风险[19]。同时，也针对 Inconel600 合金晶界贫 Cr 问题，进一步开发了 Inconel690 合金，其 Cr 含量提高到 28%以上，使其耐晶间腐蚀性能大大提高。20 世纪 80 年代中期开始，经过时效脱敏处理的 Inconel690 被认为是最好的传热管材料。Incoloy800Mod 合金属于高 Cr-Ni 奥氏体不锈钢材料，Cr 含量为 19%～23%，Ni 含量为 30%～35%，其抗晶间腐蚀和应力腐蚀性能良好，被德国核电业采用，这也是 Inconel690TT 材料的一个替代材料。选择 Inconel690 合金作为传热管材料，曾经经过了美国西屋电气公司、法国 Framatone 公司和 CEA 长时间的研究和模拟工况考验[20,21]。

　　我国在 Inconel690 合金国产化经历了一个曲折的过程。20 世纪 80～90 年代，为了满足我国开发舰船用核反应堆、秦山核电站、大亚湾核电站建设的需要，国内曾组织研发生产过蒸汽发生器传热管材料 Inconel800 和 Inconel690 合金，中国科学院金属研究所、上海宝钢特钢有限公司等都进行了小批量生产，经过试验也基本满足实际要求，但由于种种原因未能在核电站应用。并且，当时我国的核电行业发展前景不明朗，使得关于Inconel690合金的研究和生产被一时中止。21世纪初，随着我国确定核电发展中长期规划，国内又兴起了一轮Inconel690合金国产化高潮。四川长城特殊钢有限责任公司在2004年就报道开发了Inconel690合金[16]，其产品性能也基本满足要求。2007年6月28日，由上海宝山钢铁股份有限公司与江苏银环精密钢管股份有限公司合资组建了宝银特种钢管有限公司，成为我国第一个核电蒸汽发生器用690-U型管生产基地[22]，已经生产出第一批试样品管，也尚未应用到核电站建设。核电蒸汽发生器用Inconel690传热管对核电站安全运行起着极其重要的作用，因此技术规格要求非常高。

1.3　压水堆大锻件用钢的发展历史

反应堆压力容器长期在高温高压辐射条件下运行，其完整性对反应堆的安全和寿命至关重要。反应堆压力容器基本上采用板焊结构(厚板+焊接)和锻焊结构(锻件+焊接)两大类。第一代反应堆压力容器用钢板，是在石油化工压力容器用钢技术的基础上，根据低合金钢的使用经验而确定的。美国早期的反应堆压力容器基本上采用具有良好焊接性能的锅炉钢板制造。1955年，反应堆压力容器用钢板选用了ASME SA212B，该钢强度较低，而且当钢板的截面变厚时，其冲击韧性明显下降。第二代反应堆压力容器用钢板改用强度较高的Mn-Mo系SA302B钢，Mn是强化基体和提高淬透性的元素，Mo能提高钢的高温性能及降低回火脆性。为改善厚截面淬透性，使强韧性有良好的配合，通过在SA302B钢中添加Ni，研制了改进型SA302B(含0.40%~1.00%Ni)，即后来的SA302C。从1965年起，第三代反应堆压力容器用钢板开始采用SA533B，热处理工艺开始采用淬火+回火(调质)工艺。钢种的提升和热处理工艺的改进使反应堆压力容器用钢板的技术水平上了一个大的台阶。

反应堆压力容器锻件用钢的发展过程类似于板材。最初使用的是C-Mn钢锻件SA105和SA182，随后又被Mn-Ni锻件SA350-82和Mn-Ni-Mo锻件SA336取代。1965年以后，出现了Mn-Ni-Mo系SA508Gr2钢锻件及其改进钢种SA508Gr3锻件。20世纪60年代是世界范围内核电站建设的高潮期，也是反应堆压力容器用钢发展的重要变革期。由于炉外精炼和真空浇铸等冶金技术和装备的进步，大锻件用钢的综合冶金质量大幅度提升，加之热处理工艺由常化热处理升级为调质热处理，使生产细晶粒和高强高韧相匹配的压力容器板材和锻件成为可能。随着核电站不断向大型化发展，压力容器的吨位和壁厚不断增加。由于压力容器壁厚增加和面对辐照活性区的纵向焊缝辐照脆化问题，压力容器在设计和制造上逐渐采用锻焊结构来代替板焊结构，环锻件不需要纵向焊接。20世纪60年代核电站环锻件材料基本选用SA508Gr2钢，直到1970年西欧国家发现SA508Gr2钢制造的压力容器锻件堆焊层部位出现再热裂纹，严重威胁核电站安全。为克服堆焊层下的再热裂纹问题，在SA508Gr2钢的基础上通过成分改进开发了SA508Gr3钢。后者是在前者的基础上，通过降低C、Cr、Mo元素的含量，以减小再热裂纹敏感性。为弥补强化元素降低后的强度损失,提高了钢中 Mn 的含量。Mn、Ni、Mo 是 SA508Gr3 钢的主体元素。SA508Gr3 钢锻件经调质处理后,其基体组织应为单一贝氏体。当截面过大或冷却不足时,其基体中也可能出现铁素体(F)和珠光体(P)组织。铁素体和珠光体组织的出现对钢的强韧性不利,应尽力避免[23,24]。

目前,典型的压水堆核电站 RPV 锻件用钢主要有美国的 SA508Gr3、德国的 20MnMoNi55、法国的 16MND5、俄罗斯的 15X2HmΦAcl.1 和日本的 SFVV3 等。在这些钢种中,除俄罗斯的 15X2HmΦAcl.1 外,其余钢种的成分与 SA508Gr3 非常接近,或者可以说是同一个钢种的不同标准版本。迄今,SA508Gr3 钢被认为是制造压水堆压力容器锻件的首选和通用材料。20 世纪 60 年代中后期,强劲的需求和冶金技术的进步推动 RPV 钢的研究取得重大发展,特别在锻材的纯净度、均匀性、韧性、辐照后的性能、厚截面力学性能等方面都取得了重大成果。在 SA508Gr3 钢基础上,又开发了一种淬透性更强、低温韧性更好的钢种 SA508Gr4N。SA508Gr4N 钢与 SA508Gr3 相比,Mn 含量显著降低而提高了 Cr、Ni。Mn 含量降低可以减少钢中偏析,降低回火脆化敏感性;Cr、Ni 含量提高,可以降低奥氏体(A)向铁素体(F)和碳化物的转变速度,使 C 曲线明显右移,从而也降低了淬火的临界冷却速率,致使钢的淬透性增加并获得空淬效应[25]。

我国在 20 世纪 60 年代开始进行反应堆压力容器用钢的研究和试制,主要用于我国第一代核潜艇反应堆压力壳。当时我国发展核潜艇,不同于其他武器系统,后者多少有一些苏联的实物或资料可供借鉴,而核潜艇专用材料则一无所有。在这种背景下,钢铁研究总院刘嘉禾教授接受了研制我国潜艇核反应堆压力壳材料的任务。当时系统设计单位只了解到国外地面核电站的压力壳使用的是碳钢或碳锰钢,由于这类钢强度低,其壳体必然很厚,不适宜用在舰艇上,设计部门要求研制一种强度和韧性都好的新材料。刘嘉禾教授提出两个技术方案:一个是在锅炉钢的基础上调整成分和工艺,保持其中温强度优点,弥补其韧性不足;另一个是在潜艇耐压壳体钢的基础上通过微合金化以满足强度要求(锅炉钢有高中温持久强度优势,潜艇耐压壳体钢有优良的低温韧性)。试验方案确定后,需要进行成分优化,同时工艺还要迁就我国当时冶金设备的实际水平。20 世纪 60 年代我国没有炉外精炼设备,无法进行真空处理,致使钢中氢含量不能降低至满意的范围。为防止大锻件出现"白点"缺陷,必须从退火上想办法。当时没有大型热处理设备,使得锻件不能采用淬火+回火调质处理,将使材料的强度和韧性均有一定程度的降低。经过设计和制造单位共同献计献策,采取了一些现在看来很笨而当时却十分有效的措施,克服了上述种种困难。我国反应堆压力容器用钢研制起步阶段正好赶上经济困难时期,我国核潜艇工程研究曾一度中断,但在当时核潜艇工程总设计师彭士禄等的支持下,反应堆压力容器用钢研制工作一直没有停止,并成立了彭士禄、陈祖泽、刘嘉禾 3 人领导小组,专责协调反应堆压力容器用钢的研制工作。在 3 人领导小组的组织安排和全体研制人员的不懈努力下,终于完成了这项新材料的试制任务,并定名为 645-3 钢。这种钢制造的压力壳体已用于我国多艘核潜艇上。后来发现这种钢的成分和工艺与国外完全不同,它在核潜艇反应堆壳体材料的发展史上,留下了我国自己独特的一页。

645-3 钢是 Cr-Ni-Mo-V 系列高强度低合金钢,其锻造性能差,钢材利用率低,对白点缺陷较为敏感,大锻件锻造除氢处理时间长,具有较强的辐照敏感性,镍含量高,价格较贵[26]。1973 年，我国参照美国 SA508Gr3 钢，在当时国内已有钢种 18MnMoNb 的基础上添加 0.60%～0.90%Ni，开始研制核电站反应堆压力容器用钢，定名为 S271 钢。该钢种与美国 SA508Gr3 钢不同之处在于采用的晶粒细化元素不同——前者添加 0.02%～0.06%Nb，后者添加微量的 V，其他主要成分 C、Si、Mn、Ni、Mo 的含量大致相同。1981年起，结合我国核电发展的需要，钢铁研究总院、中国二重、哈尔滨焊接研究所、中国核动力研究设计院等单位经过十年的攻关共同仿制成功了国际上通用的 SA508Gr3 钢，其质量已达到 20 世纪 80 年代国际先进水平[27]。2005 年 9 月，中国一重采用国产 SA508Gr3 钢承制秦山核电站二期扩建工程 650MW 反应堆压力容器，这是首次完全由国内制造企业独立建造完成的，即从原料的冶炼、锻造、热处理、机械加工、焊接到最终发运出厂均由国内企业独立完成。中国一重承制 650MW 反应堆压力容器对加速百万千瓦级核电站建设步伐、提高核电设备国产化率、降低工程造价具有重要意义。

近年来，随着核电站建设的逐步展开，我国对 SA508Gr3 钢的认识在不断进步，可以说基本上掌握了 SA508Gr3 钢的生产制造技术，但是与国外先进水平相比还存在不小的差距。随着反应堆压力容器向大型化和一体化方向发展，SA508Gr3 钢难以保证特厚截面上的组织均匀性和性能稳定性。在此情况下，具有更高强韧性和淬透性的 SA508Gr4N 钢将可能逐步代替 SA508Gr3 钢而获得工程应用，世界上对 SA508Gr4N 钢的应用研究和数据积累工作正在进行。典型的轻水堆压力容器用钢的标准成分范围列于表 1.3.1。我国从 2005 年起开始 SA508Gr4N 钢的研制，目前已取得一定的进展[28]。

表 1.3.1　轻水堆压力容器用钢化学成分　　　　（单位：%（质量分数））

化学成分	中国 S271	中国 645-3	美国 SA508-2	美国 SA508Gr3	美国 SA508Gr4N	德国 20MnNiMo55	法国 16MND5	日本 SFVV3
C	0.17～0.23	0.10～0.15	≤0.27	≤0.25	≤0.23	0.17～0.23	≤0.20	0.15～0.22
Si	0.11～0.30	0.15～0.35	≤0.40	≤0.40	≤0.40	0.15～0.30	0.10～0.30	0.15～0.35
Mn	1.20～1.50	0.60～0.90	0.50～1.00	1.20～1.50	0.20～0.40	1.20～1.50	1.15～1.55	1.40～1.50
P	≤0.012	≤0.025	≤0.025	≤0.025	≤0.020	<0.012	≤0.008	<0.003
S	≤0.015	≤0.025	≤0.025	≤0.025	≤0.020	<0.015	≤0.008	<0.003
Ni	0.57～0.93	4.0～4.5	0.50～1.00	0.40～1.00	2.75～3.90	0.50～1.00	0.50～0.80	0.70～1.00
Cr	≤0.25	1.20～1.50	0.25～0.45	≤0.25	1.50～2.00	<0.20	≤0.25	0.06～0.20
Cu	≤0.05	≤0.05	≤0.20	≤0.20	≤0.25	<0.12	≤0.08	0.02
Mo	0.45～0.65	0.40～0.50	0.55～0.70	0.45～0.60	0.40～0.60	0.40～0.55	0.45～0.55	0.46～0.64
V	≤0.01	0.07～0.15	≤0.05	≤0.05	≤0.03	≤0.02	≤0.01	0.007
Nb	0.02～0.06	0.02～0.06	≤0.01	≤0.01	≤0.01			
Co	≤0.02	≤0.02						
Al			≤0.025	≤0.025	≤0.025			
Sn	≤0.01							
As	≤0.01							
Sb	≤0.005							
B	≤0.0005		≤0.003	≤0.003	≤0.003			

1.4 压水堆大锻件技术的发展

核安全是核电产业健康快速发展最重要的基础。核电站的主要结构件基本上是由钢铁材料制造的。核电建设在选材决策上是趋于保守的,基本上选用相对成熟的有使用经验的钢铁材料技术。这里所说的钢铁材料技术至少应包含以下几层含义:①材料的稳定的内控成分范围和生产方案;②材料工业现场生产制造过程;③材料服役过程性能演变评估。只有上述内容都成熟才可能说这个钢铁材料技术成熟了[29]。

压力容器用钢及其锻件技术是核电和核动力发展的重要基石,半个多世纪以来压力容器用钢及其锻件技术一直在不断地发展、完善和进步。随着电力需求的不断增大,世界各国在增加核电站数量的同时,也在不断地提高单堆的容量,而单堆容量的增加,不可避免地引起核反应堆压力容器的大型化。从核容器的安全性和经济性考虑,应尽量减少 RPV 组焊、连接时的焊缝长度,因此核反应堆的发展方向是在技术可行的范围内尽可能地实现一体化和整体化。以上情况导致板焊结构反应堆压力容器逐步被锻焊结构反应堆压力容器代替(至少可以减少一道纵焊缝),而且锻焊结构压力容器的锻件厚度不断增大,单块锻件重量和容器总重量不断提高。

锻件厚度的增大对材料性能和生产设备能力均提出了挑战,提高锻件材料的强度极限指标通常是可使锻件设计厚度减薄的最有效途径。表 1.4.1 列出了过去半个世纪以来一回路典型反应堆压力容器用钢强度的演变情况。屈服强度($R_{p0.2}$)从 248MPa 提高到 450MPa,抗拉强度 R_m 从 483MPa 提高到 725MPa,可见屈服强度和抗拉强度指标的下限值均提高 200MPa 以上。钢的屈服强度提高,可以提高钢的设计许用应力值,就可以使锻件的厚度减薄。表 1.4.2 列出了目前世界各国在役和在研的典型反应堆压力容器用钢的强韧性指标要求[30-32]。可以看出,SA508Gr4N 钢的强韧性指标均比 SA508Gr3 钢高。在实验室条件下测试的 SA508Gr4N 钢双面淬透性极限值高达 1200mm,而相同条件下 SA508Gr3 钢的双面淬透性极限值为 700mm[33]。这些测试数据说明,SA508Gr4N 钢是下一代反应堆压力容器大锻件用钢的优秀候选钢种。随着辐照数据等应用研究数据的不断积累,SA508Gr4N 钢将可能逐步替代 SA508Gr3 钢。

表 1.4.1　核电站一回路压力容器用钢的强度演变

材料牌号	成分系	$R_{p0.2}$/MPa	R_m/MPa
A105	C-Mn	248	483
A182	Mn-Mo	276	483
A350	Mn-Ni	207	414
A336 改型	Mn-Ni-Mo	345	550
SA508Gr2	Mn-Ni-Mo	345	550~725
SA508Gr3Cl1	Mn-Ni-Mo	345	550~725
22MoNiCr37	Mn-Ni-Mo	440	590~740
20MnNiMo55	Mn-Ni-Mo	440	590~740
SA508Gr4N	Cr-Ni-Mo	450	725~895

表 1.4.2 主要反应堆压力容器用钢的性能指标要求

牌号	拉伸性能					冲击性能(夏氏 V 形缺口)/J			RT_{NDT}/℃
	试验温度/℃	R_m/MPa	$R_{p0.2}$/MPa	A/%	Z/%	试验温度/℃	三个平均	单个最低	
中国 S271	室温	552~739	≥345	≥18	≥50	−10	41	35	≤−10
	350℃	≥508	≥345	≥16	≥45				
美国 508-2	室温	550~725	≥345	≥18	≥38	4.4	41	34	
	350℃		≥285						
美国 SA508Gr3	室温	550~725	≥345	≥18	≥38	4.4	41	34	
	350℃	≥505	≥345	≥16	≥45				
美国 SA508Gr4N	室温	725~895	≥450	≥16	≥35	−29	48	41	
	350℃								
德国 20MnNiMo55	室温	560~700	≥390	≥19	≥45	0	41	34	≤−12
	350℃	≥500	≥350						
法国 16MND5	室温	550~670	≥400	≥20		0	90*	70*	
							70#	50#	
	350℃		≥300	≥20		−20	70*	50*	
							50#	35#	
日本 SFVV3	室温	≥550	≥345	≥18	≥38	4	40.2	34.5	≤−30
	350℃								

注:A 表示断后伸长率,Z 表示断面收缩率。

*为周向。

#为轴向。

压水堆核电站压力容器的主要设计参数为工作压力 14~16MPa,设计压力一般为工作压力的 1.25 倍,容器水压试验压力为工作压力的 1.5 倍。容器的设计使用温度为 340~350℃,反应堆入口温度为 280~290℃,反应堆出口温度为 310~320℃。20 世纪反应堆压力容器的设计寿命为 40 年,21 世纪反应堆压力容器的设计寿命则提高到 60 年,在整个寿命周期内,反应堆压力容器不可更换。特厚大型反应堆压力容器长期在高温高压辐照环境下服役,对容器用钢的组织、性能及其长期稳定性提出了苛刻的要求:

(1)在室温和服役温度下最终锻件产品具有足够高的强度、合适的强韧性匹配及尽可能低的韧脆转变温度(ductile-brittle transition temperature,DBTT)。

(2)在服役温度下,最终锻件产品具有良好的组织稳定性。

(3)经长期辐照后最终锻件产品具有相对高的抗辐照脆化特性。

(4)具有良好的可焊性和冷热加工性能。

(5)最终锻件产品在经济上具有竞争力。

为全面满足上述要求,一般情况下反应堆压力容器的技术开发流程如图 1.4.1 所示。

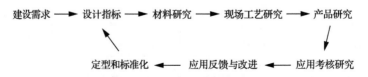

图 1.4.1 反应堆压力容器的技术开发流程示意图

对反应堆压力容器产品开发而言，图 1.4.1 中的每一个步骤都非常关键，不能省略，这个流程是由反应堆压力容器产品的内在本质决定的。其中，材料研究和应用考核研究花费的时间比较长、需求经费比较多，应该在整个反应堆压力容器产品开发计划之前进行安排，否则将影响整个核电站的设计和建设计划。

日本制钢所(JSW)制造的欧洲压水堆(European Pressure Reactor，EPR)反应堆压力容器锻件，从炼钢到锻件产品清理包装主要经历了 19 道工序，分别为炼钢和铸锭、锻造、预备热处理、清理、粗机加工、超声波探伤、粗机加工、预热、气割、消应力热处理、粗机加工、焊接、调质热处理、取样、模拟焊后热处理等全面性能检验、精机加工、全面探伤、标记、锻件产品清理包装[34]。该生产组织流程基本上可以代表反应堆压力容器锻件生产的实际组织过程，其对应于图 1.4.1 中的材料研究、现场工艺研究和产品研究三个环节。对材料、现场工艺和产品这三个环节研究得越深入，实际生产时的流程执行得就会越顺利。反应堆压力容器用钢的技术进步也主要体现在对这三个关键环节的认知程度和可控程度上。

炼钢是最重要的制造工序之一，是保证反应堆压力容器锻件质量的关键。炼钢过程一方面要保证化学成分的精确控制水平和相互匹配，另一方面要严格控制气体含量和各种夹杂元素的含量。对反应堆压力容器大锻件用钢化学成分控制水平的进步也体现在两个方面：一方面是经过图 1.4.1 所示全过程检验和考核后，发现了新问题，总结了新经验，对大锻件用钢化学成分控制点及其合适范围有了新的认识，从而对以前的技术规范进行修改或完善，如 SA508Gr3 钢 C、Mo、Si、Al、V、N、P、Ni 等元素的控制点及其范围均经历了上述过程。即使到今天，对 SA508Gr3 钢各元素的最佳控制点及其范围仍在不断优化调整之中[35]。另一方面，冶金工业装备水平和冶炼技术水平的进步，提高了大锻件用钢化学成分控制点的可控性，使以前可望而不可即的控制目标成为现实。

沈福初和张敬才[4]综述和总结了截至 1989 年国内外反应堆压力容器用大锻件的性能要求和生产工艺技术情况。他们总结了当时冶炼反应堆压力容器大锻件的工艺流程，如图 1.4.2 所示，其中①和②两种工艺是日本制钢所等采用的工艺路线。当单炉的容量达不到锻件所需重量要求时，采用多炉合浇工艺，即所谓的 MP 工艺。③是日本川崎制铁所当时采用的工艺路线。沈福初和张敬才评价④和⑤是比较适合中国国情的生产核用大锻件的工艺路线。限于当时我国冶金装备的落后状况，这个观点在当时无疑是正确的。20世纪 90 年代以来，我国冶金工业迅猛发展，90 年代中期我国钢产量已跃居世界第一并一直保持至今。到 2005 年前后，我国冶金工业的装备技术水平已经处于世界领先水平。近年，随着核电建设高潮的兴起，我国重型机械行业的龙头企业针对核用大锻件的生产进行了设备专项技术改造，其装备技术水平也处于世界同行业领先水平。因此，我国目前生产反应堆压力容器用大锻件也采用①和②两种工艺。实际上，碱性平炉已在冶金技术发达地区退出历史舞台，③和④两种工艺路线已经不存在。由于我国炉外精炼和真空浇铸技术的发展，在气体含量和夹杂物控制方面已取得长足的进步，在制造反应堆压力容器用大锻件时，不必采用电渣重熔来保证钢锭的质量，因此工艺⑤已不适合我国的国情。我国目前制造反应堆压力容器用大锻件采用的标准冶炼工艺路线为：精料→电炉冶炼(EAF)→炉外精炼(LF、VD 等)→真空多炉合浇(MP 工艺)。

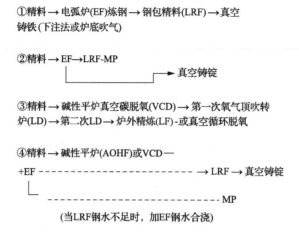

①精料 → 电弧炉(EF)炼钢 → 钢包精料(LRF) → 真空
铸铁(下注法或炉底吹气)

②精料 → EF→LRF-MP
         └────────────→ 真空铸锭

③精料 → 碱性平炉真空碳脱氧(VCD) → 第一次氧气顶吹转
炉(LD) → 第二次LD → 炉外精炼(LF) -或真空循环脱氧

④精料 → 碱性平炉(AOHF)或VCD─
+EF ------------------------ → LRF → 真空铸锭
   └ -------------------------- MP

(当LRF钢水不足时,加EF钢水合浇)

⑤精料→EF → 自耗电极棒 → 电渣重熔(ESR)钢锭

图 1.4.2　20 世纪 90 年代反应堆压力容器锻件冶炼工艺示意图

日本制钢所在 1980 年就已成功制造了 570t 的 SA508Gr3 大钢锭。该厂早期采用几台电炉冶炼、炉外精炼和多炉真空合浇工艺成功生产了 500t 重的 SA508Gr3 钢锭,用于制造反应堆压力容器的法兰锻件,真空浇注的真空度为 0.2Torr(相当于 26.7Pa)。日本制钢所是世界反应堆压力容器大锻件技术的引领者(图 1.4.3),从 20 世纪 70 年代到 20 世纪末的 30 年里,日本制钢所的反应堆压力容器大锻件用钢冶炼技术一直在发展。目前日本制钢所冶炼的 600t 级 SA508Gr3 级(16MND5)大钢锭的 S 含量可控制在 10ppm,

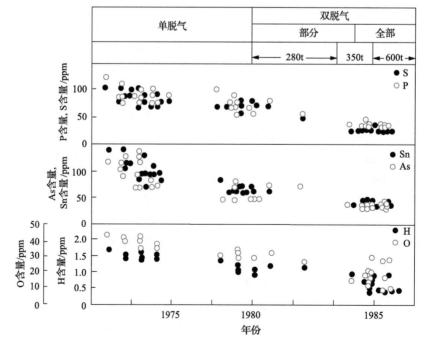

图 1.4.3　日本制钢所反应堆压力容器大锻件冶炼技术水平进步

1 ppm=10^{-6}

P 含量可控制在 20ppm，O 含量可控制在 30 ppm，H 含量可控制在 0.5ppm，As 和 Sn 的含量可控制在 40ppm[34]。优异的大钢锭冶金质量为生产出满足更高性能要求的压力容器锻件奠定了坚实基础。

反应堆压力容器大型化和一体化是技术发展的必然趋势，这种趋势必将使单体锻件的重量和尺寸增加。20 世纪，德国核电站单机容量从 30 万 kW 发展到 120 万 kW 过程中压力容器的尺寸也逐渐演进。当堆功率从 30 万 kWh 提高到 120 万 kWh，筒体内径从 3270mm 增加到 5000mm，筒体厚度从 160mm 增加到 235mm，压力容器整体高度从 9830mm 增加到 13251mm，法兰外径从 3800mm 增加到 5775mm，法兰厚度从 380mm 增加到 620mm，压力容器的重量从约 195t 增大到约 550t，整体法兰所需的钢锭的重量由约 170t 增加到 500t[4]。

美国西屋电气公司 21 世纪设计的第三代压水堆核电站 AP1000 压力容器尺寸和估计钢锭重量情况见表 1.4.3。AP1000 核电站压力容器设计参数为压力 17MPa、温度 343℃，设计寿命明确要求为 60 年，选用材料为 SA508Gr3Cl1，其压力容器高约为 12200mm，活性段直径约为 4000mm，法兰外径约为 4780mm。在设计上要求活性段的 RT_{NDT} 低于 −28.9℃，这是一个非常高的技术要求。此外，AP1000 压力容器在设计上采用整体封头设计方案，减少了一道环焊缝，但是该设计方案对大锻件制造技术是个挑战[36]。锻件重量的不断增加和尺寸的不断加大不但向所用材料本身的性能极限发起了冲击，而且对锻件的制造工艺过程和设备能力的极限提出了严峻挑战。

表 1.4.3　制造百万千瓦 AP1000 压力容器锻件所需毛坯和钢锭重量估计值

零件	零件重量/t	毛坯尺寸/mm	毛坯重量/t	钢锭重量/t
上封头	58.188	Φ4980/Φ1795×2240	255	400
接管段	122.91	Φ4900/Φ3830×3740	280	470
下壳体	98.794	Φ4545/Φ3830×5300	210	350
过渡段	16.891	Φ4530/Φ3410×1300	73	135
下封头	17.983	Φ5200×255（板坯）	45	86
总重量	314.766		863	1441

从表 1.4.3 可见，反应堆压力容器单体锻件所需最大钢锭已接近 500t。随着钢锭几何尺寸的增大，与冶金质量相关的一系列问题随之产生。目前世界各国反应堆压力容器大锻件用钢锭基本采用精料、电炉、炉外精炼、多炉真空合浇工艺生产。日本制钢所对反应堆压力容器用钢冶炼过程中关键元素配比、气体含量和夹杂元素的控制已经达到很高的水平。与之相比，我国的重型机械行业的实际冶金水平还存在很大差距。从实践的观点看，我国要达到日本制钢所今天的大锻件技术水平还需要相当长的一段时间，可能是 10 年，也可能是 20 年。可喜的是我国重型机械行业的装备水平已超越日本制钢所，我国核电大发展的形势有巨大的市场需求，相信通过艰苦的探索实践，我国必将在反应堆压力容器用大锻件技术方面跨入世界先进水平的行列。

大钢锭铸造对锭型有很高的要求，随着计算机数值模拟技术的不断进步，可以采用商业软件对锭型及钢液浇注和凝固过程进行模拟计算，从而对锭型和浇注工艺进行优化。钢锭由冒口、锭身和锭尾组成。目前锻造用大型钢锭有 3 种规格：第一种是普通锻件用的 4%锥度、钢锭锭身高径比为 1.8～2.3、冒口比例为 17%的钢锭；第二种是优质锻件用的 11%～12%锥度、高径比为 1.5 左右、冒口比例为 20%～24%的钢锭；第三种是高优质锻件用的锥度 8%左右、高径比为 1.2 左右、冒口比例为 17%～24%、多棱的钢锭。大型钢锭有八棱形、十二棱形和二十四棱形等。钢锭越大，锭身棱数越多，锭身锥度增大，有利于钢液凝固过程中夹杂物和气体上浮。

钢锭高径比对轴向凝固速度和偏析的不均匀程度都有影响。目前，钢锭高径比趋向于减小到 1.1 左右。钢锭冒口补缩技术对提高钢锭成材率非常重要，可使用发热剂使锭身在凝固过程中得以充分补缩，使夹杂物进一步上浮，减少偏析、疏松，缩孔上移，进而减少冒口占钢锭的比例[36]。

真空多炉合浇是生产高质量钢锭的关键工序之一。由于钢锭几何尺寸大，在凝固过程中出现成分偏析是难以避免的。大多数重型机械厂的电炉和炉外精炼炉的吨位小于 120t，单炉钢水容量不足以浇注一支大钢锭，这是采用多炉合浇一支钢锭的原因。多炉冶炼就难以保证各炉次之间钢液化学成分的完全一致，这是一个不利因素。但是，考虑到大钢锭凝固过程的偏析问题，如果能把大钢锭凝固过程的元素偏析规律与多炉冶炼的化学成分优化控制结合起来，就可能大大地缓解大钢锭凝固过程的偏析现象，从而提高钢锭的实际冶金质量，这一点也是 MP 工艺的精髓之一。据作者在大锻件生产现场的实践，这一技术无论是在日本制钢所还是在中国一重，均已积累了相当成熟的经验，甚至已经上升到了工艺规范。真空保护浇注可以有效防止钢液的二次氧化，也可以减少氢含量，从而有效减少大锻件的氢致缺陷(如白点)。

白点是锻件冷却过程中形成的一种内部缺陷，在钢坯的纵向断口上呈圆形或椭圆形的银白色斑点，白点的平均直径由几毫米到几十毫米。白点的存在对钢的性能有非常不利的影响，它使钢的力学性能降低，淬火热处理时使零件开裂，部件使用时发生断裂。白点对钢力学性能的影响与取样位置及方向有直接关系，当试样轴线与白点分布平行时，力学性能的下降有时不明显。当试样轴线与白点分布垂直时，力学性能将显著下降，尤其是塑性指标和冲击韧性降低更为明显。由于白点是应力集中点，在交变和重复载荷作用下，白点常常成为疲劳源，导致零件疲劳断裂。因此，在反应堆压力容器大锻件中，白点是一种不允许存在的缺陷。

炼钢时钢液中吸收的氢，在钢液凝固时因溶解度降低而析出。图 1.4.4 为氢在铁中的溶解度曲线，当钢从液体向固态转变时，氢在铁中的溶解度急剧降低，氢来不及逸出钢锭表面而存在于钢锭内部的空隙处。大锻件热加工之前奥氏体化加热时，由于温度升高，溶解度增加，氢又溶于钢中。锻件锻后冷却过程中，氢原子再次从固溶体中析出到钢坯内部的一些显微空隙处。氢原子在这里结合成分子状态，同时产生相当大的内应力。当钢中氢含量为 10ppm，在 400℃时，这种内应力可高达 1200MPa 以上，致使产生氢脆。白点主要是钢中的氢和应力共同作用引起的，因此设法除氢和消除应力是避免产生白点的根本方法。最彻底的办法就是从冶炼工艺入手，使钢中氢的含量减少到足够低的水平，真空浇注就是减少钢中氢含量的有效手段。如果钢中的氢含量高于可以接受含量，可在尽量减小各种应力的条件下，在氢扩散速度最快的温度区间长时间等温，使氢能从钢锭中充分扩散处理[36]。

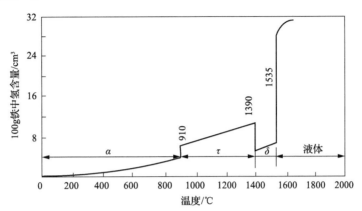

图 1.4.4　氢在不同温度的铁中的溶解度

20 世纪 60～70 年代我国研制 645-3 钢锻件时，由于我国冶金设备条件非常落后，没有先进的炉外精炼和真空处理设备，冶炼的 645-3 钢中的氢含量很高，大锻件必须进行长时间等温去氢退火处理。该钢种中镍含量高达 4.0%～4.5%，白点敏感性很强。研制的 645-3 钢平顶盖锻件毛坯尺寸为 $\Phi2745mm\times580mm$，系饼形大锻件，热处理去氢困难，易在心部产生白点而导致锻件报废。根据试验测定的 645-3 钢连续冷却(CCT)曲线，该钢的临界点分别为：A_{c1}=690℃，A_{c3}=810℃，M_s=365℃，M_f=225℃，故在去氢热处理工艺上采用锻后三次等温起伏退火和长时间高温回火的措施，使氢在钢中产生白点的可能性大为减少[26]。等温去氢退火工艺复杂、控制困难、周期漫长、成本昂贵。大锻件和特厚钢板的脱氢处理非常重要，根据氢在钢中的溶解度和扩散速度，固态钢脱氢处理应在铁素体的高温区进行，钢中氢的扩散一般遵循 Fick 第二定律。例如，240mm 厚钢板，初始氢浓度为 1.29ppm，在 650℃经 96h 脱氢处理后，沿板厚方向氢的浓度变化分布，经过 96h 脱氢处理后，钢板心部的氢浓度明显高于钢板的边部，沿板厚的中心呈对称分布。但是，钢板的总体氢浓度较脱氢前的 1.29ppm 相比已有明显降低，心部的最高值为 0.32ppm 左右[22]。在选择脱氢处理温度时，应考虑钢的微观成分偏析问题。如在低合金钢中，C、Mn、Mo、Ni 等溶质元素都容易局部富集而产生微观偏析。在合金元素的偏析区中，A_{c1} 和 A_{c3} 温度均低于基体。由于脱氢处理问题均选在铁素体区的上部，尽管认为所选择的脱氢温度处在铁素体区，但局部偏析区有可能已处在铁素体+奥氏体区。对 533B 钢而言，由于钢的微观偏析可使局部 A_{c1} 温度比基体低 30～50℃，在这种情况下选择脱氢处理制度时必须考虑钢的微观偏析问题，并对脱氢处理工艺进行适当修正。

随着对钢中氢研究的深入和冶金技术的进步，现在世界各国对冶炼反应堆压力容器用大锻件和特厚板过程中氢的控制已有了长足的进步。日本制钢所可以把 350t 以上级大锻件中的氢含量控制在 0.5ppm 左右，中国一重可以把同样级别的大锻件中的氢含量控制在 1.0ppm 以下。尽管如此，对反应堆压力容器大锻件和特厚板制造过程中氢的研究和关注还要继续下去。

图 1.4.5 为 645-3 钢平顶盖锻件性能热处理工艺，在当时条件下大锻件奥氏体化加热后只能采用吊下台车空冷，冷却强度不够，对大锻件的组织均匀性和性能稳定性有重要影响。反应堆压力容器用大锻件奥氏体化处理后采用强制冷却工艺是保障锻件综合性能的最关键工序之一，目前世界各国均已采用淬火工艺。大锻件淬火工序一般在特殊设计的大型淬火水池中进行，水池可设计成圆筒形。在淬火过程中，水池中的水需要与外部连接并高速循环以使冷却水保持在较低温度。在水池中还设计了一些加强局部冷却效果的可控的特殊喷水管和过量蒸汽导出装置。在淬火时，根据锻件的形状特点，通过对这些可控的特殊喷水管的控制，使锻件的整体冷却效果更均匀。

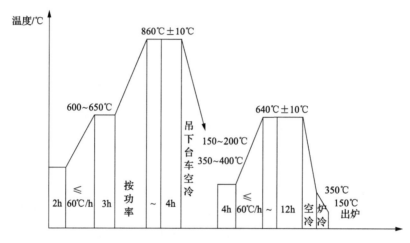

图 1.4.5　645-3 钢平顶盖大锻件的正火＋回火工艺示意图

SA508Gr3 钢大锻件淬火温度一般为 860～930℃，大锻件在进入水池后与冷却水接触，瞬间放出巨大热量，在锻件表面处易出现热量堆积而使冷却水汽化，形成一层水蒸气膜。如果在锻件表面处形成了这种水蒸气膜，将导致大锻件的传热效率急剧下降。在淬火过程中防止大锻件表面出现水蒸气膜的具体工艺措施一直是大锻件生产企业的核心技术秘密。

由于反应堆压力容器用大锻件试验研究的复杂性和巨额经费需求，长期以来计算机数值模拟技术在制定大锻件变形和热处理工艺方面发挥了重要作用。刘助柏等在采用有限元技术模拟研究反应堆压力容器用大锻件变形和热处理方面做了大量工作，并对上述研究工作进行了较为系统的技术总结[37-40]。陈健[41]对大锻件淬火过程中的冷却曲线和淬透性的计算方法进行了详细研究，由部分锻件中心的实际测试温度场曲线导出适用于不同淬火温度、不超过 2m 直径的锻件在水、油及空气介质中的冷却曲线，求出锻件上某一部位冷到某一温度的冷却时间与锻件直径的关系，以及锻件中心在某一温度时的冷却速度与锻件直径的关系。陈健的研究工作既把有限的大锻件温度场测量数据与数值模拟计算相结合，又把数值模拟计算与以往的大型构件淬火热处理经验数据相结合。

为研究反应堆压力容器大锻件冷却过程温度场、组织演变和性能之间的对应关系，2006～2008 年，钢铁研究总院刘正东等[42]研究、设计和制造了精确控制加热和控制冷却热处理炉。设计和制造该专用热处理炉的目的是模拟大锻件、特厚板工业生产热加工或热处理过程中其内部各位置的组织及性能变化,并与 Gleeble 热-力模拟试验机配合使用。升温时要求加热速度大于 8℃/min,降温时要求在 1050~350℃温度范围内,实现 10~0.02℃/s 连续或间断可控,典型的冷却速度包括 360℃/min(6℃/s)、180℃/min(3℃/s)、96℃/min(1.6℃/s)、54℃/min(0.9℃/s)、21.6℃/min(0.36℃/s)、8.64℃/min(0.144℃/s)、6.70℃/min(0.112℃/s)、5.40℃/min(0.09℃/s)、3.36℃/min(0.056℃/s)和 2.16℃/min(0.036℃/s)。该专用热处理炉的炉膛尺寸和均温区可同炉处理 32 个 14mm×14mm×58mm 冲击试样,8 个 ϕ15mm×70mm 拉伸试样,8 个 26mm×56mm×130mm 落锤试样。自从 2008 年该专用热处理炉研制成功以来,已用于开展 AP1000 蒸汽发生器大锻件制造现场最佳热处理制度优化研究,并取得了满意的效果[35]。把大锻件冷却过程现场测量数据、有限元数值模拟技术和该专用可控冷却过程热处理设备结合起来,对研究大锻件的淬透性极限、大锻件温度场-组织演变-性能之间对应关系,制定合理和合适的热处理工艺制度,具有非常重要的意义。

根据几何形状不同,反应堆压力容器大锻件锻造成形主要分为三类:第一类是大型环状锻件,通常需要拔长、镦粗、冲孔、扩孔过程来成形;第二类是球面封头,先锻造成板坯,然后球面成形;第三类是饼形的特厚截面管板,需要镦拔成形。大锻件成形过程中另一个现实问题是锻件几何尺寸可能超过水压机立柱间距,此时锻件只能采用力能传导方式在水压机立柱外通过辅具完成成形。20 世纪 60~70 年代,日本就成功采用了水压机机架外锻压成形技术,并成功制造了大型反应堆压力容器锻件。

由于大型钢锭冷却过程中凝固组织差异和宏观偏析,通过改进钢锭锭型设计和控制浇注-凝固工艺可以改进大型铸钢锭的凝固组织差异和宏观偏析,但是要消除大型铸钢锭凝固过程中组织偏析则不现实。钢锭的宏观偏析主要集中在钢锭的中心线部位,为此开发了空心钢锭技术。空心钢锭技术的实质是近终成形铸造技术在大锻件制造领域的具体应用。尽管有报道称法国克鲁索工厂已经成功地采用空心钢锭制造了反应堆压力容器用空心锻件,但是总体而言,空心钢锭技术在反应堆压力容器大锻件制造上的应用还处于探索起步阶段,即空心钢锭技术是核用大锻件铸造技术的重要发展方向之一,但距离实用化还有许多研究和验证性工作需要完成。近年来我国在核用大锻件空心钢锭技术研究方面也开展了探索性研究[43]。截至 2010 年,世界大型铸锻件的最大制造能力分别为一次性出钢量 750t,最大合金钢钢锭 600t,最大超纯钢钢锭 510t,最大空心钢锭 320t,最大铸钢件 450t,最大锻钢件 350t,最大锻焊结构件 2000t[44]。

1.5 压水堆大锻件主要制造企业

日本是世界上实力最强的反应堆压力容器大型铸锻件生产国家,代表了当今世界大型铸锻件的最高水平。日本制钢所和日本铸锻钢公司(JCFC)是世界上最强的大型铸锻件生产企业,其技术水平和生产能力都代表了世界一流水准,日本制钢所和日本铸锻钢公司是世界上最先进大型铸锻件技术的拥有者和产品供应商。日本制钢所在 2007 年锻钢产品产量为 7.7 万 t,2008 年达到 8 万 t,2009 年达到 9 万 t,2010 年达到 12 万 t,具备年产核蒸汽供应系统(NSSS)锻件 5.5 套能力(截至 2008 年底),具备年产 350~600t 超大型钢锭 44 支能力(2006 年至今)。日本铸锻钢公司 2006 年锻钢产品产量为 4.9 万 t,2007 年为 5 万 t,2008 年到 2010 年均维持在 5 万 t 左右。

韩国由政府出面对重机行业大型铸锻件企业进行了规范和指导。从 2000 年起,按照韩国政府的重组政策,韩国的大型铸锻件生产企业如韩国重工和 Hyundai 重工有限公司(HHI)以及三星重工有限公司(SHI)等分别进行了业务合并和优势产品重组。2002 年韩国重工更名为韩国斗山重工(Doosan Heavy Industries & Construction Co., Ltd),并在短短的几年时间内不仅成功地完成了产品结构的调整,也完成了产品和市场的扩张。通过先进实用技术开发、设备投资、管理革新和提高生产率,韩国斗山重工现在已成为世界大型铸锻件生产的主导企业之一,成功进入世界一流大型铸锻件制造企业行列。韩国斗山重工 2006 年锻件产量约为 15 万 t,2008 年为 14 万 t。到目前为止,韩国斗山重工已生产制造了超过 300 台核电发电设备、联合循环发电设备以及水力发电设备。

英国的谢菲尔德福格马斯特有限公司(Sheffield Forgemasters International Ltd)也是世界上重要的大型铸锻件厂家之一。德国的萨尔锻造有限公司(Saarschmiede GmbH, Freiformschmiede)在大型铸锻件生产上有自己独到的一面。法国克鲁索锻造公司(Creusot Forge)曾是闻名世界和法国最强的核电锻件生产企业,能够生产 1300MW 级核反应堆成套铸锻件。克鲁索锻造公司最典型的核电产品是采用 3D 有限元模拟和模型制造的 1300MW 反应堆整体封头锻件,以及用 250t 空心钢锭制造的压力容器筒体锻件[44]。

近年,中国一重、中国二重、上海重型机器厂有限公司、中信重工机械股份有限公司等国内骨干重型机械企业已分别完成了以 15000t、16000t 级别水压机为核心的核电压力容器专业生产线技术改造。其中,中国一重已建成世界上规模最大和设备最齐全的铸锻钢生产加工基地。截至 2011 年底,中国一重已经具备年产钢水 50 万 t、年产锻件 24 万~25 万 t、年产锻铸钢件 6 万~7 万 t 的生产能力,其生产能力等级达到"7654"的世界一流制造目标,即一次性提供钢水 700t、最大钢锭 600t、最大铸件 500t、最大锻件 400t。可见,中国骨干重型机械企业在大型锻件的生产设备方面已走在世界前列,大型铸锻件的生产技术正在向世界一流水平迈进。

参 考 文 献

[1] 林诚格, 郁祖盛. 非能动安全先进核电厂 AP1000[M]. 北京: 原子能出版社, 2008.

[2] 连培生. 原子能工业[M]. 北京: 原子能出版社, 2002.

[3] 李承亮, 张明乾. 压水堆核电站反应堆压力容器材料概述[J]. 材料导报, 2008, 22(9): 65-69.

[4] 沈福初, 张敬才. 压水堆核电站反应堆压力容器锻件国产化探讨[J]. 核动力工程, 1990, 11(3): 193-199.

[5] 柿本英树, 池上智紀. 大型原子力圧力容器用部材の锻造技術[J]. 神戸製鋼技報, 2014, 64(1): 66-71.

[6] 胡欢. 核反应堆压力容器及制造[J]. 装备机械, 2010, 4: 20-25.

[7] 汪映荣, 郑正. AP1000 核电机组设备现状及国产化分析[J]. 中国电力, 2017, 50(1): 43-48, 55.

[8] 张玉. 压水堆核主泵流场数值模拟和空化分析[D]. 杭州: 浙江大学, 2011.

[9] 黄经国. 压水堆核电厂冷却剂主循环泵的技术历程和发展(I)[J]. 水泵技术, 2009, (4): 1-8.

[10] 黄经国. 压水堆核电厂冷却剂主循环泵的技术历程和发展(II)[J]. 水泵技术, 2009, (5): 22-28.

[11] 刘夏杰. 断电事故下核主泵流动及振动特性研究[D]. 上海: 上海交通大学, 2008.

[12] 张智峰, 李向, 陶志勇, 等. AP1000 核电稳压器大锻件特点及制造技术[J]. 装备机械, 2012, (2): 24-31.

[13] 孙楠楠. AP1000 与 CPR1000 核电站系统中稳压器设备对比分析[J]. 东方电气评论, 2018, 32 (3): 78-81.

[14] 周新华, 陈富彬, 王培河. AP1000 稳压器制造难点与案例分析[J]. 装备机械, 2015, (2): 23-29.

[15] 王西涛, 李时磊. 核电用钢的研究现状及发展趋势[J]. 新材料产业, 2014, (7): 2-8.

[16] 董毅, 高志远. 我国核电事业的发展与 Inconel 690 合金的研制[J]. 特钢技术, 2004, (3): 45-48.

[17] 关海达. 304 不锈钢和 690 合金薄壁管的冲击磨损行为研究[D]. 重庆: 西南交通大学, 2018.

[18] 乔培鹏. 镍基 690 合金蒸汽发生器传热管耐腐蚀性研究[D]. 上海: 上海交通大学, 2010.

[19] 卢华兴. AP1000 蒸汽发生器 U 型管合金材料国产化研究[J]. 核动力工程, 2011, 32 (3): 29-32.

[20] 张红斌, 李守军, 胡尧和, 等. 国外关于蒸汽发生器传热管用 Inconel 690 合金研究现状[J]. 特钢技术, 2003, (4): 2-11.

[21] 孙华. 核电蒸汽发生器用 690 和 800 合金传热管腐蚀性能研究[D]. 上海: 上海交通大学, 2012.

[22] 慕晓. 核电"心脏"诞生记——核蒸发器 690U 形管穿管东方电气与宝钢集团合作始末[J]. 装备制造, 2012 (10): 72-74.

[23] 杨文斗. 反应堆材料学[M]. 北京: 原子能出版社, 2000.

[24] 刘建章. 核结构材料[M]. 北京: 化学工业出版社, 2007.

[25] 李昌义, 刘正东, 林肇杰. 核电站反应堆压力容器用钢的研究与应用[J]. 特殊钢, 2010, 31 (4): 14-18.

[26] 沈艳华. 645-3 钢大锻件的热处理工艺特点[J]. 一重技术, 1993, 3: 126-129.

[27] 陈书贵. 核电站反应堆压力容器用钢和制造工艺[J]. 大型铸锻件, 1994, 2: 25-34.

[28] 刘正东, 林肇杰, 李昌义, 等. 一种核用压力容器用 R17Cr1Ni3Mo 钢及其制备方法: 中国, ZL2008 10246775.1[P]. 2010-07-21.

[29] 刘正东. 钢铁材料技术国产化是实现核电产业自主化的基础[J]. 中国冶金, 2008, 18 (11): 1-3.

[30] ASME 锅炉及压力容器委员会压力容器分委员会. 压力容器用经真空处理的淬火加回火碳钢和合金钢锻件: SA-508/SA-508M[S]. 纽约 ASME, 2007.

[31] 王凤喜. 核电站压力容器材料的发展[J]. 四川冶金, 1993 (2): 40-45.

[32] 和中宏树, 朝生一夫, 王子昂, 等. 核反应堆压力容器用锻钢的制造[J]. 川崎制铁技报, 1980, 1: 63-74.

[33] 李昌义, 刘正东, 林肇杰, 等. 反应堆压力容器用钢的淬透性问题[J]. 材料热处理学报, 2011, 32 (6): 68-72.

[34] Hierry B, Etsuo M, Iku K, et al. Manufacturing of nozzle shell with integral flange for EPR reactor pressure vessel and its properties[C]//16th International Forgemasters Meeting, Sheffield, 2006.

[35] 刘正东, 林肇杰, 张文辉, 等. AP1000 蒸汽发生器用 SA508Gr3Cl2 钢研究[R]. 北京: 钢铁研究总院-中国第一重型机械集团公司内部研究报告, 2009.

[36] 郁祖盛. 一个先进的、非能动的和简化的核反应堆——AP1000[M]. 北京: 钢铁研究总院 AP1000 核电厂培训教材, 2008.

[37] 刘助柏, 倪利勇, 刘国晖. 大锻件形变: 新理论新工艺[M]. 北京: 机械工业出版社, 2009.

[38] 刘明军, 张建国, 魏国平. 锻造过程质量控制与检验读本[M]. 北京: 中国标准出版社, 2006.

[39] 张永权. 大单重特厚钢板的制造技术[C]//2003 年全国中厚钢板技术交流会议文集, 舞阳: 中国金属学会, 2003.

[40] 刘庄. 热处理过程的数值模拟[M]. 北京: 科学出版社, 1996.

[41] 陈健. 大锻件的冷却曲线及淬透性的计算方法[J]. 大型铸锻件, 1984 (2): 1-15.

[42] 刘正东, 李世荣, 张才明, 等. 加热-快速冷却热处理炉的试制[R]. 北京: 钢铁研究总院-北京钢拓冶金技术研究所, 2007.

[43] 王庆辛. 空心钢锭锻造工艺研究[D]. 太原: 太原科技大学, 2014.

[44] 王舒. 大型铸锻件发展及现状综述[C]//中国国际自由锻会议 2010 论文集. 成都: 中国锻压协会, 北京机械工程学会, 2010: 18-20.

第 2 章

压力容器用 SA508Gr3Cl1 钢

2.1 SA508Gr3Cl1 钢成分体系

2.1.1 SA508Gr3Cl1 钢成分演变

反应堆压力容器用钢应具有以下关键性能：①强度高、塑韧性好、抗辐照、耐腐蚀、与冷却剂相容性好；②长期服役过程中组织和性能稳定；③具有良好的焊接性能和冷热加工性能；④成本经济合理等。

SA508Gr3Cl1 钢是目前反应堆压力容器用钢的通用选择和首选钢种，其最早的标准规范见于美国 ASTM 标准和 ASME 标准。随后，法国 AFCEN 标准、德国的 KWU 标准、日本的 JIS G 3212-77 标准以及中国的《压水堆压力容器选材原则与基本要求》（GB/T 15443—1995）等也把 Mn-Ni-Mo 系反应堆压力容器钢纳入各自的标准体系。SA508Gr3Cl1 钢的研发与 SA508Gr2 钢密切相关，前者是在后者的基础上发展的，即 SA508Gr3Cl1 钢的改进是基于 SA508Gr2 钢在核电站建设和实际应用过程中所暴露出的相关问题。如表 2.1.1 所示[1]，ASME 标准给出了 SA508Gr2 钢和 SA508Gr3Cl1 钢的化学成分范围。

表 2.1.1 SA508Gr2 钢和 SA508Gr3Cl1 钢化学成分范围（单位：%（质量分数））

钢种	C	Mn	P	S	Si	Ni	Cr	Mo	V
SA508Gr2	≤0.27	0.50～1.00	≤0.025	≤0.025	0.15～0.40	0.50～1.00	0.25～0.45	0.55～0.70	≤0.05
SA508Gr3Cl1	≤0.25	1.20～1.50	≤0.025	≤0.025	0.15～0.40	0.40～1.00	≤0.25	0.45～0.60	≤0.05

比较表 2.1.1 中的成分范围，可以清晰看出主元素 C、Mn、Ni、Mo 和 Cr 均发生了变化，可以肯定的是这些已在标准规范中标出的成分变化一定是基于大量的实验室研究数据和工程实践经验。以 ASME 为代表的反应堆压力容器用大锻件标准只是反应堆压力容器用大锻件制造过程中的通用规范而已，大锻件用钢的最佳化学成分控制点和最佳热处理工艺才是核电大锻件生产的核心技术。正确确定大锻件用钢的最佳化学成分控制点和最佳热处理工艺需要对大锻件具体生产过程中的物理冶金原理有深刻的理解，需要对大锻件生产过程中的几种关键相互作用因素有定量的掌握和全面的认知。我国反应堆压力容器大锻件制造技术与日本制钢所存在较大差距的根本原因就在于此，而这种差距不是短期内通过简单加大资金投入可以赶超的。缩短和赶超这种差距需要全产业链的产学研通力合作、长期努力、不断积累和巨大资金投入。

2.1.2　元素对 SA508 系列钢的影响

迄今为止，综合公开发表的技术文献可把 SA508 系列反应堆压力容器(RPV)用钢对化学成分设计的要求大致归纳如下[2-4]：

(1)C：C 是保证大锻件强度满足规范要求的主要元素。C 含量低，强度可能满足不了要求，但是 C 含量高会降低钢的可焊性，提高辐照脆化敏感性。

(2)Mn：Mn 是主要合金元素之一，其除起强化基体作用外，还能有效地提高钢的淬透性。在室温下，Mn 大部分能溶于铁素体，对钢有一定的强化作用。Mn 也能溶于渗碳体中，形成合金渗碳体。此外，Mn 与 S 化合生成 MnS，可消除 S 的有害作用。有关文献介绍，Mn 是降低堆焊层下裂纹敏感性唯一有效的元素。早期的 SA508Gr2 的 Mn 含量范围为 0.50%～1.00%，后调整 SA508Gr3Cl1 钢的 Mn 含量范围为 1.20%～1.50%。

(3)Ni：提高 Ni 能显著改善大锻件的韧性，尤其是低温韧性。但试验数据证明高 Ni 比低 Ni 辐照脆化倾向大。

(4)Mo：Mo 也是主要合金元素之一，其主要作用是提高耐热性和抑制回火脆性。但是 Mo 含量高时，钢的塑性和韧性下降。ASME 标准从 Mo 含量为 0.55%～0.70%的 SA508Gr2 钢变为 Mo 含量为 0.45%～0.60%的 SA508Gr3 钢，也说明 Mo 含量不宜过高。

(5)Si：在室温下 Si 溶于铁素体中起固溶强化作用，从而提高热轧钢材的强度、硬度和弹性极限，但会降低塑性和韧性。Si 的脱氧作用比 Mn 强，可以消除 FeO 夹杂对钢的有害作用。Si 是强化元素，也是炼钢时的残存元素，通常含量为 0.15%～0.40%。Si 含量高会增加辐照脆性，同时 Si 含量过高在冷却过程中会引起 Si 原子的晶界偏聚。通常认为，真空碳脱氧处理的钢中 Si 含量低(约 0.02%)，与常规的 SA508Gr3Cl1 钢相比，其辐照脆化性小。

(6)V：压力容器大锻件要求是细晶粒，细晶粒钢比粗晶粒钢辐照脆性小。加 V 有细化晶粒的作用，可提高强度。SA508 钢中以前规定加入 0.08%的 V，但实际使用中发现 V 元素易使焊接开裂的敏感性增加，易引起焊接热影响区脆化，增加再热裂纹的敏感性。目前 ASME 规定 V 含量在 0.05%以下。

(7)Cu：Cu 是对辐照脆化最有害的元素之一，为限制 Cu 的有害作用，反应堆压力容器用钢的 ASME 补充规范要求 Cu 含量应低于 0.10%。

(8)P：在一般情况下，钢中的 P 能全部溶于铁素体中。P 有强烈的固溶强化作用，使钢的强度和硬度增加，但塑性和韧性显著降低。这种脆性在低温时更为严重，称为低温脆性。P 在结晶过程中容易产生晶内偏析，使局部 P 含量偏高，导致韧脆转变温度升高，从而产生冷脆。辐照试验指出，P 对辐照脆化也非常敏感，反应堆压力容器用钢中 P 含量应低于 0.012%，并尽可能低。

(9)S：固态时，S 在铁中的溶解度极小，主要以 FeS 形态存在于钢中。更严重的是，FeS 与 Fe 可形成低熔点(985℃)的 FeS-Fe 共晶体，分布在晶界上。当钢加热到约 1200℃进行热加工变形时，低熔点的共晶体已经熔化，晶粒间结合被破坏，导致钢材在加工过程中沿晶界开裂，这种现象称为钢的热脆性。为了消除 S 的有害作用，可增加钢中的 Mn 含量。Mn 与 S 可形成高熔点(1620℃)的 MnS，并呈粒状分布于晶粒内，它在高温下具有一定的塑性，从而避免了碳钢的热脆性。反应堆压力容器用钢中 S 含量应尽可能低。

(10) Al、N：Al 是为细化晶粒和炼钢脱氧而加入的元素，但是钢中固溶 Al 过多会增加非金属夹杂物 Al_2O_3 的聚集，降低钢材的韧性，SA508Gr3Cl1 钢中 Al 和 N 应有合适的控制范围和匹配比例。

(11) H、O：钢中的 H、O 含量应尽可能低，以防止氢致缺陷并减少含氧非金属夹杂物。

(12) 其他微量元素：随着近代化学分析技术的进步，分析钢中各种残余元素已成为可能，如德国 20MnMoNi55 标准规定要分析 As、Sn 的含量，杂质元素 As、Sn、Sb 含量越低越好。除以上提到的元素外，对反应堆压力容器用钢中的各种微量元素都要认真进行研究。

为保障大锻件的焊接性能，通过实验室研究数据和工程实践总结了热裂纹敏感系数 G，G 可表示为

$$G = w(Cr) + 3.3w(Mo) + 8.1w(V) - 2.0 \tag{2.1.1}$$

式中，w 表示相应元素的质量分数。

研究表明，如果 $G<0$，则可以有效地控制焊后再热裂纹的产生。式(2.1.1)也表明钢中的 Cr、Mo 含量应尽可能低，不希望 V 加入。Nb、V 虽然可以细化晶粒，但同时也增加焊接裂纹敏感性。堆焊层下裂纹敏感性的另一经验公式可表述为式(2.1.2)，裂纹敏感性系数 PSR 同 Cr、Cu、Mo、V、Nb、Ti 的含量有密切关系：

$$PSR = w(Cr) + w(Cu) + 2w(Mo) + 10w(V) + 7w(Nb) + 5w(Ti) - 2 \tag{2.1.2}$$

对于低合金贝氏体钢，碳当量也是成分设计时必须考虑的限制性因素。一般而言，碳当量 CE 可以表述为

$$CE = w(C) + w(Mn)/6 + w(Si)/24 + w(Ni)/15 + w(Cr)/5 + w(Mo)/4 + w(Cu)/13 + w(P)/2 + w(V)/10 \tag{2.1.3}$$

碳当量是钢结构焊接性能优劣的重要参考。总之，核用大锻件用钢的成分设计和优化要综合考虑大锻件设计、制造和使用中各方面的要求和现实条件，从设计制造全流程和使用全寿命周期的大时空范围考虑最佳合金成分含量确定及其配比，从而达到核用大锻件服役后 60 年安全稳定运行。

2.2 SA508Gr3Cl1 钢大锻件淬透性深化研究

在 SA508Gr3Cl1 钢特厚(≥200mm)大锻件的热加工和热处理过程中，特别是在锻后淬火过程中，由于锻件尺寸过大，心部冷速不足，容易造成锻件组织和性能不均匀等问题。因此，提高压力容器锻件的淬透性成为研究重点。淬透性是保证压力容器横截面组织和性能均匀性的重要技术指标。影响反应堆压力容器淬透性的主要因素有锻件化学成分、淬火加热温度、冷却介质的特性、冷却的方式方法、锻件的形状尺寸以及加热

方式等。

(1) 锻件的化学成分是影响淬透性的最主要因素之一。凡是在钢中引起过冷奥氏体等温转变曲线 (time, temperature, transformation, TTT 曲线, 也称 C 曲线) 右移或左移的合金元素, 都对淬透性有极大的影响。使 C 曲线右移的元素如 Cr、Ni 等将提高钢的淬透性。

(2) 热处理冷却介质的冷却特性和冷却速度, 对钢的淬透性也有很大的影响。锻件淬火时的冷却速度越快, 淬透性就越高。

(3) 锻件的形状尺寸、加热温度和冷却方式等, 在不同程度上影响钢的淬透性。形状尺寸小、加热温度高、连续冷却等都能在一定程度上提高淬透性。

(4) 加热方式不同, 产生的加热效果就不同, 这一点也在一定程度影响锻件的淬透性。

通过测试不同合金成分试验钢的过冷奥氏体连续冷却转变曲线 (continuous cooling transformation, CCT 曲线) 来研究合金元素对 SA508Gr3Cl1 钢的淬透性的影响。铁素体或珠光体转变曲线 "鼻子点" 的冷却速度越小, 钢的淬透性越好。为了使大锻件具有较好的贝氏体淬透性, 要求 CCT 曲线的贝氏体转变区具有平直的上限, 并且与铁素体转变的 "鼻子点" 明显分离。另外, 由于特厚大锻件的冷速已受到限制, 因此降低在这一冷速范围内贝氏体转变 (B_s) 温度成为提高锻件性能的主要手段。

2.2.1　合金元素对 SA508Gr3Cl1 钢淬透性的影响

Al、Si 和 C 含量能显著影响淬透性, 故详细研究上述元素变化对 SA508Gr3Cl1 钢的贝氏体开始温度及 CCT 曲线的影响。

1. Al 对 SA508Gr3Cl1 钢淬透性的影响

采用真空感应炉冶炼的两炉 50kg 试验钢, 化学成分见表 2.2.1。两炉试验钢的化学成分主要差异在于 Al 含量, 2# 和 3# 试验钢 Al 含量分别为 0.042% 和 0.003%。试验钢锻造后经预备热处理后在 Formastor-Ⅱ 自动相变仪上进行相变特性的测试。预备热处理工艺为: 920℃×5h AC (空冷) +900℃×5h AC +640℃×8h AC。

表 2.2.1　试验钢的化学成分　　　　　　　(单位: %(质量分数))

炉号	C	Si	Mn	Ni	Cr	Mo	P	S	Al	V
ASME A508Gr3	≤0.25	≤0.40	1.20~1.50	0.4~1.0	≤0.25	0.45~0.60	≤0.020	≤0.020	≤0.025	<0.003
2#	0.18	0.27	1.46	0.81	0.22	0.51	0.003	0.001	0.042	<0.003
3#	0.19	0.26	1.48	0.78	0.20	0.50	0.008	0.007	0.003	<0.003

图 2.2.1 为两组不同 Al 含量对比试验钢的 CCT 曲线。可以看出, Al 使 SA508Gr3Cl1 试验钢的 CCT 曲线向右向下移动。在 1.67~942℃/min 的冷却速度范围内, 0.042%Al 的 2# 试验钢未出现高温区的铁素体 (F) 析出和珠光体 (P) 转变, 0.003%Al 的 3# 试验钢在冷速为 1.67℃/min 时出现了 F/P 转变 C 曲线; 在中温转变区, 两组试验钢均为单一的 C 曲线, 随着 Al 含量增加, 贝氏体转变曲线向右下移动。尽管不同冷却速度下贝氏体转变温度 B_s 温度不同, 但是 Al 含量高的试验钢的 B_s 温度相对较低。

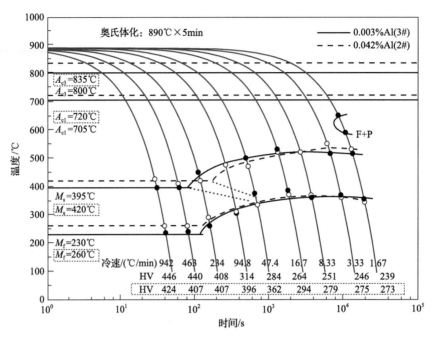

图 2.2.1　不同 Al 含量 SA508Gr3Cl1 试验钢的 CCT 曲线
虚线框内为 0.042% Al 样品的数据

　　图 2.2.2 为两组不同 Al 含量对比试验钢在不同冷速下的金相组织照片。可以看出，在冷速为 234℃/min 时，0.003%Al 的 3#试验钢中已经发生了少量的贝氏体转变，组织为马氏体+少量贝氏体的混合组织，而在 0.042%Al 的 2#试验钢中尚未发生贝氏体转变，组织为全马氏体组织(图 2.2.2(b))。在冷速为 47.4℃/min 时，3#试验钢发生贝氏体转变，组织为全贝氏体组织(图 2.2.2(c))，2#试验钢中依然有少量马氏体存在，组织为贝氏体+少量的马氏体(图 2.2.2(d))。另外，两组试验钢中的贝氏体组织形貌差异较大，3#试验钢中的贝氏体组织相对更为粗大，这可能与奥氏体晶粒粗大和贝氏体转变温度更高有关。在冷速进一步降低为 1.67℃/min 时，3#试验钢中已经发生明显的 F/P 转变，如图 2.2.2(e)所示，2#试验钢主要为贝氏体转变，组织中发生了少量的 F/P 转变，转变量小于 2%。

(a) 0.003%Al, 234℃/min

(b) 0.042% Al,234℃/min

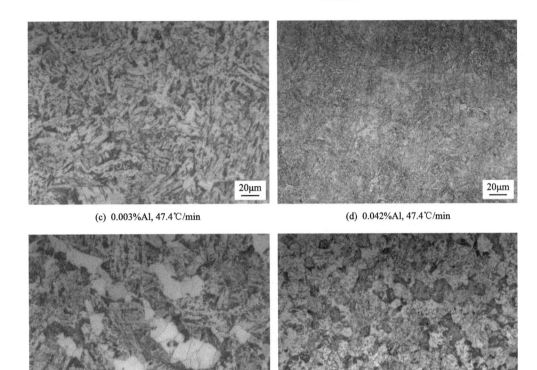

(c) 0.003%Al, 47.4℃/min   (d) 0.042%Al, 47.4℃/min

(e) 0.003%Al, 1.67℃/min   (f) 0.042% Al,1.67℃/min

图 2.2.2 不同 Al 含量试验钢不同冷速下的显微组织

图 2.2.3 为 1.67～942℃/min 的冷速范围内两组试验钢的硬度变化曲线。可以看出，随着冷速的降低，两组试验钢的硬度均呈现下降趋势。在贝氏体转变区域的鼻子点附近的冷速范围内，3#试验钢的硬度下降明显，而 2#试验钢的硬度则下降缓慢，导致 2#试验

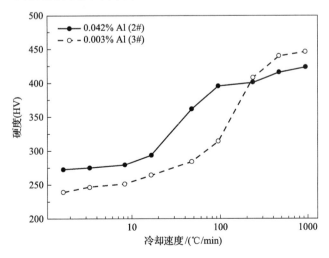

图 2.2.3 不同 Al 含量试验钢在不同冷速下的硬度值

钢的硬度比 3#试验钢高，这可能是与高 Al 含量试验钢马氏体转变临界冷速右移及 B_s 温度相对较低有关。这样的结果对于大型锻件的截面性能均匀性有好处。随着冷速进一步降低，冷速在 8.33～1.67℃/min 范围内，两组试验钢的硬度差值不变。

不同 Al 含量试验钢结果研究表明，提高 Al 含量可以推迟 SA508Gr3Cl1 钢的 F/P 转变，降低 B_s 温度，提高 SA508Gr3Cl1 钢的淬透性。

2. Si 对 SA508Gr3Cl1 钢淬透性的影响

不同 Si 含量试验钢化学成分见表 2.2.2。7#和 9#试验钢 Si 含量分别为 0.01%和 0.33%。锻造后经预备热处理后在 Formastor-Ⅱ 自动相变仪上进行相变特性的测试，预备热处理工艺为 920℃×5h AC+900℃×5h AC+640℃×8h AC。

表 2.2.2　试验钢的化学成分　　　　（单位：%(质量分数)）

炉号	C	Si	Mn	Ni	Cr	Mo	P	S	Al	V
ASME SA508Gr3	≤0.25	≤0.40	1.20～1.50	0.4～1.0	≤0.25	0.45～0.60	≤0.020	≤0.020	≤0.025	<0.003
7#	0.21	0.01	1.50	0.82	0.22	0.50	0.002	0.001	0.039	<0.003
9#	0.21	0.33	1.49	0.80	0.22	0.53	0.001	0.001	0.035	<0.003

图 2.2.4 为两组不同 Si 含量试验钢的 CCT 曲线。可以看出，在 1.67～942℃/min 的冷速范围内，Si 含量对 SA508Gr3Cl1 钢的 CCT 曲线影响不大，高温转变的 F/P 转变区、中温转变贝氏体(B)区和低温转变的马氏体(M)区基本一致。0.33%Si 的 9#试验钢在 47.4℃/min 冷速下 B_s 温度相对较高，这可能是试验误差所致。另外，即使在冷速为 1.67℃/min 时，两组对比试验钢的热膨胀曲线也未发生 F/P 转变。

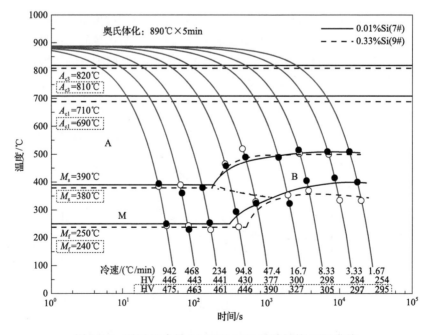

图 2.2.4　不同 Si 含量 SA508Gr3Cl1 试验钢的 CCT 曲线

不同 Si 含量试验钢在不同冷速下的金相组织总体上差别不大,冷却速度为 47.4℃/min、3.33℃/min 和 1.67℃/min 的金相组织照片如图 2.2.5 所示。可以看出,在冷速为 47.4℃/min 时,两组试验钢的组织为贝氏体和少量的马氏体组织;冷速减慢为 3.33℃/min 时,0.33%Si 的 9#试验钢中局部有少量的铁素体析出;冷速进一步减慢至 1.67℃/min 时,两组对比试验钢均有少量的铁素体析出。总体上看,两试验钢中的铁素体析出量较少,在热膨胀曲线中未显示。

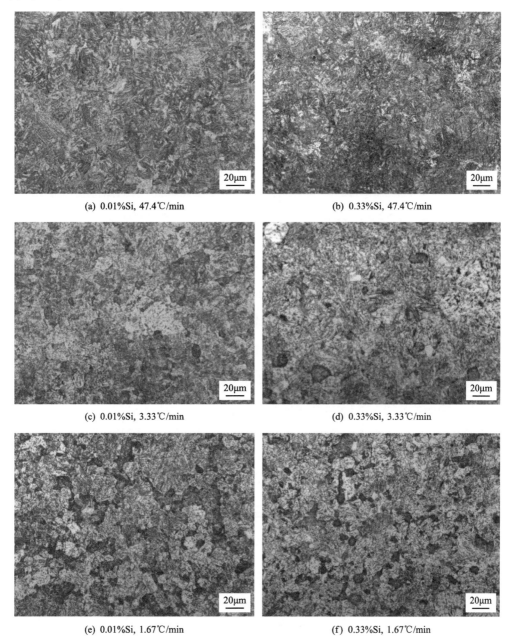

(a) 0.01%Si, 47.4℃/min   (b) 0.33%Si, 47.4℃/min

(c) 0.01%Si, 3.33℃/min   (d) 0.33%Si, 3.33℃/min

(e) 0.01%Si, 1.67℃/min   (f) 0.33%Si, 1.67℃/min

图 2.2.5　不同 Si 含量试验钢不同冷速下的显微组织

图 2.2.6 为 1.67~942℃/min 的冷速范围内两组试验钢的硬度变化曲线。可以看出，随着冷速的降低，两组试验钢的硬度不断下降，且趋势相同。在 942~94.8℃/min 的冷速范围内，钢中只发生马氏体相变，所以硬度较高，维氏硬度在 400 以上；随着冷速不断降低，钢中发生了贝氏体转变，并且贝氏体比例逐渐增多，硬度出现明显下降。冷速为 16.7℃/min 时，试验钢中为全贝氏体组织，并且因为冷速降低形成的贝氏体组织较为粗大，维氏硬度仅为 300 左右。冷速进一步降低，试验钢的硬度变化较小。另外，0.33%Si 的 9#试验钢硬度相对较高，并且不同冷速下钢的硬度差值基本不变，这主要是 Si 固溶强化提高了基体硬度。

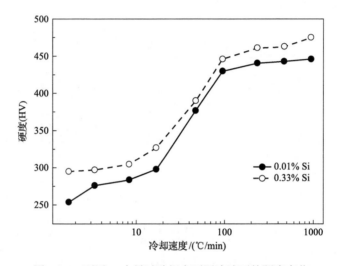

图 2.2.6 不同 Si 含量试验钢在不同冷速下的硬度变化

不同 Si 含量试验钢结果表明，Si 对提高 SA508Gr3Cl1 钢的淬透性没有显著作用，但添加 Si 可以提高 SA508Gr3Cl1 钢的硬度，并且硬度增量不随冷速的变化而变化。

3. C 对 SA508Gr3Cl1 钢淬透性的影响

两炉不同 C 含量的试验钢的化学成分见表 2.2.3，2#和 9#试验钢的 C 含量分别为 0.18%和 0.21%。锻造后经预备热处理后在 Formastor-Ⅱ 自动相变仪上进行相变特性的测试，预备热处理工艺为 920℃×5h AC+900℃×5h AC +640℃×8h AC。

表 2.2.3 试验钢的化学成分 （单位：%（质量分数））

炉号	C	Si	Mn	Ni	Cr	Mo	P	S	Al	V
ASME SA508Gr3Cl1	≤0.25	≤0.40	1.20~1.50	0.4~1.0	≤0.25	0.45~0.60	≤0.020	≤0.020	≤0.025	<0.003
2#	0.18	0.27	1.46	0.81	0.22	0.51	0.003	0.001	0.042	<0.003
9#	0.21	0.33	1.49	0.80	0.22	0.53	0.001	0.001	0.035	<0.003

图 2.2.7 为两组不同 C 含量试验钢的 CCT 曲线。可以看出，在 1.67~942℃/min 的

冷速范围内，两钢均未出现高温区的 F/P 转变；在中温转变区，随着 C 含量的增加，贝氏体转变的 C 曲线下移，马氏体相变温度降低。因此，在不同冷速下，C 可以降低 SA508Gr3Cl1 钢的 B_s 温度，提高 SA508Gr3Cl1 钢的淬透性。

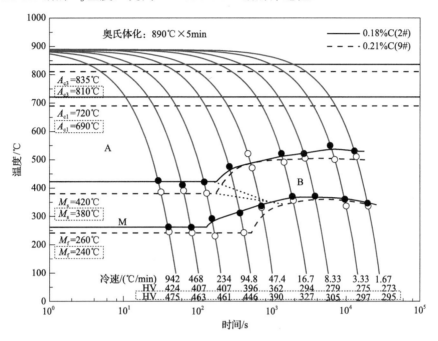

图 2.2.7　不同 C 含量 SA508Gr3Cl1 试验钢的 CCT 曲线

图 2.2.8 为不同 C 含量试验钢在不同冷速下的金相组织照片。可以看出，在不同冷速下两组试验钢的显微组织差别不大。在冷速为 47.4℃/min 时，两组试验钢组织均为贝氏体+少量的马氏体组织，0.21%C 的 9#试验钢中的马氏体含量较多；在冷速为 3.33℃/min 时，0.18%C 的 2#试验钢发生少量的铁素体转变；冷速为 1.67℃/min 时，两组对比试验钢均发生了少量的铁素体转变，但总体上铁素体转变量较少，因此在相变仪的热膨胀曲线中未显示。

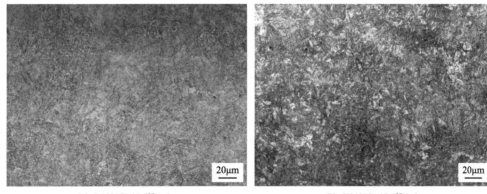

(a) 0.18%C, 47.4℃/min　　　　　　　　　(b) 0.21%C, 47.4℃/min

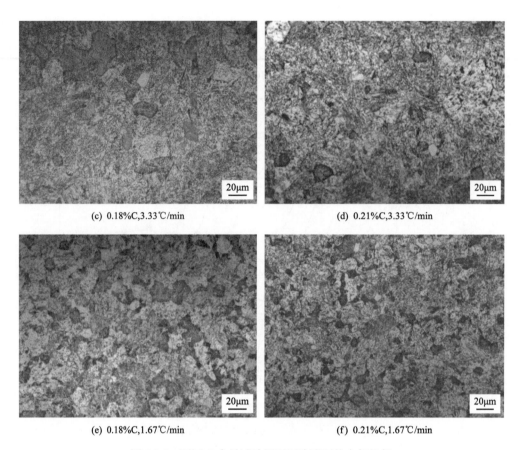

(c) 0.18%C,3.33℃/min   (d) 0.21%C,3.33℃/min

(e) 0.18%C,1.67℃/min   (f) 0.21%C,1.67℃/min

图 2.2.8 不同 C 含量试验钢不同冷速下的金相组织

图 2.2.9 为不同冷速下两组试验钢硬度变化曲线。可以看出，随着冷速的降低，两组试验钢的硬度均不断下降，且趋势相同。在冷速为 942～94.8℃/min 时，因为钢中只发生马氏体相变，所以硬度在较高水平；随着冷速不断降低，试验钢中发生了贝氏体转变，

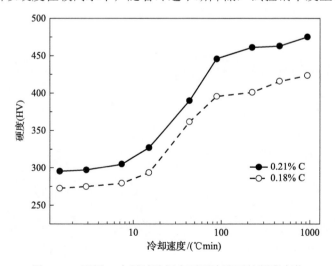

图 2.2.9 不同 C 含量试验钢在不同冷速下的硬度变化

并且贝氏体转变量增多，硬度出现明显下降。这主要是因为在快速冷却条件下，试验钢发生马氏体相变，C 主要起固溶强化作用，因此对硬度的贡献较大，而随着冷速降低，试验钢中发生了贝氏体相变，C 原子不断从基体中析出形成碳化物，因此两者的硬度差也在缩小。

不同 C 含量试验钢的 CCT 曲线对比研究表明，提高 C 含量可以降低 SA508Gr3Cl1 钢的马氏体和贝氏体转变温度，使 SA508Gr3Cl1 钢的 CCT 曲线下移，提高 SA508Gr3Cl1 钢的淬透性，另外增加 C 含量可以明显提高 SA508Gr3Cl1 钢的硬度。

4. 小结

(1) 冷却速度对 SA508Gr3Cl1 钢的 B_s 温度有一定影响，随着冷速降低，B_s 温度升高。

(2) 增加 Al 含量可以降低 SA508Gr3Cl1 钢的 B_s 温度，特别是可以推迟 F/P 转变，降低马氏体相变的临界冷速，从而提高钢的淬透性。

(3) Si 对 SA508Gr3Cl1 钢的 CCT 曲线的影响不明显，对 SA508Gr3Cl1 钢的淬透性没有实质影响。

(4) 增加 C 含量可以降低 SA508Gr3Cl1 钢的 B_s 温度，使 SA508Gr3Cl1 钢的 CCT 曲线下移，提高 SA508Gr3Cl1 钢的淬透性。

2.2.2 合金元素对 SA508Gr3Cl1 钢组织和性能的影响

1. 试验材料与方法

Mn、Ni、Mo、Cr 是 SA508Gr3Cl1 钢的主要合金元素，详细研究了上述元素与 Al、Si、C 含量变化对 SA508Gr3Cl1 钢组织和强韧性的影响。采用真空感应热处理炉冶炼的试验钢，化学分析成分见表 2.2.4。钢经锻造后，采用 ASME 规范第Ⅲ篇规定的模拟法，利用实验室自行研制的"精控加热和冷却速度"的模拟热处理炉，模拟大型锻件的实际热处理条件，其条件相当于 300mm 厚筒体锻件 1/4T(T 表示壁厚)检验部位。在性能热处理和模拟焊后热处理后均进行了拉伸和冲击试验，采用光学显微镜(optical microscope, OM)、扫描电子显微镜(scanning electron microscope, SEM)、透射电子显微镜(transmission electron microscope, TEM)和电子背散射衍射(electron backscattering diffraction, EBSD)技术进行微观组织观察和分析。

表 2.2.4　试验用钢的化学成分　　　(单位：%(质量分数))

炉号	C	Si	Mn	Ni	Cr	Mo	P	S	Al	V
ASME SA508Gr3Cl1	≤0.25	≤0.40	1.20~1.50	0.4~1.0	≤0.25	0.45~0.60	≤0.020	≤0.020	≤0.025	<0.003
1	0.18	0.01	1.53	0.80	0.22	0.50	0.002	0.001	0.040	<0.003
3	0.19	0.26	1.48	0.78	0.20	0.50	0.008	0.007	0.003	<0.003
4	0.19	0.16	1.46	0.82	0.16	0.49	0.005	0.007	0.022	<0.003
5	0.20	0.14	1.53	0.80	0.19	0.50	0.010	0.007	0.010	<0.003
6	0.20	0.14	1.45	0.80	0.22	0.50	0.003	0.001	0.044	<0.003

炉号	C	Si	Mn	Ni	Cr	Mo	P	S	Al	V
7	0.21	0.01	1.50	0.82	0.22	0.50	0.002	0.001	0.039	<0.003
8	0.21	0.10	1.50	0.81	0.22	0.51	0.002	0.001	0.034	<0.003
9	0.21	0.33	1.49	0.80	0.22	0.53	0.001	0.001	0.035	<0.003
10	0.22	0.02	1.54	0.82	0.24	0.51	0.006	0.003	0.011	<0.003
11	0.26	0.03	1.46	0.78	0.22	0.50	0.004	0.002	0.041	<0.003

2. SA508Gr3Cl1 钢连续冷却的组织状态

1) 淬火态组织类型

研究显示，在淬火连续冷却过程中得到的组织状态与钢的合金成分和冷速有关，归根到底是与相应淬火冷却条件下的 B_s 温度有关。在淬火冷却过程中，贝氏体的形成主要取决于碳元素的扩散，所形成的贝氏体铁素体中过饱和碳主要通过析出渗碳体或者扩散进入残余奥氏体排出。这两种碳的排出机制通常同时发生，而具体哪一个机制占主导则由化学成分和 B_s 温度所决定。在某一个冷速条件下，奥氏体向中温转变的产物是在一个温度范围里进行的，这样就有可能产生它所经历的各个温度下不同的转变产物。因此，与等温转变产物相比，它的显微组织更为复杂。结合不同合金成分的 SA508Gr3Cl1 钢连续冷却组织观察结果，SA508Gr3Cl1 钢淬火贝氏体组织形貌类型主要有两类。一类为粒状贝氏体，包括 M/A 岛分布于块状铁素体的粒状贝氏体和条形的 M/A 组织分布于板条状铁素体界上的粒状贝氏体；另一类为下贝氏体，沿着板条贝氏体铁素体板条间析出渗碳体的下贝氏体和在盘状贝氏体铁素体中析出细小碳化物的下贝氏体。

2) 回火后的组织状态

图 2.2.10 为试验钢经高温回火处理后的贝氏体组织形貌。可以看出，经高温回火后组织中析出大量的碳化物，碳化物有的沿着板条间析出，有的在板条内析出，并且碳化物的形貌、尺寸存在较大差别。

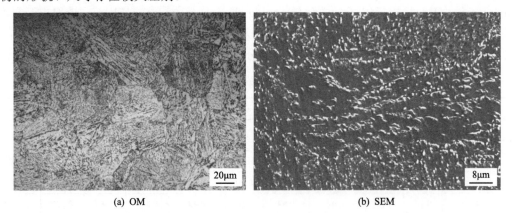

(a) OM　　　　　　　　　　(b) SEM

图 2.2.10　SA508Gr3Cl1 钢回火后的显微组织形貌

利用 TEM 观察回火贝氏体的精细组织如图 2.2.11 所示。可以看到，板条贝氏体铁素体基体经过 640℃高温回火处理后相当多的区域依然保持着板条形貌，但位错明显降低，板条界更加清晰(图 2.2.11(a))。这说明 SA508Gr3Cl1 钢的回火稳定性较高，这对强韧性是有利的。另外，在高倍下观察到三种不同形貌的碳化物颗粒，分别为粗大的长棒状碳化物、球形和椭球形的碳化物以及细小的针状碳化物。长棒状碳化物主要分布于贝氏体铁素体板条界上，其最大长度甚至超过 4μm，厚度为 0.2μm，为 M_3C 型碳化物，为(Fe,Mn, Mo,Cr)$_3$C 合金渗碳体，形貌见图 2.2.11(b)。球形和椭球形的碳化物主要沿着贝氏体铁素体板条内部析出，为 M_3C 型碳化物，主要成分为 Fe、Mn，同时有少量的 Cr、Mo，也为合金渗碳体(图 2.2.11(c))。经长时间高温回火，在板条内部观察到少量细小针状碳化物，为富 Mo 碳化物。三种碳化物在调质和焊后热处理均有发现，长时间模拟焊后热处理后，钢中的长棒状渗碳体和球形合金渗碳体有一定程度的粗化，并且析出更多的针状 Mo_2C 碳化物。

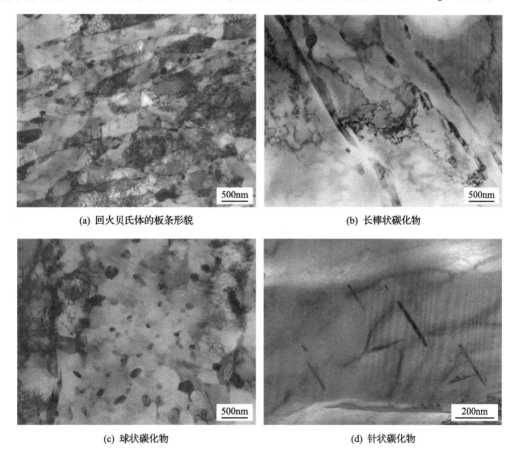

(a) 回火贝氏体的板条形貌   (b) 长棒状碳化物

(c) 球状碳化物   (d) 针状碳化物

图 2.2.11 SA508Gr3Cl1 钢回火组织的精细形貌

萃取两种热处理态样品中的析出相进行相分析，图2.2.12为萃取析出相的XRD图谱。可以看出，高温回火处理后试验钢中的析出相为 M_3C 和 M_2C 型碳化物，调质态样品中的析出相主要为 M_3C，只有极少量的 M_2C 析出，而经模拟焊后热处理后 M_2C 析出量增多。表 2.2.5 为 SA508Gr3Cl1 钢调质处理和模拟焊后热处理相的定量分析结果。可以看出，调质处理时 M_3C 型合金渗碳体中富集 Mn、Mo、Cr 合金元素，经模拟焊后热处理后，Mn 和 Mo 含量进一步富集，而 Cr 含量基本不变。M_2C 型碳化物主要为富 Mo 碳化物，并含有少量的 Fe 和 Cr。经过模拟焊后热处理后，M_3C 和 M_2C 中的 Mo 含量达到 0.49%，由此可以判断钢中添加的 Mo 含量基本以碳化物形式析出。根据淬火态的贝氏体组织类型，在板条间析出的长棒状渗碳体可能是由无碳化物板条状的上贝氏体中的 M/A 岛在回火过程中形成的，而椭球形和球形的渗碳体是由下贝氏体中的渗碳体在回火过程中长大、球化形成的，细小的 Mo_2C 碳化物是在回火过程中形成的。

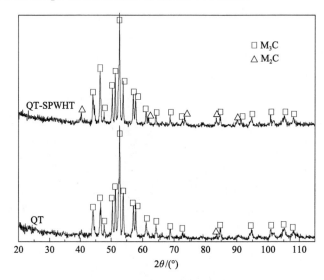

图 2.2.12   SA508Gr3Cl1 钢调质处理(QT)和模拟焊后热处理(QT-SPWHT)析出相的 X 射线衍射分析

表 2.2.5   SA508Gr3Cl1 钢调质处理和模拟焊后
热处理析出相的定量分析结果　　　　　(单位：%(质量分数))

工艺	M_3C					M_2C			
	Fe	Mn	Cr	Mo	总量	Fe	Mo	Cr	总量
QT	1.772	0.243	0.086	0.154	2.255				
QT-SPWHT	1.466	0.424	0.085	0.265	2.240	0.088	0.225	0.027	0.340

3. 铝含量对 SA508Gr3Cl1 钢组织和强韧性的影响

1)铝含量对组织的影响

图 2.2.13 为不同 Al 含量试验钢淬火态的显微组织照片，左图为 OM 组织照片，右图为 SEM 组织照片。可以看出，Al 含量对 SA508Gr3Cl1 钢淬火组织有较大影响，Al 含量为 0.003%时，淬火组织以块状和条状 M/A 组织的粒状贝氏体为主，同时有极少量的下贝氏体混合组织；随着 Al 含量的增加，淬火组织中的下贝氏体含量增多，并且粒状贝氏体组织得到细化，当 Al 含量为 0.04%时，组织主要为下贝氏体组织，粒状贝氏体含量较少，并且出现少量的马氏体组织。大锻件钢淬火后的组织，不仅与锻件的尺寸和淬火时的冷却条件等因素有关，而且与钢的淬透性高低有密切关系。如果锻件尺寸和淬火条件一定，钢的淬火组织仅由淬透性决定。本研究结果显示 Al 含量增加可以使 SA508Gr3Cl1

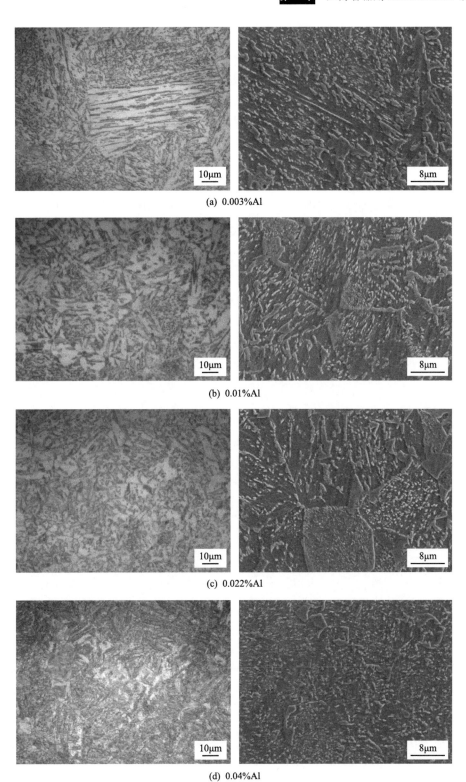

图 2.2.13 不同 Al 含量试验钢淬火态组织形貌

钢的 CCT 曲线显著右移，贝氏体转变曲线右移，因此在 40℃/min 冷速下 0.04%Al 的试验钢淬火组织中主要为下贝氏体组织，粒状贝氏体组织含量相对较低，并且出现了少量的马氏体组织，而 0.003%Al 的试验钢中则主要为粒状贝氏体组织和少量的下贝氏体组织。

  不同 Al 含量试验钢淬火处理后经 640℃回火和 610℃模拟焊后热处理的 SEM 组织形貌如图 2.2.14 所示，左图为回火处理 (QT) 的组织，右图为模拟焊后热处理 (QT-SPWHT) 的组织。可以看出，经过 640℃高温回火处理后组织中弥散析出了大量的碳化物颗粒，这些碳化物颗粒有长棒状的，也有球形的。在 Al 含量为 0.003% 的试验钢中，碳化物主要沿着奥氏体晶界和贝氏体板条界析出，碳化物尺寸较大，并且多为长棒状渗碳体。随着 Al 含量增加，碳化物密度不断增加，并且形状以球形渗碳体为主。在 Al 含量为 0.04% 的试验钢中，组织中析出细小的球形碳化物弥散分布。

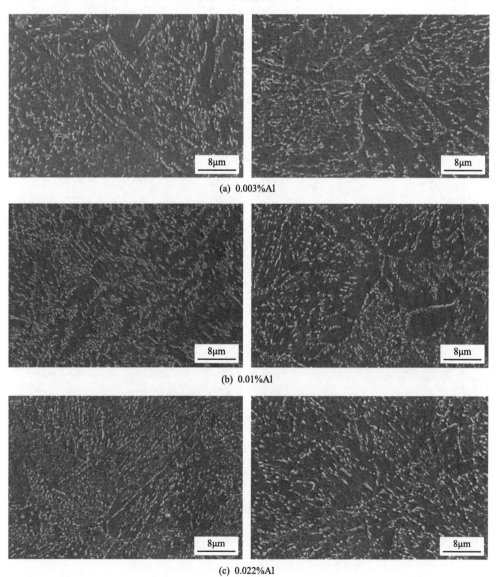

(a) 0.003%Al

(b) 0.01%Al

(c) 0.022%Al

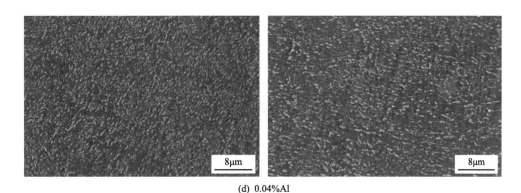

(d) 0.04%Al

图 2.2.14 不同 Al 含量试验钢经 640℃回火和 610℃模拟焊后热处理的组织形貌

2) 铝对强韧性的影响

图 2.2.15 为不同 Al 含量试验钢在调质处理和模拟焊后热处理后的拉伸性能曲线。可以看出，Al 对试验钢的强度影响显著，对塑性影响不大。随着 Al 含量增加，抗拉强度和屈服强度升高。Al 含量在 0.01%以下三组试验钢的强度较低，焊后热处理抗拉强度难以达到 620MPa。Al 含量增加到 0.02%以上时，强度明显提高，即使经过模拟焊后消除应力处理后强度依然能达到 650MPa 以上。因此，增加 Al 含量可以显著提高 SA508Gr3Cl1 钢的强度。

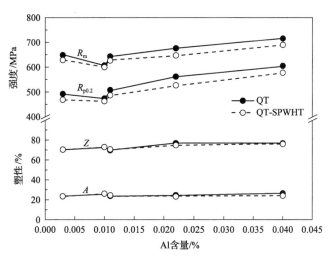

图 2.2.15 Al 含量对试验钢拉伸性能的影响

铝对试验钢冲击韧性的影响更加显著，如图 2.2.16 所示，其中图 2.2.16(a)和图 2.2.16(b)分别为调质处理和模拟焊后热处理后的系列冲击曲线。可以看出，模拟焊后热处理相比调质态冲击韧性降低，但是两种热处理状态下不同 Al 含量试验钢表现出同样的趋势，即随着 Al 含量增加，冲击韧性显著改善。在 Al 含量在 0.01%以下时，冲击韧性较差，QT-SPWHT 态−21℃冲击功(USE)为 50J，无法满足规范要求。Al 含量在 0.01%~0.04%时，冲击韧性得到明显提高，QT-SPWHT 态的韧脆转变温度(DBTT)降低约 40℃，Al 含量为 0.04%的试验钢的上平台冲击功为 229J，而韧脆转变温度为−44℃。总体上看，为获得良好的强度和韧性，Al 含量控制在 0.02% 以上是必要的，但是过多的 Al 会出现纯净度问题，因此 SA508Gr3Cl1 钢中的 Al 含量应在 0.02%～0.04%。

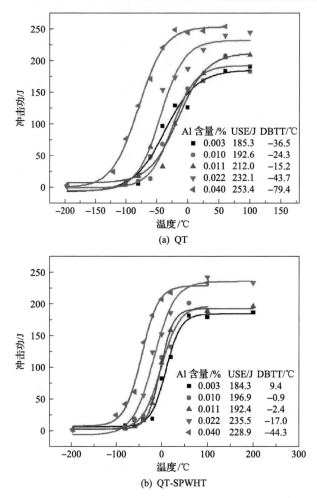

(a) QT

(b) QT-SPWHT

图 2.2.16　Al 含量对试验钢冲击韧性的影响

Al 同时提高 SA508Gr3Cl1 钢的强度和韧性，特别是降低韧脆转变温度，可以从几个方面来解释：

（1）Al 细化原奥氏体晶粒尺寸。

钢中添加 Al，可以与 N 形成 AlN 颗粒，在奥氏体化过程中钉扎奥氏体晶界，细化奥氏体晶粒尺寸，而钢中析出的 AlN 颗粒的数量和尺寸与钢中加入的 Al 含量有关。研究表明，钢中加入 0.02%～0.04%Al 可以有效地细化钢的奥氏体晶粒尺寸。

（2）Al 降低 B_s 温度，细化贝氏体铁素体板条尺寸。

研究结果显示，Al 可以提高 SA508Gr3Cl1 钢的淬透性，随着 Al 含量的增加，B_s 温度降低。利用 EBSD 技术分析 0.003%Al 和 0.04%Al 试验钢的回火贝氏体组织中贝氏体铁素体晶粒取向图和取向差，如图 2.2.17 所示。可以看出，0.04%Al 试验钢的贝氏体铁素体板条束更加细小；另外，15°以上的大角度晶界更多，特别是 50°～60°的大角度晶界更多,而有研究表明大角度晶界的比例与冲击韧性之间呈正比例关系。通过 TEM 观察,不同 Al 含量试验钢的贝氏体铁素体板条的宽度也不同,0.04%Al 试验钢的贝氏体铁素体板条更加细小,如图 2.2.18 所示。可以看出,随着 Al 含量的增加,奥氏体晶粒、贝氏体铁素体板条束和板条得到细化,而晶粒细化是同时提高强韧性的唯一方式,因此添加 Al 含量可以显著提高 SA508Gr3Cl1 钢的强度和韧性。

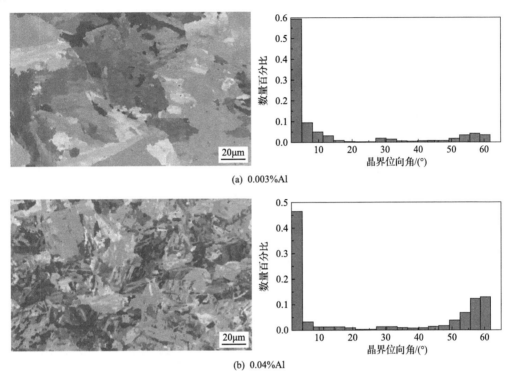

(a) 0.003%Al

(b) 0.04%Al

图 2.2.17　不同 Al 含量试验钢的取向图和取向差比例

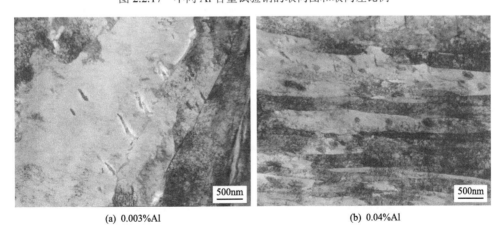

(a) 0.003%Al　　　　　　　　　　(b) 0.04%Al

图 2.2.18　不同 Al 含量试验钢淬火态贝氏体铁素体板条形貌

(3) Al 提高 SA508Gr3Cl1 钢淬透性。

由于 Al 含量增加可以提高 SA508Gr3Cl1 钢的淬透性,高 Al 含量试验钢中的粒状贝氏体含量降低，下贝氏体和马氏体含量增加。而下贝氏体和马氏体的回火组织比粒状贝氏体的回火组织的强韧性更好，这也是 Al 含量增加强韧性提高的原因。

4. Si 含量对 SA508Gr3Cl1 钢组织和强韧性的影响

1）Si 含量对组织的影响

图 2.2.19 为不同 Si 含量试验钢淬火态的显微组织。可以看出，0.01%Si 和 0.14%Si 的试验钢为下贝氏体、粒状贝氏体及极少量马氏体的混合组织，而 0.33%Si 试验钢中淬

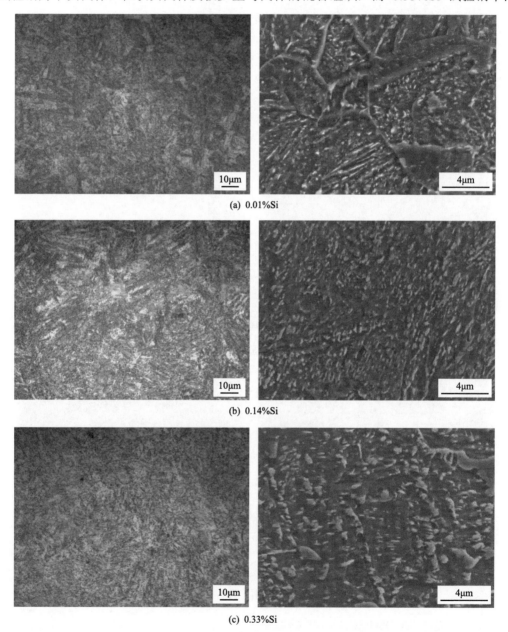

(a) 0.01%Si

(b) 0.14%Si

(c) 0.33%Si

图 2.2.19　不同 Si 含量试验钢淬火态组织形貌

火组织主要为大块状 M/A 岛的粒状贝氏体和下贝氏体的混合组织,组织中未发现马氏体存在。总体上看,随着 Si 含量的增加,M/A 岛含量增加。Si 能够阻止贝氏体转变时碳化物的形成,促使尚未转变的奥氏体富集碳,因而使贝氏体转变减慢。这可能是 Si 增加 M/A 岛状物数量和尺寸的原因。

　　不同 Si 含量试验钢淬火处理后经 640℃回火和 610℃模拟焊后热处理的微观组织如图 2.2.20 所示,图中左图为回火处理的组织,右图为模拟焊后热处理的组织。可以看出,经过 640℃高温回火处理后组织中弥散析出了大量的碳化物颗粒,在经过长时间的模拟焊后热处理后,组织中碳化物进一步析出和聚集长大。随着 Si 含量的增加,析出的碳化物数量和尺寸有增加趋势,碳化物形状没有太大差别。

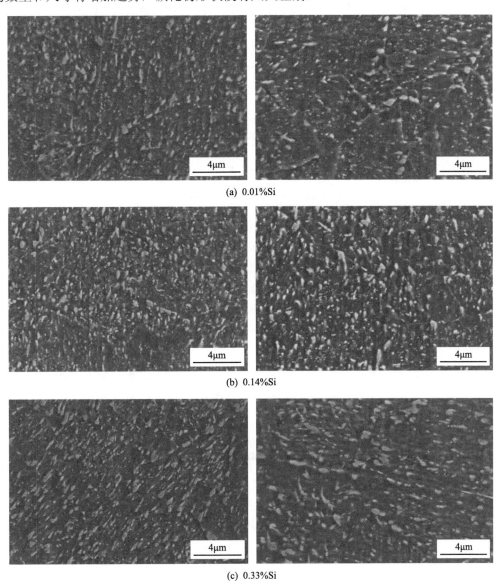

(a) 0.01%Si

(b) 0.14%Si

(c) 0.33%Si

图 2.2.20　不同 Si 含量试验钢回火后的组织形貌

2) Si 含量对强韧性的影响

图 2.2.21 为不同 Si 含量试验钢经过调质处理和模拟焊后热处理后的拉伸性能曲线。可见，无论是调质处理态还是模拟焊后热处理态，Si 对试验钢强度贡献是显而易见的，对塑性有不利影响，但影响不大。Si 属于非碳化物形成元素，固溶强化作用明显，因此添加 Si 可以提高 SA508Gr3Cl1 钢的强度。

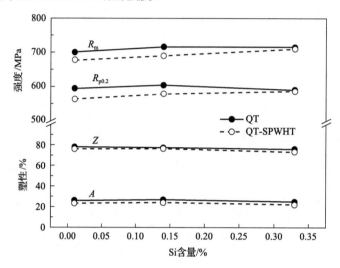

图 2.2.21　Si 对试验钢拉伸性能的影响

从图 2.2.22 可见，无论是调质态还是模拟焊后热处理态，随着 Si 含量的增加，SA508Gr3Cl1 钢的上平台冲击功和−21℃冲击功均有所降低，韧脆转变温度稍有增加。综合来看，Si 对提高 SA508Gr3Cl1 钢的强度有一定效果，但会稍微降低 SA508Gr3Cl1 钢的冲击韧性。即使是 Si 含量为 0.01%的试验钢模拟焊后热处理的抗拉强度依然可以达到 677MPa，并且有较大的富裕度。因此，在满足强度的前提下，降低 Si 含量可以提高塑韧性。

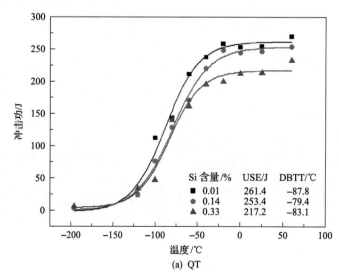

(a) QT

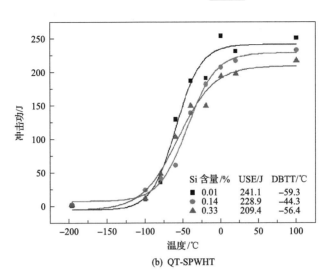

(b) QT-SPWHT

图 2.2.22 Si 对试验钢冲击韧性的影响

  利用 EBSD 技术对 0.01%Si 和 0.33%Si 试验钢的贝氏体铁素体板条尺寸进行统计，结果如图 2.2.23 所示。从统计结果看，0.01%Si 试验钢的贝氏体铁素体板条尺寸相对较

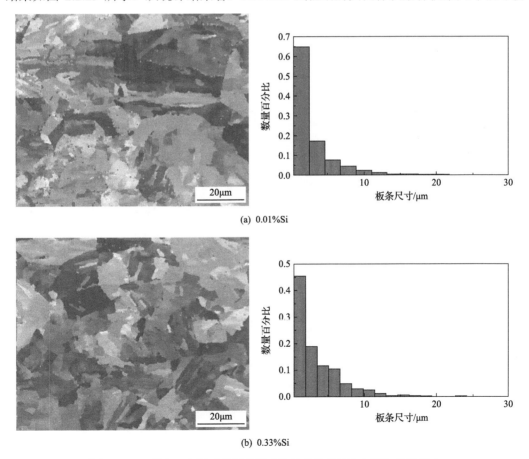

(a) 0.01%Si

(b) 0.33%Si

图 2.2.23 不同 Si 含量试验钢的贝氏体铁素体晶粒取向图和晶粒尺寸

小。Si 对 SA508Gr3Cl1 钢强韧性的影响，应该从 Si 的固溶强化方面来解释，Si 作为有效的固溶强化元素，可以显著提高贝氏体铁素体基体强度，Si 提高基体强度的同时，基体的塑韧性将下降。虽然本研究中不同 Si 含量试验钢的夹杂物含量和偏析程度没有明显差异，但从提高纯净度和韧性的角度，Si 含量应控制在 0.1%以下。

5. C 含量对 SA508Gr3Cl1 钢组织和强韧性的影响

1)C 含量对组织的影响

图 2.2.24 为不同 C 含量试验钢淬火态的显微组织，左图为 OM 的组织照片，右图为 SEM 的组织照片。可以看出，C 含量为 0.18%时，试验钢的淬火组织为粒状贝氏体和下贝氏体的混合组织，随着 C 含量增加，组织中的下贝氏体组织含量有所增加，C 含量为 0.26%时，组织中甚至出现了马氏体相变，组织为粒状贝氏体、下贝氏体和少量马氏体的混合组织。不同 C 含量试验钢淬火态组织的差异，主要是由于增加 C 含量提高了 SA508Gr3Cl1 钢的淬透性，特别是使得 B_s 温度降低。因此，在相同的连续冷却速度下(40℃/min)，0.26%C 试验钢的淬火组织中出现了少量的马氏体相变，而 0.18%C 试验钢则未出现马氏体相变，并且因为 B_s 温度较高，组织中的 M/A 岛含量增加，粒状贝氏体组织增多。

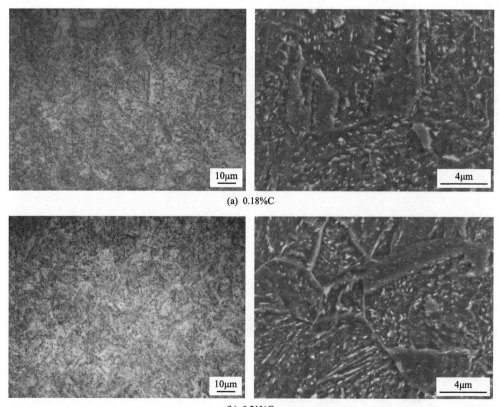

(a) 0.18%C

(b) 0.21%C

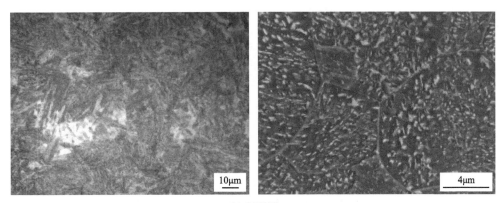

(c) 0.26%C

图 2.2.24 不同 C 含量试验钢淬火态组织形貌

不同 C 含量试验钢淬火处理后经 640℃回火和 610℃模拟焊后热处理的微观组织如图 2.2.25 所示,图中左图为回火处理的组织,右图为模拟焊后热处理的组织。可以看出,经过高温回火处理后淬火的贝氏体和马氏体组织中均弥散析出了大量的碳化物颗粒,所不同的是碳化物的颗粒尺寸和形貌差异较大,但是难以区分出回火贝氏体组织和回火马氏体组织。随着 C 含量的增加,SA508Gr3Cl1 钢回火贝氏体组织中碳化物数量、尺寸,特别是长棒状碳化物的尺寸将增加。在 C 含量为 0.18%的试验钢中最大碳化物颗粒尺寸约为 1μm 长、0.4μm 宽,C 含量为 0.26%的试验钢中最大碳化物的颗粒尺寸约为 3.2μm 长、0.5μm 宽。

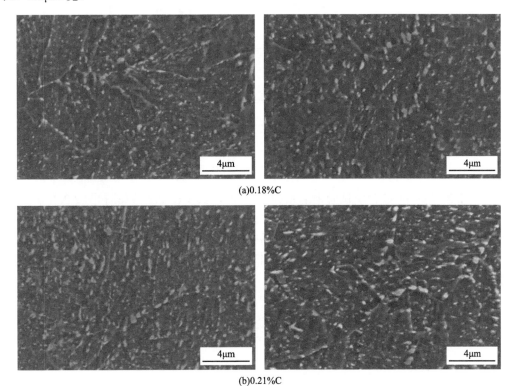

(a)0.18%C

(b)0.21%C

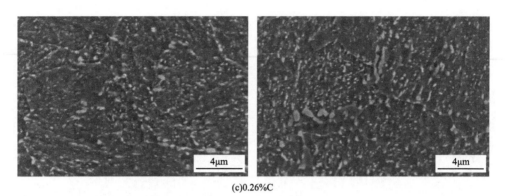

(c)0.26%C

图 2.2.25 不同 C 含量试验钢回火后的组织形貌

2)C 含量对强韧性的影响

不同 C 含量的三组对比试验钢经长时间高温回火及模拟焊后热处理的拉伸性能如图 2.2.26 所示。可以看出，C 对 SA508Gr3Cl1 钢的强度贡献较大，对塑性影响不大。随着 C 含量的增加，调质及模拟焊后热处理态的抗拉强度和屈服强度均不断增加，C 含量平均每增加 0.01%，强度可提高 6～8MPa。

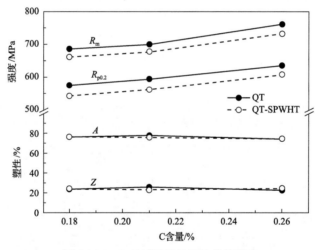

图 2.2.26 C 对试验钢拉伸性能的影响

图 2.2.27 为不同 C 含量试验钢的系列冲击曲线，其中图 2.2.27(a)和图 2.2.27(b)分别为调质处理和模拟焊后热处理态的系列冲击曲线。可以看出，随着 C 含量的增加，试验钢的上平台冲击功有下降趋势，但是韧脆转变特性却趋向更低温度，即低温韧性更好。经过模拟焊后热处理后，不同 C 含量试验钢的冲击韧性相对于调质态均出现明显下降，韧脆转变温度升高约 30℃。

综合来看，C 含量为 0.18%～0.26%的三组试验钢均表现出非常优异的强韧性，随着 C 含量增加，强度明显增加，上平台冲击功和–21℃冲击功有所降低。但即使 C 含量为 0.18%的试验钢模拟焊后热处理态的抗拉强度仍可以达到 650MPa 以上，–21℃冲击功在 200J 以上，能够较好地满足 ASME 规范要求，因此在满足强度要求的前提下，C 含量应该控制在较低水平。

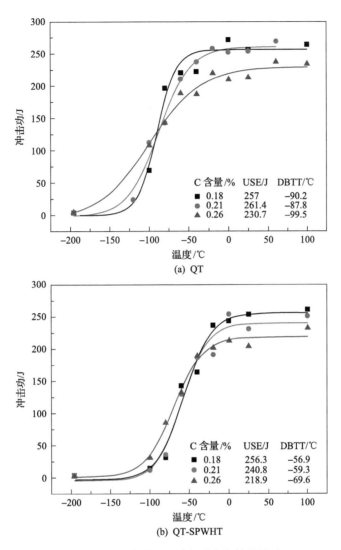

图 2.2.27 C 含量对试验钢冲击韧性的影响

C 含量对于 SA508Gr3Cl1 钢淬火态组织的影响，主要是由 C 对 SA508Gr3Cl1 钢淬透性的影响决定的。随着 C 含量增加，SA508Gr3Cl1 钢淬透性提高，贝氏体转变区和马氏体相变区右移，而以 40℃/min 的冷速冷却时，0.26%C 的试验钢中已经发生了部分马氏体相变，并且下贝氏体含量也增多。通过 EBSD 技术分析 0.18%C 和 0.21%C 试验钢晶粒取向和晶粒尺寸，如图 2.2.28 所示。可以看出，随着 C 含量增加，晶粒尺寸有一定程度的细化。C 含量对 SA508Gr3Cl1 钢回火组织的影响，主要是 C 含量增加后，钢中析出了更多数量的细小碳化物，从而提高了 SA508Gr3Cl1 钢的弥散强化效果。弥散强化是对塑韧性有不利影响的强化方式；另外，C 含量增加会使长棒状的碳化物出现粗化，上平台冲击功和–21℃冲击功为韧性断裂区域，大尺寸的碳化物对其有较大影响。C 含量高的试验钢的韧脆转变温度以及低温冲击韧性更好的原因，主要是 C 可以提高 SA508Gr3Cl1 钢淬透性的作用，在 40℃/min 的冷速条件下，高 C 含量试验钢中出现了马氏体组织，回火过程中形成组织细小的回火索氏体组织，进而获得更加优异的低温韧性。

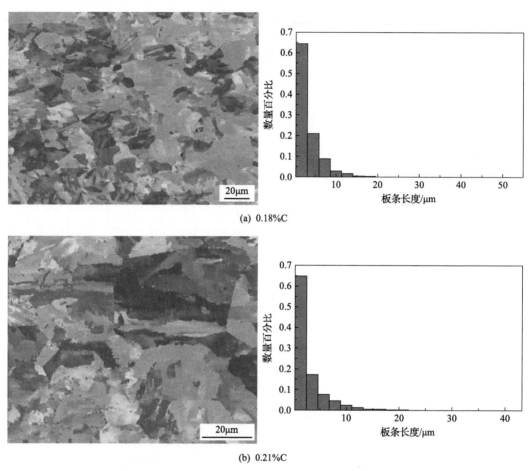

(a) 0.18%C

(b) 0.21%C

图 2.2.28　不同 C 含量试验钢的贝氏体铁素体晶粒取向图和晶粒尺寸

　　图 2.2.29 为本研究所有不同 Al 含量、Si 含量、C 含量的 10 炉试验钢经模拟焊后热处理后的强度和冲击韧性。可以看出，Al 是决定 SA508Gr3Cl1 钢强韧性的关键元素。在 Al 含量低于 0.02%时，纵使调整 C、Si 含量匹配，也很难同时满足抗拉强度大于 620MPa、−21℃冲击功大于 80J、韧脆转变温度低于−21℃的要求。当 Al 含量控制在 0.02%～0.04%时，强度和韧性大幅度提高，C、Si 含量分别在 0.18%～0.26%和 0.01%～0.33%变化，强韧性均能较好低满足规范要求，并且随着 Al 含量增加，强韧性进一步提高。另外，在 Al 含量为 0.03%以上时，0.18%C-0.01%Si 试验钢的抗拉强度在 650MPa 以上，−21℃冲击功为 230J，韧脆转变温度为−57℃。虽然增加 C 含量可以显著提高强度，并且不会显著降低冲击韧性，但考虑到 C 含量过高会造成大锻件的成分偏析以及焊接性能问题，因此，C 含量控制在 0.18%～0.22%为佳。对 Si 含量来说，Si 对于强度的贡献非常显著，但同时会降低冲击韧性，降低 Si 含量还可以减少大型锻件的偏析、夹杂物含量，改善锻件的纯净度，提高锻件探伤的通过率，因此，Si 含量应控制在 0.1%以下。综上分析，为满足抗拉强度＞620MPa，−21℃冲击功＞80J，韧脆转变温度＜−21℃，SA508Gr3Cl1 钢

中的 Al、Si、C 的含量控制范围为 Al：0.02%～0.04%，Si＜0.1%，C：0.18%～0.22%。

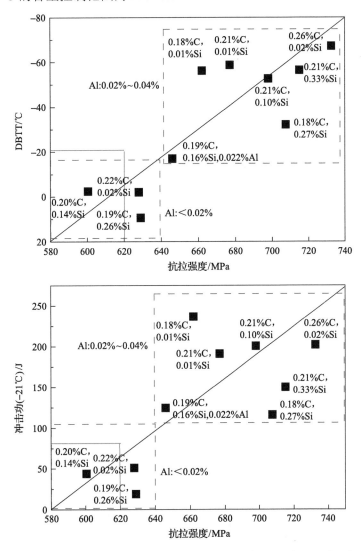

图 2.2.29　不同 Al 含量、Si 含量、C 含量试验钢模拟焊后热处理的强韧性

6. 小结

(1) SA508Gr3Cl1 钢的连续冷却(40℃/min)淬火态贝氏体组织主要有两类，一类为 M/A 岛分布于块状铁素体和条形 M/A 组织分布于板条状铁素体界上的粒状贝氏体组织，另一类为板条状贝氏体铁素体和盘状贝氏体铁素体中析出细小碳化物的下贝氏体组织，两种组织的比例由 B_s 温度决定。

(2) 在高温回火后 SA508Gr3Cl1 钢中析出两种类型的碳化物，分别为长棒状、球形或椭球形的(Fe、Mn、Cr、Mo)合金渗碳体和细小针状的 Mo_2C。其中长棒状和球形碳化物主要是在淬火过程中形成的，并在调质回火过程中长大、粗化；针状的 Mo_2C 碳化物在调质处理的高温回火过程中开始析出,在模拟焊后热处理过程中大量析出。

(3)随着 Al 含量增加,试验钢的奥氏体晶粒尺寸、贝氏体铁素体板条束尺寸得到细化,50°～60° 的大角度晶界的比例增加,以及淬火组织中析出了更多的下贝氏体和少量马氏体的混合组织,从而显著提高了 SA508Gr3Cl1 钢的强韧性。

(4)Si 有固溶强化作用,平均增加 73MPa/1%Si(质量分数),但提高强度的同时会降低冲击韧性。

(5)增加 C 含量可以显著提高 SA508Gr3Cl1 钢的强度,但对冲击韧性的损害并不显著。

(6)为获得抗拉强度 620MPa 以上,–21℃冲击功＞80J,韧脆转变温度＜–21℃,SA508Gr3Cl1 钢中 Al 含量应控制在 0.02%～0.04%;C 含量、Si 含量可以适当降低,其中 C 含量应控制在 0.18%～0.22%,Si 含量应控制在 0.1%以下。

2.3 SA508Gr3Cl1 钢工业条件淬透性极限评估

2.3.1 SA508Gr3Cl1 钢压力筒体整体淬火数值模拟

1. 边界条件确定

结合 2.2 节 SA508Gr3 钢 CCT 曲线试验结果可知,当大锻件最难冷却位置处冷却速度小于约 600℃/h 时,易得到 F+P 组织,对大锻件服役性能产生不利影响。因此确定冷却速度为 600℃/h。采用 DEFORM 软件建立整体筒节锻件简化的传热模型,基于 CCT 曲线确定临界对流换热系数。假设整体筒节初始温度为 900℃,初始组织全部为奥氏体;假设所有截面换热系数均一致,冷却介质(水)温度 20℃,冷却时间 5h。假设所有表面处界面换热系数均一致,根据调质前集成锻件设计的形状尺寸,建立模拟所需的几何模型,如图 2.3.1 所示。

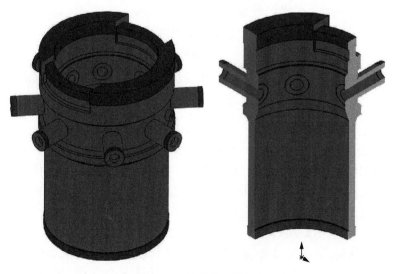

图 2.3.1 筒体几何模型

室温到 900℃区间，不同温度下材料的比热、密度及热导率分别如表 2.3.1、表 2.3.2 所示。

表 2.3.1　SA508Gr3 钢不同温度对应的比热

温度/℃	20	75	175	225	275	325	375
比热/(J/(kg·K))	480	486	523	540	557	582	607
温度/℃	475	575	675	725	775	875	900
比热/(J/(kg·K))	670	770	1051	1662	636	636	636

表 2.3.2　SA508Gr3 钢不同温度对应的密度与热导率

$T/℃$	$\rho/(kg/m^3)$	$\lambda/(W/(m·K))$
20	7854	33.1
100	7826	33.9
200	7794	35.2
300	7760	35.6
400	7723	35.6
500	7685	33.5
600	7646	30.6
700	7605	28.1
800	7626	26.8
900	7620	26.1

2. 模拟结果分析

图 2.3.2 给出了锻件在不同冷却时间下温度场的演变情况。由图可见，在模拟采用的边界条件下，由于形状及尺寸影响，锻件不同位置冷却速度差异较大，部分位置包括取料位置和性能关键位置，冷却均较慢。

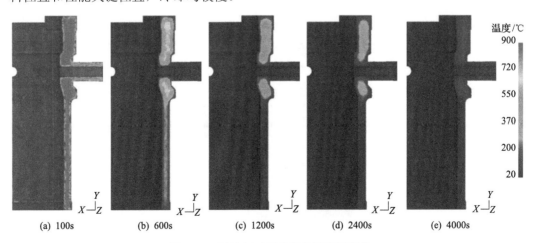

温度/℃

(a) 100s　(b) 600s　(c) 1200s　(d) 2400s　(e) 4000s

图 2.3.2　随冷却时间的锻件温度场演变

P1～P5取点见图2.3.3中虚线方框所示截面处,由左及右依次为:点P1(距内壁50mm处)、点P2(距内壁1/4壁厚处)、点P3(1/2壁厚处)、点P4(距外壁1/4壁厚处)、点P5(距外壁50mm处),具体位置如图2.3.4所示。

对该截面处几个关键位置点关于1/2壁厚处对称点(距内外壁各50mm处、距内外壁1/4壁厚处)冷却速度几乎一致,温度曲线如图2.3.5所示。提高换热系数对近表面点(P1、P5)影响较大,越靠近1/2壁厚处影响越小,但无论哪一位置,提高换热系数达到某一临界值时,将不再对冷却速度产生影响。

P6、P7取点区域为图2.3.6中虚线方框所示的点,由上及下依次为:点P6(竖直方向距中心线上部357mm、1/2壁厚处)、点P7(距中心线下部283mm、1/2壁厚处),具体位置如图2.3.7所示。

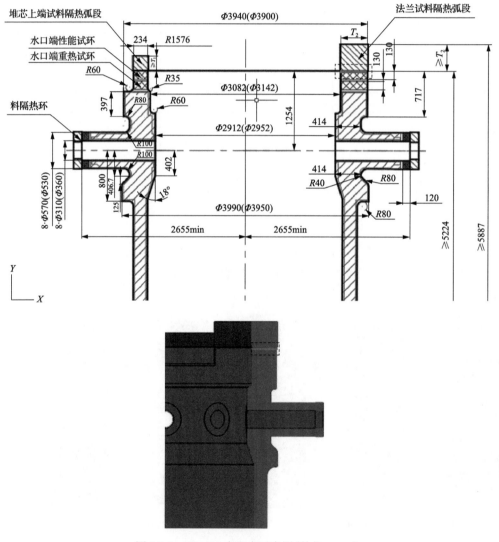

图2.3.3 P1～P5点取点示意图(单位:mm)

T_2为壁厚

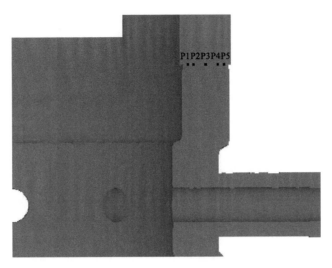

图 2.3.4　P1~P5 点具体位置示意图

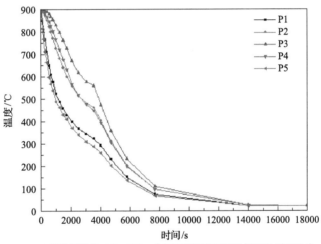

(a) 换热系数为1000mW/(mm²·K)时不同位置的冷却温度-时间曲线

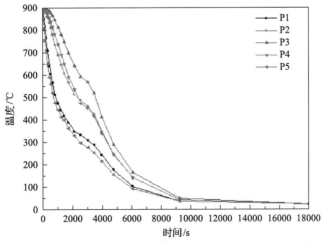

(b) 换热系数为1500mW/(mm²·K)时不同位置冷却温度-时间曲线

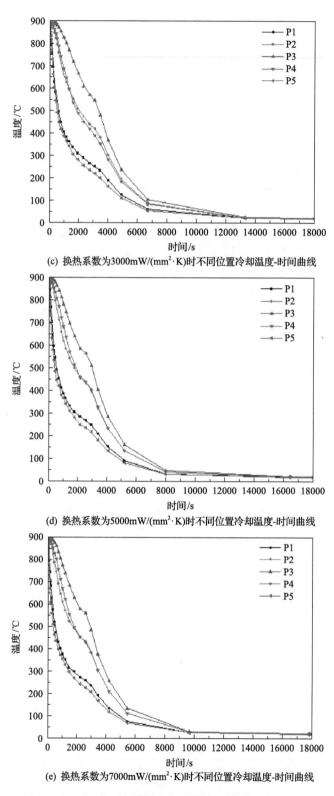

(c) 换热系数为3000mW/(mm²·K)时不同位置冷却温度-时间曲线

(d) 换热系数为5000mW/(mm²·K)时不同位置冷却温度-时间曲线

(e) 换热系数为7000mW/(mm²·K)时不同位置冷却温度-时间曲线

图 2.3.5 关键点的温度-时间曲线

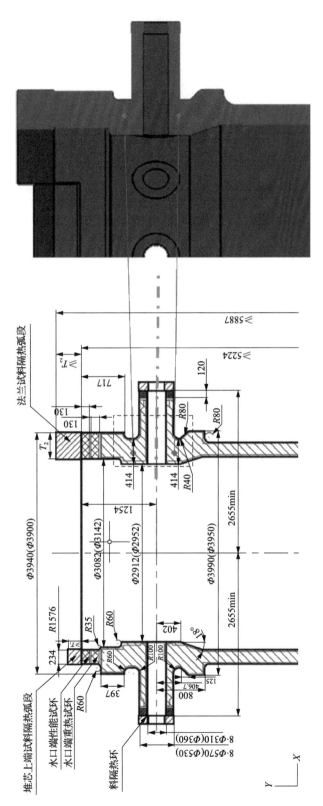

图2.3.6 P6、P7点取点示意图 (单位: mm)

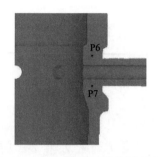

图 2.3.7　P6、P7 点具体位置示意图

由图 2.3.8 可知，P6、P7 均为远离壁面点，因此提高换热系数对其影响缓慢，且当换热系数 H 达到某一定值，其冷速不再变化。

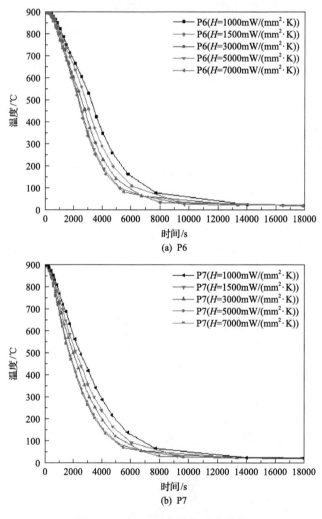

图 2.3.8　P6、P7 的温度速度曲线

P8～P10 取点见图 2.3.9 中虚线框所示截面，由左及右依次为点 P8（距内壁 1/4 壁厚处）、点 P9（1/2 壁厚处）、点 P10（距外壁 1/4 壁厚处），具体位置如图 2.3.10 所示。

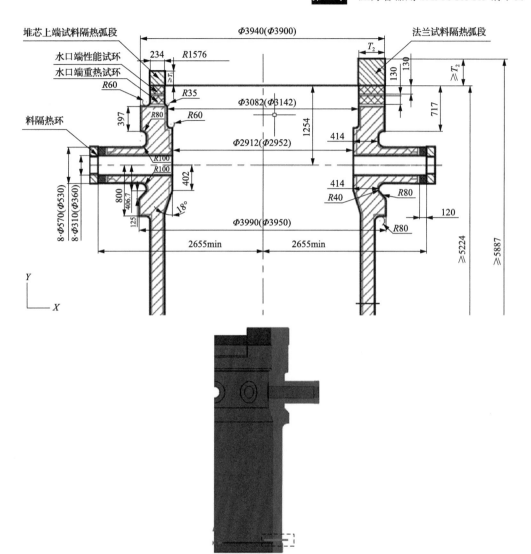

图 2.3.9　P8～P10 点取点示意图(单位：mm)

图 2.3.10　P8～P10 点具体位置示意图

P8、P10 为关于壁厚对称点,其温度随时间变化曲线几乎重合;P9 为 1/2 壁厚位置,其冷速较 P8、P10 略低,由于该位置处整体壁厚为 234mm,且取点平面接近下截面,因此整体冷速差距不大;同样,提高换热系数到某一定值,其冷速不再变化(图 2.3.11)。

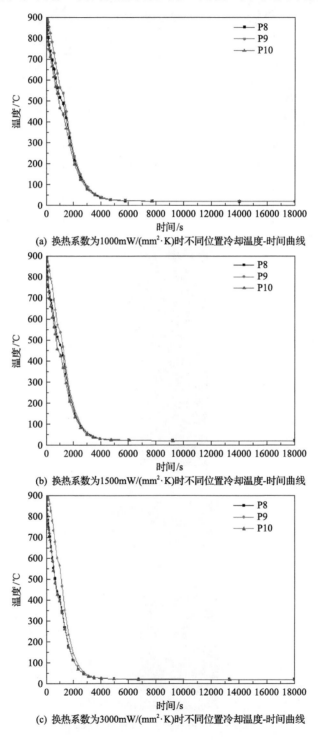

(a) 换热系数为1000mW/(mm²·K)时不同位置冷却温度-时间曲线

(b) 换热系数为1500mW/(mm²·K)时不同位置冷却温度-时间曲线

(c) 换热系数为3000mW/(mm²·K)时不同位置冷却温度-时间曲线

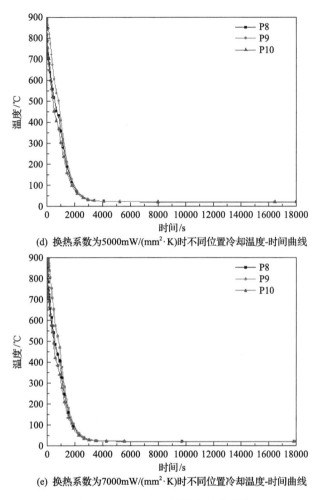

(d) 换热系数为5000mW/(mm²·K)时不同位置冷却温度-时间曲线

(e) 换热系数为7000mW/(mm²·K)时不同位置冷却温度-时间曲线

图 2.3.11 P8~P10 的温度速度曲线

P11~P13 取点见图 2.3.12 中虚线方框所示截面，由左及右依次为点 P13（距外壁 1/4 壁厚处）、点 P12（1/2 壁厚处）、点 P11（距内壁 1/4 壁厚处），具体位置如图 2.3.13 所示。

P13、P12、P11 存在与 P8、P9、P10 一致的规律（图 2.3.14）。对比 P3（取料位置）、P6（性能关键位置），五种不同换热系数下 P3 冷速均低于 P6；如果性能与冷速的关系是正相关，即冷速越快性能越好，那么 P3 位置处性能低于 P6 位置处，因此若 P3 位置处性能达标，P6 位置处性能也达标（图 2.3.15）。

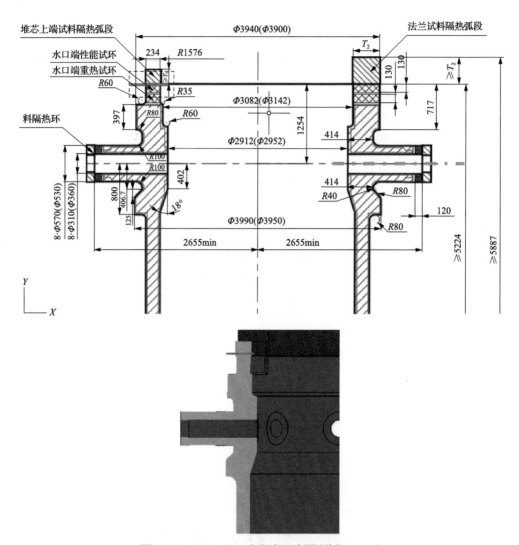

图 2.3.12　P11～P13 点取点示意图（单位：mm）

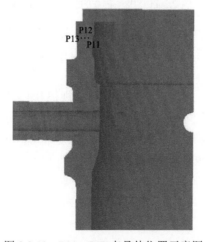

图 2.3.13　P11～P13 点具体位置示意图

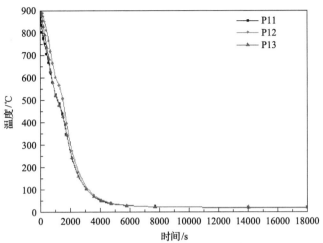

(a) 换热系数为1000mW/(mm²·K)时不同位置冷却温度-时间曲线

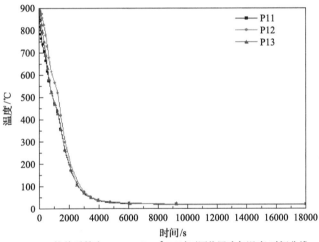

(b) 换热系数为1500mW/(mm²·K)时不同位置冷却温度-时间曲线

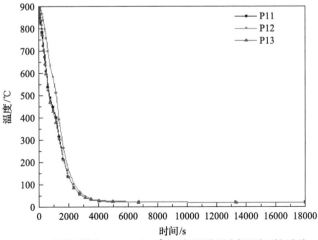

(c) 换热系数为3000mW/(mm²·K)时不同位置冷却温度-时间曲线

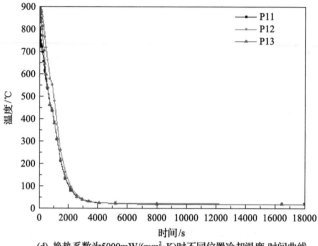

(d) 换热系数为5000mW/(mm²·K)时不同位置冷却温度-时间曲线

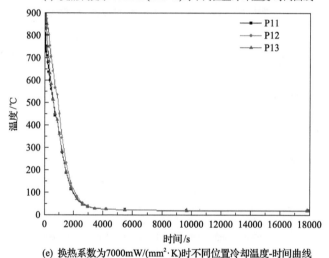

(e) 换热系数为7000mW/(mm²·K)时不同位置冷却温度-时间曲线

图 2.3.14 P11～P13 的温度时间曲线

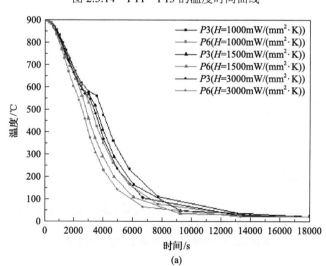

(a)

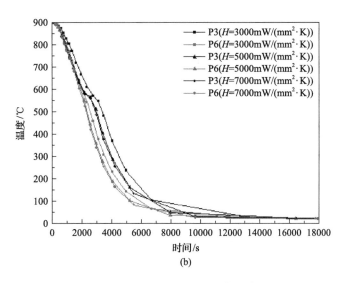

图 2.3.15　P3、P6 点的不同温度曲线对比

通过上述研究，可归纳出以下结论：

(1)模拟中未考虑介质流动、锻件对水传热造成水温度和流动变化的影响，且将换热系数做了简化(换热系数设定为一常值)。实际热处理过程中，各个面的换热情况不一致，在该次模拟中将所有面换热情况设为一致，可能导致结果偏差。

(2)根据以往测温及数据模拟结果，结合相关文献，冷却介质为静态水时，换热系数为 $3000\text{mW}/(\text{mm}^2 \cdot \text{K})$ 与实际测温结果更接近。冷却介质为动态水时，换热系数与流速相关，但换热系数大小与实际淬火池大小、水温等很多因素相关，因此该次计算考虑了不同换热系数的影响。

(3)换热系数对近壁处影响较大，对厚壁中心处温度变化影响很小。提高换热系数一定程度上可以提高冷速，但当换热系数达到某一定值时，冷速将不再提高。

(4)对 P3(取料位置)、P6(性能关键位置)分析得出，P3 冷速低于 P6，若性能与冷速的关系是正相关，即冷速越快性能越好，P3 处性能达标，那么 P6 位置处性能也达标。

2.3.2　SA508Gr3 钢极限淬透性

核电大锻件水冷淬火时，由于反应堆压力容器大锻件几何形状复杂，难以获得理想的冷却温度场控制状态，在一定程度上影响了反应堆压力容器钢大锻件的实际淬透性极限。根据不同直径低合金棒料在水中冷却时的冷却曲线(图 2.3.16)[5]，可以推算出 SA508Gr3 钢锻件的双面淬透性极限约为 700mm，我国工业试制条件下的 SA508Gr3Cl1 钢锻件的双面淬透性极限不足 500mm。

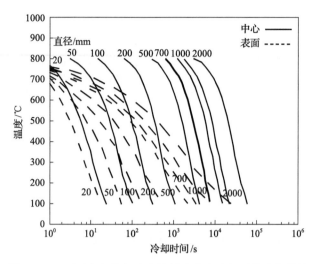

图 2.3.16　不同直径的低合金棒料在水中冷却时的冷却曲线

2.4　SA508Gr3Cl1 大锻件低温韧性关键影响因素研究

反应堆压力容器钢在强中子辐照环境下长期服役，会产生辐照脆化现象（即强度增加，塑韧性降低），而一旦钢的韧脆转变温度提高到室温以上，将带来灾难性的后果。因此，为了保证反应堆压力容器的安全性，要求反应堆压力容器钢在服役前具有较高的初始韧性，特别需要有优良的低温韧性。

钢的韧性指标除了用冲击功来表示外，还常用韧脆转变温度来表示。韧脆转变温度低，则反映了钢在较低的温度下能保持足够的韧性。断裂是一个裂纹发生和扩展的过程。一般认为，解理断裂发生于裂纹尖端前沿的特定区域，当局部应力超过解理断裂应力 σ_f 即开始扩展。σ_f 与温度是独立的，相反却强烈依赖于组织因素，如原奥氏体晶粒尺寸、贝氏体板条尺寸，非金属夹杂物和碳化物的分布。因此，利用三组不同 Al 含量试验钢和不同淬火冷速研究 SA508Gr3Cl1 钢低温韧性的关键影响因素。

2.4.1　试验材料与方法

选取三组不同 Al 含量试验钢以获得不同的奥氏体晶粒尺寸，其化学成分如表 2.4.1 所示。

表 2.4.1　试验用钢的化学成分

试验钢	C	Si	Mn	Ni	Cr	Mo	P	S	Al	V
A1	0.19	0.26	1.48	0.78	0.20	0.50	0.008	0.007	0.003	<0.003
A2	0.20	0.14	1.53	0.80	0.19	0.50	0.010	0.007	0.010	<0.003
A3	0.21	0.10	1.50	0.81	0.22	0.51	0.002	0.001	0.034	<0.003

对 A3 钢以 20℃/min 和 5℃/min 的冷速进行淬火处理，以获得不同的贝氏体板条束尺寸，试样号为 A3-1 和 A3-2。

图 2.4.1 为 SA508Gr3Cl1 试验钢的系列冲击曲线。可以看出，SA508Gr3Cl1 钢有典型的韧脆转变行为。利用 Boltzmann 函数模型对系列冲击试验的数据进行拟合，Boltzmann 函数模型为

$$A_{kv} = \frac{A_1 - A_2}{1 + e^{(t-t_0)/\Delta t}} + A_2 \tag{2.4.1}$$

式中，A_{kv} 为冲击功；A_1 为下平台冲击功；A_2 为上平台冲击功；t 为试验温度；t_0 为对应的韧脆转变温度；Δt 为与韧脆转变温度区宽度相关的参数。拟合得到的韧脆转变温度等冲击韧性数值和相应的组织因子见表 2.4.2。

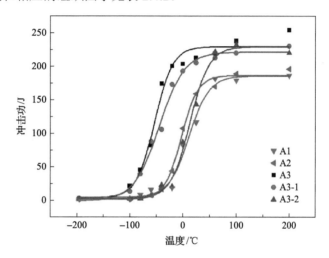

图 2.4.1　SA508Gr3Cl1 试验钢的系列冲击曲线

表 2.4.2　不同晶粒尺寸的冲击功和韧脆转变温度

参数	试样号				
	A1	A2	A3	A3-1	A3-2
晶粒尺寸/μm	55	29	18	18	18
板条束尺寸/μm	8.5	5	2.2	1.9	12.0
解理断裂尺寸/μm	10	6	3	2.5	12
韧脆转变温度/℃	11.6	-2.9	-53.3	-44.6	13.2
上平台冲击功/J	186	186	229	221	228
-21℃时冲击功/J	19	44	201	173	21

从 200℃到液氮温度范围内，不同试验温度下所获得的断口主要为两种基本类型：一种为韧窝断口，多呈等轴状，如图 2.4.2(a)所示，主要发生于上平台温度。一种为准解理断口，典型的断口形貌如图 2.4.2(b)所示，各种试样在下平台温度下断裂均属此类，并且准解理断裂的单元尺寸与贝氏体铁素体板条束相对应。而在过渡温度下，断裂属于混合的断裂机制，断口表现为韧窝和准解理两种机制的混合断口，如图 2.4.2(c)所示。在转变温度附近，断裂机制快速由韧窝断裂向准解理断裂转变，不同试验温度下的冲击功与断口中的韧窝所占比例相关。

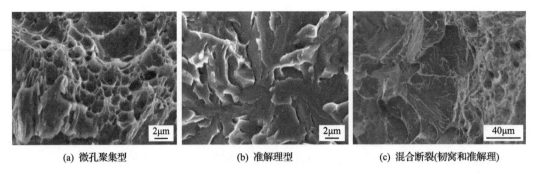

(a) 微孔聚集型   (b) 准解理型   (c) 混合断裂(韧窝和准解理)

图 2.4.2　冲击断口形貌

2.4.2　韧性断裂的影响因素

在系列冲击的上平台区，冲击断口的形貌为微孔聚集型的韧性断裂。韧性断裂由位错滑移控制，冲击缺口受到切应力作用，过载使得基体中的第二相质点(非金属夹杂物和碳化物等)界面的内聚力降低，微孔在硬的第二相质点的周围形核，出现微粒裂纹，进而在裂纹尖端前沿三轴应力作用下发生长大，最后单个微孔合并成大的空穴，扩展成裂纹导致断裂，空穴在断口上留下的凹陷痕迹就是韧窝。在低合金钢中，微孔形核主要源于氧化物和硫化物的夹杂处，尤其是 MnS 型杂质，因其界面是很薄弱的，微孔形核可在低的塑性应变下产生。对 SA508Gr3Cl1 试验钢系列冲击上平台区的断口进行观察发现，断裂面中的微孔尺寸显示出双峰分布，大的孔洞广泛地存在于分散的 MnS 或 Al_2O_3 型夹杂物周围，微孔分布在碳化物或细小的夹杂物第二相质点周围，如图 2.4.3 所示。因此，第二相质点(尤其是非金属夹杂物)的尺寸显著影响韧窝的尺寸，进而影响上平台区域的冲击韧性。

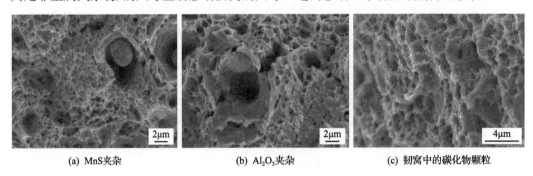

(a) MnS夹杂   (b) Al_2O_3夹杂   (c) 韧窝中的碳化物颗粒

图 2.4.3　韧窝断口形貌

2.4.3　低温脆性断裂的影响因素

1. 碳化物颗粒尺寸

图 2.4.4 为碳化物颗粒尺寸与韧脆转变温度之间的关系。可以看出，韧脆转变温度与平均碳化物颗粒尺寸之间大体符合线性关系，即随着碳化物颗粒尺寸增加，韧脆转变温度降低。图 2.4.5 为不同碳化物颗粒尺寸的 SEM 形貌。因此，获得更加细小的碳化物颗粒尺寸和球形的碳化物形貌是提高 SA508Gr3Cl1 钢低温韧性的关键因素之一。

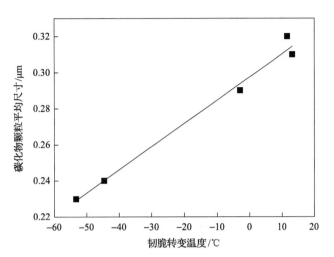

图 2.4.4 碳化物颗粒尺寸与韧脆转变温度的关系

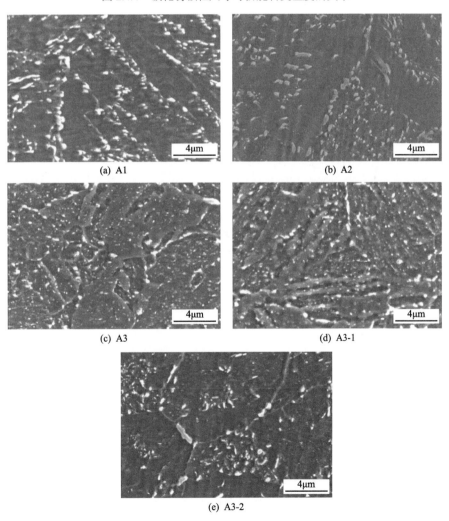

图 2.4.5 不同 Al 含量和冷却速度下试样的碳化物形貌

2. 晶粒尺寸

韧脆转变温度与晶粒尺寸之间通常满足式(2.4.2)所示的关系:

$$T=A-Bd^{-1/2}\tag{2.4.2}$$

式中, A 和 B 为常数, d 为有效的晶粒尺寸。

因此, 有效晶粒尺寸是获得低温韧性影响因素的关键。图 2.4.6 为晶粒尺寸(原奥氏体晶粒尺寸 PAGS 和贝氏体板条束尺寸)与韧脆转变温度之间的关系。可以看出, 原奥氏体晶粒尺寸与韧脆转变温度没有明显的线性关系, 如图 2.4.6(a)所示, 同一奥氏体晶粒尺寸试验钢经不同冷却速度得到的韧脆转变温度相差很大, 甚至在 60℃以上。从图 2.4.6(b)中可以看出, 韧脆转变温度与贝氏体铁素体板条束尺寸之间满足式(2.4.2)所示的关系式, 呈线性关系。板条束尺寸增大, 韧脆转变温度呈升高趋势。

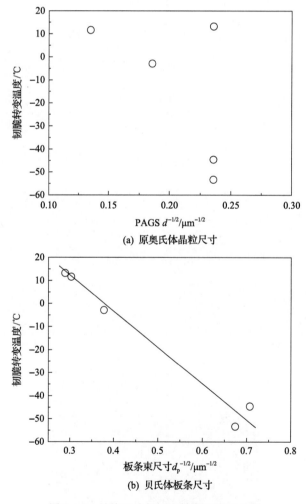

(a) 原奥氏体晶粒尺寸

(b) 贝氏体板条尺寸

图 2.4.6　晶粒尺寸与韧脆转变温度的关系

图 2.4.6 说明 SA508Gr3Cl1 回火贝氏体钢的有效晶粒尺寸并非原奥氏体晶粒尺寸,

而是 15°以上的大角度晶界。SA508Gr3Cl1 钢属于低合金贝氏体钢,贝氏体铁素体板条束属于大角度晶界。因此,对韧脆转变温度的影响和常规晶界所起的作用完全相同。另外,通过 TEM 观察发现,不同冷却速度获得的贝氏体铁素体板条没有显著差异,如图 2.4.7 所示。因此,对 SA508Gr3Cl1 钢来说,贝氏体铁素体板条宽度对韧脆转变温度影响不大,贝氏体铁素体板条束尺寸是影响韧脆转变温度的"有效晶粒尺寸"。

(a) A3   (b) A3-1   (c) A3-2

图 2.4.7 贝氏体铁素体板条形貌

图 2.4.8 为不同晶粒尺寸试样–196℃下的冲击断口形貌。可以看出,断口中的准解理小平面与贝氏体铁素体板条块尺寸基本一致。由此可以进一步说明,贝氏体铁素体板条块尺寸是影响韧脆转变温度的"有效晶粒尺寸"。

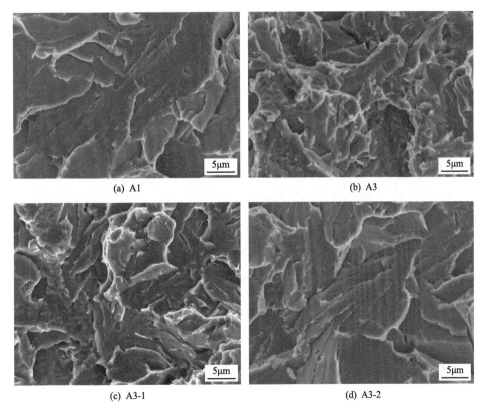

(a) A1   (b) A3

(c) A3-1   (d) A3-2

图 2.4.8 解理断口形貌(–196℃)

3. 解理裂纹起源

低温解理断裂是解理裂纹形核和裂纹扩展直至断裂的过程。解理裂纹起裂位置经常位于延性裂纹扩展之前，通过在解理面处局部形核产生微裂纹形核和扩展。裂纹长大的阶段可以进一步分为微裂纹的长大和宏观裂纹的扩展。当一个临界裂纹发生时，许多二次解理裂纹沿着主裂纹方向形成。

解理断口上保留着断裂过程的详细信息，因此为了了解影响解理断裂的关键影响因素，对解理断口进行详细的观察和分析。在本节的试验钢中，观察到多种解理断裂裂纹的起裂源位置，MnS 型夹杂、碳化物以及晶界处均可以成为解理裂纹的形核位置。图 2.4.9 为冲击试样中解理裂纹的起裂位置，图 2.4.9(a) 为 MnS 夹杂，并且夹杂物在裂纹扩展过程中起到促进裂纹扩展的作用(图 2.4.9(b))，图 2.4.9(c) 为解理裂纹形核于晶界处，从图 2.4.9(d)观察到解理裂纹在晶内的碳化物形核。

钢中解理裂纹的形核位置主要与内部所受的应力状态有关，由于低温冲击为钢中解理断裂的过程可以分成 3 个阶段。最先是微裂纹的形核，试验钢在非金属夹杂物处形核，在图 2.4.9(a)中可以看到是 MnS 夹杂。微裂纹起源于夹杂物并经常与相近的夹杂物彼此连接而扩展(图 2.4.9(b))。第二个阶段是微裂纹传播到周围的基体中。微裂纹沿晶内一定晶面扩展，现在通常认为第二个阶段的裂纹传播主要发生在 $\{100\}_\alpha$ 解理面上。最后阶段是裂纹在基体中扩展。

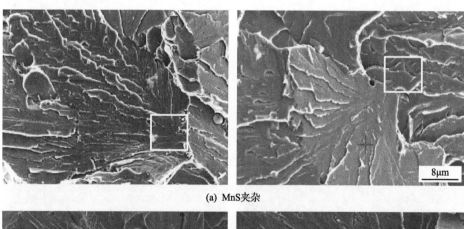

(a) MnS夹杂

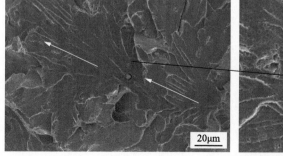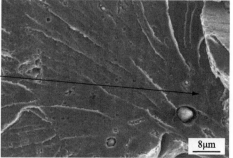

(b) 碳化物和夹杂物

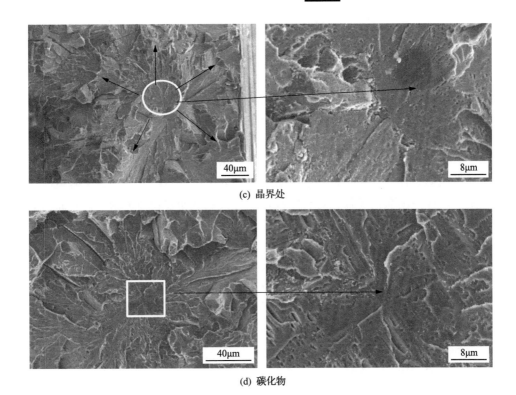

(c) 晶界处

(d) 碳化物

图 2.4.9 试验钢冲击断口脆性断裂的起源

4. 解理裂纹扩展路径

SA508Gr3Cl1 钢的断裂性能与试验温度密切相关。在低温下，由于晶体中一些晶面上的滑移停止，钢的变形能力下降，断裂即为脆性解理断裂，而解理裂纹的形核位置多样，但大多集中在第二相粒子，解理(或准解理)断裂裂纹沿着{100}面扩展，利用 SEM 和 EBSD 观察断口裂纹在钢中的扩展路径。

图 2.4.10 为利用 SEM 观察试验钢在 196℃冲击解理断口的裂纹传播路径。可以看到，解理裂纹在原奥氏体晶界和贝氏体铁素体板条束界有比较大的改变方向，这表明原奥氏

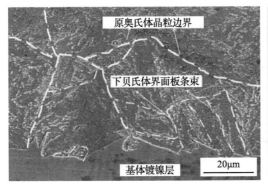
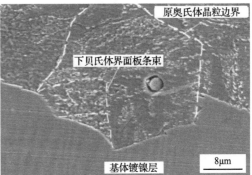

图 2.4.10 试验钢解理断口的 SEM 照片(-196℃)

体晶界和板条束界都对解理裂纹的传播有阻碍作用。另外，可以观察到解理断裂裂纹在遇到贝氏体铁素体板条束界时已经开始发生小的转折，这暗示着解理裂纹传播单元是比奥氏体晶粒尺寸更小的组织单元。

微观组织特征和解理面尺寸间的直接联系进一步用 EBSD 分析技术来获得。用 EBSD 分析试验钢解理断裂试样断口侧面，可以研究裂纹偏转的最小角度，从而确定解理裂纹传播单元。

图 2.4.11 和图 2.4.12 为试验钢在−196℃冲击试样的解理断裂裂纹传播路径。一般认为，晶体学取向差在 15°以上为大角度晶界，在贝氏体钢中可以将其定义为贝氏体铁素体板条束界，图中用灰色和黑色进行区分，灰色代表取向差在 15°以下的界面，黑色代表 15°以上的界面。从图中可以看出，脆性裂纹在板条块界(位向差大于 15°)的区域发生转折。当解理裂纹试图从一个板条束传播到另一个板条束时，晶体学取向和显微组织发生变化，因此需要消耗更多能量才能穿过板条束界，结果解理裂纹传播方向可能发生转折。而在图 2.4.12 中，解理裂纹遇到 15°以下界面时，几乎不发生转折，始终沿着同一方向扩展，消耗的能量较少。因此，解理断裂裂纹路径单元被认为是贝氏体铁素体板条

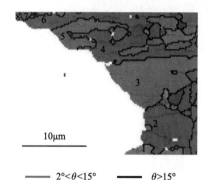

区域	取向差/(°)
1-2	56.5
2-3	57.7
3-4	60.0
4-5	55.7
5-6	59.0
6-7	49.3
7-8	56.3

—— 2°<θ<15°   —— θ>15°

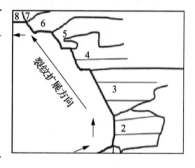

(a) EBSD分析

(b) 裂纹走向示意图

图 2.4.11　试验钢解裂段断口裂纹走向的 EBSD 分析

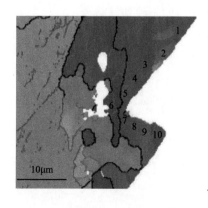

区域	取向差/(°)
1-2	7.9
2-3	11.3
3-4	3.9
4-5	7.1
5-6	59.8
6-7	58.1
7-8	6.2
8-9	6.5
9-10	9.6

—— 2°<θ<15°   —— θ>15°

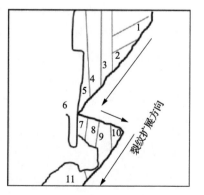

(a) EBSD分析

(b) 裂纹走向示意图

图 2.4.12　试验钢解裂段断口裂纹走向的 EBSD 分析

束(>15°)，有效阻碍了解理裂纹的扩展，提高了低温韧性。这一试验结果再次证明，贝氏体铁素体板条束尺寸是影响低温韧性的"有效晶粒尺寸"。解理裂纹在 SA508Gr3Cl1 钢回火贝氏体组织中扩展，受到大角度晶界的控制，在大角界处引起局部变形。大角度晶界成为阻止裂纹扩展、增加变形功的原因。晶粒越小，晶界所占的面积越大，断裂相变越高。因此，细化晶粒可以提高低温韧性，进而降低韧脆转变温度。

　　由试验钢解理裂纹传播过程的分析得出 SA508Gr3Cl1 回火贝氏体钢解理裂纹传播示意图如图 2.4.13 所示。裂纹在传播过程中遭遇大于 15° 的大角度板条束界和奥氏体晶界时，晶体学位向差发生改变，裂纹受到阻碍，改变方向。因此，SA508Gr3Cl1 钢的解理断裂裂纹路径单元可以认为是板条束。一般认为，淬火得到粒状贝氏体或上贝氏体组织，经回火后组织中存在粗大的碳化物颗粒或断续的条状碳化物，所以容易形成大于临界尺寸的裂纹，并且裂纹一旦扩展，便不能由贝氏体中铁素体之间的小角度晶界来阻止，而只能由大角度贝氏体板条束界或原始奥氏体晶界来阻止，因此裂纹扩展迅速。而淬火下贝氏体经回火后，组织中的碳化物相对细小且较均匀分布，不易形成裂纹，即使形成裂纹也难达到临界尺寸，因而缺乏脆断的基础。即使形成解理裂纹，其扩展也将受到大量弥散碳化物和位错的阻止。因此，尽管强度高，裂纹在较低温度下形成，但也不易扩展。以至于常常被抑制而必须形成新的裂纹，因而韧脆转变温度降低。

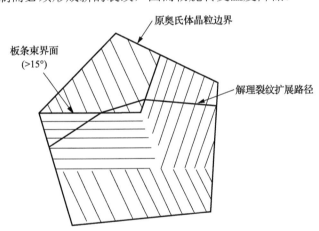

图 2.4.13　SA508Gr3Cl1 贝氏体钢解理裂纹传播示意图

2.4.4　小结

　　(1) SA508Gr3Cl1 钢存在典型的韧脆转变现象，韧脆转变曲线的上平台区域是韧性断裂，主要由夹杂物水平控制，减小夹杂物的体积分数能改善上平台韧性。随着试验温度降低，准解理脆性断裂面积增加。

　　(2) SA508Gr3Cl1 试验钢低温准解理断裂的裂纹形核位置可以为 MnS 型夹杂物、粗大的碳化物颗粒和晶界处，取决于钢的贝氏体组织形态，粗大的回火上贝氏体组织中的碳化物尺寸达到形核的临界尺寸，即可作为裂纹起裂源位置。

　　(3) 准解理裂纹传播过程在大于 15° 的大角度晶界和奥氏体晶界处均发生转折。结合解理断面可知，大角度贝氏体板条束界是阻止解理裂纹扩展的"有效晶粒尺寸"。

2.5 SA508Gr3Cl1 钢大锻件热成型关键因素研究

热成型是指在再结晶温度以上进行的加工变形过程，不同变形温度及应变速率下的流变曲线是热变形条件下的力学行为研究的主要内容之一。高温变形受热激活过程的控制，随着变形量增加，加工硬化和软化过程同时进行并决定此时材料的变形抗力。变形过程的软化取决于钢的回复和动态再结晶过程，而研究 SA508Gr3Cl1 钢的热变形行为对该钢热加工工艺的优化具有重要的指导意义。

2.5.1 试验材料及方法

试验材料为钢铁研究总院提供的 SA508Gr3Cl1 钢。将试验材料加工成尺寸为 $\Phi8mm \times 15mm$ 的圆柱形热模拟压缩试样，在 Gleeble-3500 热模拟试验机上进行热压缩试验。将试样以 10℃/s 的速度加热到 1150℃，保温 5min，然后以 10℃/s 的速度冷却到不同温度后进行变形。变形温度分别为 1150℃、1100℃、1050℃、1000℃、950℃、900℃和 850℃，变形速率分别为 $0.1s^{-1}$、$0.5s^{-1}$、$1s^{-1}$、$5s^{-1}$ 和 $10s^{-1}$，真应变为 0.8。变形后立刻水淬，以保持高温组织。用线切割方法把热压缩变形后的试样沿直径方向从中间剖开，磨平、抛光后，再用饱和苦味酸＋少量海鸥洗发膏＋少量盐酸，60～70℃水浴，显示奥氏体晶界，在光学显微镜上进行组织观察，采用截线法测定动态再结晶晶粒的平均晶粒尺寸。

2.5.2 SA508Gr3Cl1 钢的高温流变曲线

采用轴向热压缩试验研究 SA508Gr3Cl1 钢的热变形行为。SA508Gr3Cl1 钢在温度 850～1150℃、变形速率为 0.1～$10s^{-1}$、真应变为 0.8 条件下的高温流变曲线，如图 2.5.1 所示。从图中 SA508Gr3Cl1 钢的流变曲线可以看出，在变形速率一定的条件下，随着变形温度的升高，动态软化程度增大，动态软化速率加快，峰值应力和稳态应力逐渐降低，峰值应变也随着变形温度的升高而减小。当以 $0.1s^{-1}$ 的变形速率在 900～1150℃变形时，各个温度的流变曲线均出现应力峰，流变曲线呈现出典型的动态再结晶特征，当变形温度为 850℃时，其流变曲线类型变为动态回复型。当变形速率提高到 $0.5s^{-1}$ 和 $1s^{-1}$ 时，只

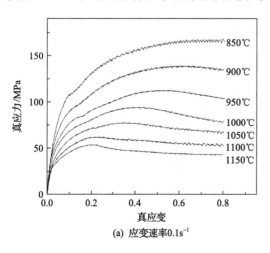

(a) 应变速率0.1s⁻¹

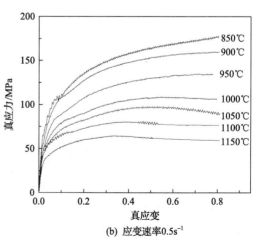

(b) 应变速率0.5s⁻¹

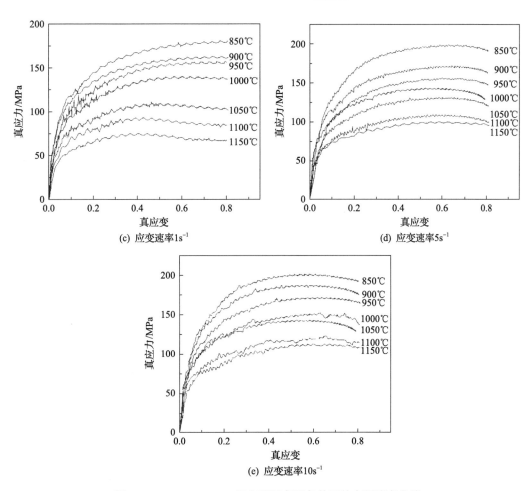

图 2.5.1　SA508Gr3Cl1 钢在不同变形条件下的高温流变曲线

有 1050~1150℃的流变曲线具有典型的动态再结晶特征。变形速率为 5s⁻¹、10s⁻¹的流变曲线上，在试验的各个变形温度下，已基本看不出有动态再结晶或动态回复的发生。

从流变曲线还可以看出，以较大的应变速率变形时，在应变量较大时，曲线呈现出加工硬化特征，并且应变速率增加越多，出现加工硬化的温度越向高温方向移动。认为其原因是试验钢具有较高加工硬化率，随着应变速率和应变量的增加，动态软化速率不足以抵消加工硬化，并且试样与压头接触面存在摩擦力，试样在变形后期会有腰鼓出现使得应力不均匀，改变了单向压应力状态，致使真应力-真应变曲线表现不出部分动态再结晶或动态回复的发生。

2.5.3　SA508Gr3Cl1 钢的热变形方程

金属在高温变形时的流变应力与应变速率、变形温度之间的关系可用经典的双曲正弦公式描述：

$$\dot{\varepsilon} = A[\sinh(\alpha\sigma)]^n \exp\left(-\frac{Q}{RT}\right) \tag{2.5.1}$$

式中，A、α、n 为与变形温度无关的常数；Q 为热变形激活能；R 为气体常数；T 为热力学温度；σ 为曲线的稳态流变应力或峰值应力，或相应于某指定应变量的流变应力。

通过对试验数据进行拟合，得到在试验温度范围内，SA508Gr3Cl1 钢的热变形激活能 Q 和应力指数 n 分别为：$Q = 424.081\text{kJ/mol}$，$n = 8.682$，而 $A = 5.04 \times 10^{17}$。

将上述结果代入式(2.5.1)，可得到 SA508Gr3Cl1 钢的热变形方程：

$$\dot{\varepsilon} = 5.04 \times 10^{17} [\sinh(0.007586\sigma)]^{8.682} \exp\left(-\frac{424081}{8.314T}\right) \tag{2.5.2}$$

Z 参数(即 Zener-Hollomon 因子)广泛用以表示变形温度及应变速率对变形过程的综合作用，在热变形过程中，变形温度、变形速率与 Z 参数的关系式如下：

$$Z = \dot{\varepsilon} \exp\left(\frac{424081}{8.314T}\right) \tag{2.5.3}$$

2.5.4 SA508Gr3Cl1 钢的热加工图

根据热变形过程中合金的能量消耗效率与变形温度及应变速率的变化关系，可建立其热加工图(processing map)。热加工图可定量描述合金的热加工性能。试验用 SA508Gr3Cl1 钢的热加工图如图 2.5.2 所示。

由图 2.5.2 可见试验用 SA508Gr3Cl1 钢的热加工图有如下特征。

(1)应变量对热加工图的影响不大。随着变形温度的升高及应变速率的降低，能量消耗效率逐渐升高。

(2)变形温度为 1000℃、应变速率为 0.1s^{-1}、应变为 0.8 时，能量消耗效率 η 到峰值，约为 44.4%。

(3)变形温度为 1100～1150℃时，在各个应变速率下，试验用钢均表现出较高的能量消耗效率，真应变较大时 η 值相对较高。

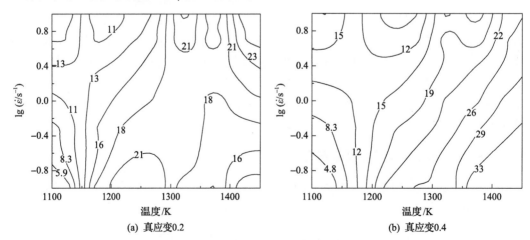

(a) 真应变0.2 (b) 真应变0.4

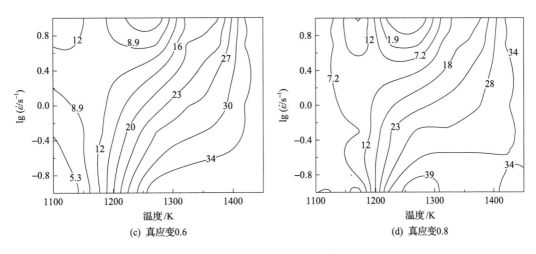

(c) 真应变0.6   (d) 真应变0.8

图 2.5.2 SA508Gr3Cl1 钢的热加工图

2.5.5 变形条件对 SA508Gr3Cl1 钢显微组织的影响

图 2.5.3 为试验用钢在应变速率为 $0.1s^{-1}$，不同温度变形后的显微组织。可见，当变形温度为 950~1150℃时，试验用钢已发生完全动态再结晶，变形后为等轴晶粒，随着变形温度的升高，完全动态再结晶晶粒尺寸逐渐增大。而当变形温度为 850℃时，试验用钢中大部分为拉长的变形晶粒，同时在变形晶粒的晶界处有细小的再结晶晶粒出现，这是由于在这些区域发生了部分动态再结晶。变形温度为 900℃的显微组织为粗大的再结晶晶粒，可能是由于变形后未立即淬火，在随后的冷却过程中变形晶粒发生了长大。

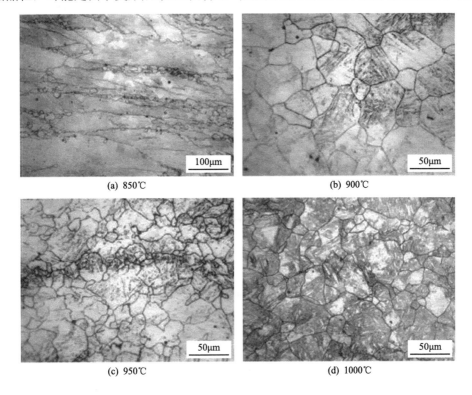

(a) 850℃   (b) 900℃

(c) 950℃   (d) 1000℃

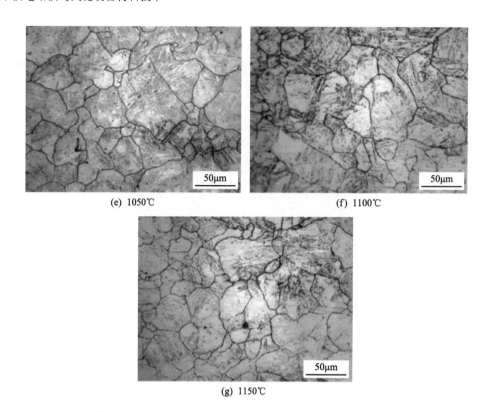

(e) 1050℃   (f) 1100℃

(g) 1150℃

图 2.5.3 应变速率为 $0.1s^{-1}$ 不同温度变形后试样的显微组织

试验用钢在应变速率为 $0.5\sim10s^{-1}$、不同温度变形后的显微组织与应变速率为 $0.1s^{-1}$ 时的组织具有相同的规律,就不一一论述了。从以上 SA508Gr3Cl1 钢在不同变形条件下的显微组织可以发现,应变速率对 SA508Gr3Cl1 钢再结晶的影响较小,而温度的影响较大,在不同应变速率下,1000℃以上已全部发生了动态再结晶。同时,随着变形温度的升高,动态再结晶晶粒尺寸也越大,这是因为随着温度的提高,原子扩散和晶界迁移能力增强,晶粒易于长大。

参 考 文 献

[1] ASME 锅炉及压力容器委员会压力容器分委员会. 压力容器用经真空处理的淬火加回火碳钢和合金钢锻件: SA-508/SA-508M[S]. ASEM, 2007.

[2] 陈红宇. 合金元素及淬火冷速对 508-3 钢力学性能和组织的影响[D]. 昆明/北京: 昆明理工大学/钢铁研究总院, 2007.

[3] 陈国浩. 化学成分对大锻件的热处理及力学性能的影响[J]. 大型铸锻件, 1993 (3): 30-36.

[4] Kim S, Im Y P, Lee S. Effect of alloying elements on mechanical and fracture properties of base metals and simulated heat-affected zones of SA508 steels[J]. Metallurgical and Materials Transactions A: Physical Metallurgy and Materials Science, 2001, 32: 903-911.

[5] Yao X, Gu J F, Hu M J, et al. A numerical study of an insulating end quench test for high hardenability steels[J]. Scandinavian Journal of Metallurgy, 2003, 33 (2): 94-104.

第3章

蒸汽发生器用 SA508Gr3Cl2 钢

3.1 SA508Gr3Cl2 钢的工程应用背景

AP1000 是美国西屋电气公司在 AP600 的基础上开发的第三代先进压水堆核电技术，与传统的第二代压水堆核电技术相比，其特点如下：安全系统采用了"非能动"技术，提高了安全性和经济性；建造中大量采用模块化建造技术，大大缩短建设周期；反应堆一回路采用双环路设计（图 3.1.1）[1]，一回路包括 1 台反应堆压力容器、1 台稳压器、2 台大容量的蒸汽发生器、4 台屏蔽式主泵，主管道主要由 4 条冷段管和 2 条热段管等组成。AP1000 核电站设计寿命为 60 年，百万千瓦机组输出电功率为 1250MW（反应堆热功率为 3415MW），机组热功率将达到 1707.5MW。为了达到更高的电站功率，需要增大蒸汽发生器的尺寸和容量。因此，与第二代压水堆核电技术相比，AP1000 蒸汽发生器尺寸更大、重量更重、材料要求更高、制造更复杂。迄今为止，AP1000 蒸汽发生器堪称当代热交换器制造难度的最高水平。

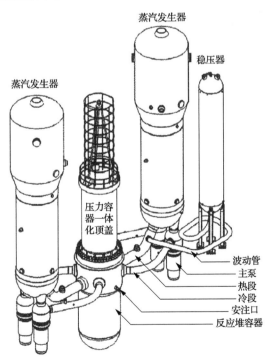

图 3.1.1 AP1000 核岛主设备示意图

蒸汽发生器是核电站一、二回路的枢纽，主要作用是通过管束的换热作用产生高品质干燥蒸汽(设计干燥度 99.90%以上)来驱动汽轮发电机组发电。一回路冷却剂流经堆芯带有放射性，因此蒸汽发生器也是一回路压力边界的一部分，用于防止放射性物质外泄。根据国外报道，压水堆核电厂的非计划停堆次数中约有 1/4 是有关蒸汽发生器问题造成的，因此它对核电厂的安全运行十分重要。

AP1000 蒸汽发生器型号为 Delta 125 型(图 3.1.2)[1]，主要由以下组件组成：下封头

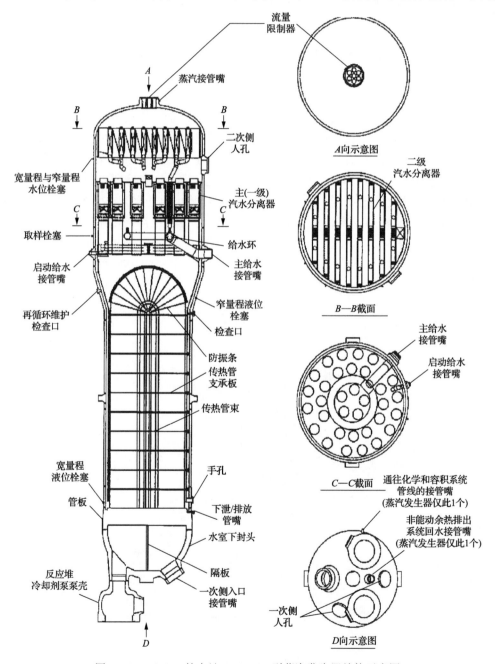

图 3.1.2　AP1000 核电站 Delta 125 型蒸汽发生器结构示意图

组件、管束组件和下筒体组件、旋风分离器、板式分离器和上筒体组件。采用倒 U 形管立式布置，自然循环，结构非常紧凑。蒸汽发生器外壳分上段、中段、下段 3 部分，上段由椭球封头、上筒体 E&D 组成；中段由锥形筒体、下筒体 C&B&A 和管板组成；下段是下封头。椭球封头顶部中心开有 7 个 Φ150mm 孔来安装喷嘴，以限制进入主蒸汽接管的蒸汽流量。下封头整体锻造成型其上开有 1 个 Φ799.2mm 冷却剂进口接管、2 个 Φ706.7mm 冷却剂出口接管、2 个 Φ471mm 检修人孔和 1 个 Φ296mm 非能动余热排出接管。

　　蒸汽发生器壳体承压材料全部为 ASME 规范中的 SA508Gr3Cl2 低合金钢锻件。由 ASME 规范可知，SA508Gr3 钢主要分为 SA508Gr3Cl1 和 SA508Gr3Cl2 两类，两者成分规定范围一致，具体化学成分范围见表 3.1.1。对力学性能规定有所不同，其中 SA508Gr3Cl2 锻件属于高强度级别的 SA508Gr3 钢，表 3.1.2 列出了 ASME 规范中对 SA508Gr3Cl1 和 SA508Gr3Cl2 的力学性能要求。可以看出，60 年设计寿期和锻件尺寸加大对锻件提出了更高的性能要求，特别是低温韧性。在 SA508Gr3Cl2 大锻件的具体项目中，一般要求参考无塑性转变温度 $RT_{NDT} \leqslant -21$℃。但在实验室研究条件下，由于冶炼的钢锭较小和试验复杂等因素，常采用-21℃冲击功$\geqslant 80$J 来等效 $RT_{NDT} \leqslant -21$℃。

表 3.1.1　ASME 规范 SA508Gr3 锻件的化学成分要求

（单位：%（质量分数））

化学元素	C	Mn	P	S	Si	Cr	Ni	Mo	V
SA508Gr3	$\leqslant$0.25	1.2-1.5	$\leqslant$0.025	$\leqslant$0.025	0.15-0.4	$\leqslant$0.25	0.4-1.0	0.45-0.6	$\leqslant$0.05

注：采用真空碳脱氧时 Si 含量<0.1%。

表 3.1.2　SA508Gr3 钢锻件的力学性能

锻件	拉伸试验（室温）				冲击试验
	R_m/MPa	$R_{p0.2}$/MPa	A/%	Z/%	单个试样最小 A_k/J
SA508Gr3Cl1	550～750	$\geqslant$345	$\geqslant$18	$\geqslant$38	41（4.4℃）
SA508Gr3Cl2	620～795	$\geqslant$450	$\geqslant$16	$\geqslant$35	48（21℃）

　　SA508Gr3Cl1 钢目前广泛应用于核电站反应堆压力容器锻件制造，反应堆压力容器锻件属于辐照区工作锻件，服役环境对低温韧性要求更高，对强度要求可适当放宽。早期中国一重和钢铁研究总院合作研发出性能优异的 SA508Gr3Cl1 钢，制造出大型压力容器锻件，并已经在国内大型核电机组上广泛使用。AP1000 蒸发器锻件要求采用高强度级别的 SA508Gr3Cl2 钢来进行制造，虽然 ASME 规范对高强度级别的 SA508Gr3Cl2 钢的塑韧性要求相对 SA508Gr3Cl1 要低一些，但是实际工程订货的技术协议大幅提高了对 SA508Gr3Cl2 钢的韧性要求。因此，为了达到高强度级别高韧性要求，需要在 ASME 规范 SA508Gr3 规定的成分范围内进行成分设计优化，并结合相应的热处理工艺优化来提高综合性能。

3.2　SA508Gr3Cl2 钢超大锻件冷却过程温度场研究

热处理的加热和冷却过程中，工件表面和心部都有一个温差。工件内部各点温度的不同造成膨胀量不同，因此各质点间存在附加的内应力，这种内应力称为热应力。同时，加热和冷却过程中各质点温度变化速率的不一致造成组织转变的时间和转变量不一致，由组织转变产生的体积变化量也不一致，由此产生的质点间的附加内应力称为组织应力。

3.2.1　淬火温度场有限元模型的建立

1. 大锻件冷却过程的界面换热系数

影响界面换热系数 H 值的因素众多，这些因素包括介质的性质(温度、黏度、密度、比热、热导率)、流动速度(如水冷与油冷时介质的循环与搅拌都影响介质的流动速度)、工件的材质(热导率、比热、密度)、工件的形状(特殊形状下不同位置处换热系数有差别)、尺寸和表面状态(氧化程度、光洁度)，这些因素对界面换热系数都有影响。由于影响换热系数的因素众多，关系复杂，难以通过理论推导来确定。目前，根据试验数据提出的拟合式很多，但这种拟合式与提出的条件密切相关，应用起来有很大的局限性[2]。

然而，在大锻件冷却过程温度场模拟时，必须根据不同的条件选择符合实际条件的 H 值，因为实际上模拟结果是否准确(或者接近准确)的核心关键就在于此。对于蒸汽发生器大锻件的调质热处理过程，淬火时最常用的淬火方法为单液淬火，在工业生产中常以水作为冷却介质，即大锻件常用的淬火冷却方式为水冷；而回火时，为了防止重新产生内应力和变形、开裂，可采用炉冷等缓慢冷却方式，对于有高温回火脆性的钢件，回火时应进行油冷或水冷，以抑制回火脆性。无论是水冷与油冷还是空冷或炉冷，这些冷却方式的界面换热系数都有一定的变化规律与变化范围。

水冷及油冷的过程中，随着界面温度的降低，界面传热要经历三个机理不同的阶段[3]：膜沸腾、核沸腾及对流换热阶段，相应的换热系数取值范围也有所不同。例如，水的膜态沸腾阶段为 450℃以上，这个阶段由于在工件表面形成一层过热的蒸汽膜，将工件表面和液体隔开，而蒸汽的导热性很差，工件的冷却主要靠辐射和蒸汽导热来实现，此时换热系数较小，为 1200～3000W/(m²·K)；当蒸汽膜破裂以后，淬火介质与工件直接接触，不断产生强烈的沸腾，由于需要大量汽化潜热，冷却速度达到最快，此时水的换热系数很大，高达 24600W/(m²·K)，最大值在250～350℃温度范围内；当淬火工件表面的温度降至淬火介质的沸点温度以下时，沸腾停止，开始对流冷却阶段，此时冷却速度比较小，换热系数为 1300～1800W/(m²·K)。

然而，这样的换热系数随温度的变化规律并不能简单地推广到大锻件的水淬与油淬模拟过程中。主要原因有三点：一为大锻件淬火时冷却介质是不断搅动甚至循环的。这将改变膜态换热时介质与工件间气膜的厚度与温度，甚至破坏气膜的完整性，从而改变换热系数的变化规律。二为介质温度不断变化。随着热交换过程的进行，冷却介质的温度在升高，随着介质的不断搅动与循环，界面上不同位置的介质温度将起伏不定，这些都改变界面换热系数与换热边界条件。三为换热系数曲线测量试验的试样尺寸与大锻件尺寸的差异很大。测量试验的试样尺寸与大锻件相比差距非常大，淬火时释放的热量相差几个数量级，这将造成大锻件淬火时界面温度变化比试验用试样界面温度变化速度小得多。

　　文献研究表明[1]，大锻件在水冷与油冷方式下换热系数的变化规律为：冷却开始时，界面温度迅速降低，表面换热系数随冷却时间增加而快速增大，达到最大值后，在一个时间范围内继续冷却，伴随着冷却介质的不断搅动或循环，界面换热系数处于稳定状态；当界面温度低于冷却介质沸点后，逐渐降低。大件淬火对终冷温度一般均有控制，多数控制在介质沸点以上，因此冷却过程多在稳定阶段或超过稳定阶段不多时间内结束，表面换热系数随冷却时间的变化可简化为升高和稳定两阶段，冷却开始后界面温度迅速下降，升高阶段只占全部冷却时间的很小部分，因此换热系数取常数适用于占据冷却过程绝大部分时间的稳定状态，对温度场模拟结果影响不大。

　　文献[4]给出的大锻件水淬、油淬及喷水的换热系数变化范围，如表 3.2.1 所示。应该指出，当采用强迫对流时换热系数会发生较大变化，模拟计算时该数值要根据中国一重淬火池的结构特点、淬火操作过程及测量温度的实际数据进行调整。

表 3.2.1　对流换热系数的取值范围

传热方式	介质	对流换热系数 $H/(\mathrm{W}/(\mathrm{m}^2\cdot\mathrm{K}))$
自然对流	水	1500～3000
	空气	3～12
强制对流	水	2000～5000
	喷水	2000～3000
	油	600～1500
	空气	10～100

　　空冷换热系数在冷却过程中的变化与水冷、喷水冷及油冷完全不同，模拟计算时作为常数处理将有较大偏差。空冷过程表面换热系数由辐射、对流换热两部分构成：

$$H = H_k + H_s \tag{3.2.1}$$

式中，H_k 为对流换热系数（$\mathrm{W}/(\mathrm{m}^2\cdot\mathrm{K})$）；$H_s$ 为辐射换热系数（$\mathrm{W}/(\mathrm{m}^2\cdot\mathrm{K})$）

$$H_s = \frac{\sigma\varepsilon(T_S^4 - T_\infty^4)}{T_S - T_\infty} \tag{3.2.2}$$

其中，$\sigma = 5.67\times10^{-8}\,\mathrm{W}/(\mathrm{m}^2\cdot\mathrm{K}^4)$，为 Stefan-Boltzmann 常数；$\varepsilon$ 为工件表面的辐射系数；T_S 为表面温度。

　　通过对实测值的拟合，文献[4]给出了计算空冷换热系数的经验式：

$$H = 2.2(T_w - T_c)^{0.25} + 4.6\times10^{-8}(T_w^2 + T_c^2)(T_w + T_c) \tag{3.2.3}$$

式中，T_w 为界面温度（K）；T_c 为环境温度（K）。

空冷环境温度为15℃时的界面换热系数随界面温度的变化情况如表3.2.2所示。

表3.2.2　15℃环境温度空冷时的综合换热系数随界面温度变化

界面温度 T_w/℃	对流换热系数/(W/(m²·K))	辐射换热系数/(W/(m²·K))	综合换热系数 H/(W/(m²·K))
20	3.29	4.51	7.80
50	5.35	5.26	10.61
100	6.68	6.75	13.43
150	7.50	8.56	16.06
200	8.11	10.74	18.85
250	8.61	13.30	21.91
300	9.04	16.29	25.33
350	9.41	19.74	29.15
400	9.75	23.69	33.43
450	10.05	28.17	38.21
500	10.32	33.21	43.54
550	10.58	38.85	49.44
600	10.82	45.13	55.95
650	11.04	52.08	63.12
700	11.25	59.73	70.98
750	11.45	68.11	79.57
800	11.65	77.27	88.92
850	11.83	87.24	99.06
900	12.00	98.05	110.04

热处理过程中发生组织转变时会吸收或释放潜热 L，固态组织转变的潜热虽不像熔化或凝固时潜热那么大，但也是不可忽略的一个因素。在模拟计算中，处理潜热问题常用的方法有三种[1]：

(1)等效热量法或称温度回升法。

该方法首先要判断冷却时间是否达到某种组织转变的孕育期，在组织转变开始后将相变潜热分成若干份以温升的形式加到温度场上，即利用温度回升法处理相变潜热事先要知道的量，包括各相转变的孕育期及各相转变的相变潜热。

(2)等效热容法。

等效热容法的基本思路是将导热控制方程改为

$$\lambda\left(\frac{\partial^2 T}{\partial x^2} + \frac{\partial^2 T}{\partial y^2} + \frac{\partial^2 T}{\partial z^2}\right) = \rho\left(c_p - L\frac{\partial V}{\partial T}\right)\frac{\partial T}{\partial t} \tag{3.2.4}$$

或

$$\lambda\left(\frac{\partial^2 T}{\partial x^2} + \frac{\partial^2 T}{\partial y^2} + \frac{\partial^2 T}{\partial z^2}\right) = \rho c_{\text{eff}}\frac{\partial T}{\partial t} \tag{3.2.5}$$

式中，c_p 为定压比热；c_{eff} 为等效比热：

$$c_{\text{eff}} = c_p - L\frac{\partial V}{\partial T} \approx c_p - L\frac{\Delta V}{\Delta T} = c_p + \left| L\frac{\Delta V}{\Delta T} \right| \tag{3.2.6}$$

其中，ΔV 为 Δt 时间内组织变化的增量；ΔT 为 Δt 时间内温度变化的增量；L 为相变潜热。利用等效热容法处理相变潜热事先要知道的量包括各种相转变时的 L 值及单位时间内的组织变化增量。

（3）比焓法。

比焓法（也称比热焓法）将材料的潜热定义到材料的焓中，利用材料的焓特性(J/kg)来表示相变中的潜热。随着温度的变化，比焓的变化量可用比热计算得出。计算公式为[2]

$$\Delta h = \int_{T_1}^{T_2} c_p(T)\mathrm{d}T \tag{3.2.7}$$

或

$$\Delta h = \overline{c}_p(T_2 - T_1) \tag{3.2.8}$$

式中，$\overline{c}_p$ 为$[T_1, T_2]$温度区间材料的平均比热。

材料在某一温度时的比焓可以表示为

$$h_T = h_{T_0} + \int_{T_0}^{T} c_p(T)\mathrm{d}T \tag{3.2.9}$$

式中，h_{T_0} 为某温度下材料比焓。可以看出，利用比焓法处理相变潜热时需要知道的已知量最少，因此采用比焓法处理相变潜热问题。

2. 温度场计算的有限元模型[4]

建立的蒸发器锻件的几何模型如图 3.2.1 所示，建模时选用八节点六面体三维实体热分析单元(SOLID70)。

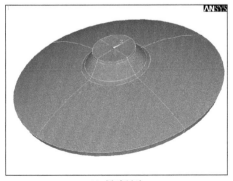

(a) 椭球封头

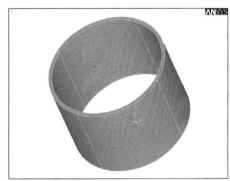

(b) 上筒体

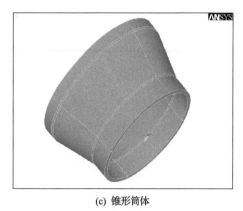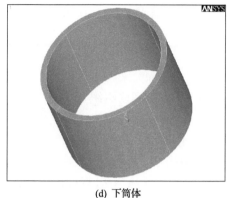

(c) 锥形筒体　　　　　　　　(d) 下筒体

图 3.2.1　蒸发器锻件的几何模型

为节省计算时间,尽量减少单元数量,根据各锻件的对称情况,选择每个锻件几何模型的一部分划分网格,如椭球封头和锥形筒体选择整个锻件的 1/12,上、下筒体选择整个锻件轴向的 1/2,周向的 1/12,网格划分结果如图 3.2.2 所示。

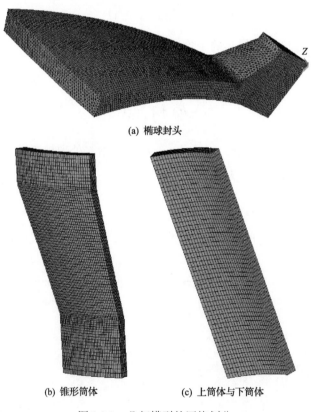

(a) 椭球封头

(b) 锥形筒体　　　　　　(c) 上筒体与下筒体

图 3.2.2　几何模型的网格划分

3.2.2　淬火温度场计算

水淬温度场计算时设定大锻件的性能热处理中的淬火工艺为:870℃保温后水淬降温

到 400℃以下，模拟时水淬的换热系数暂取 2324W/(m²·K)[5]。

1. 上筒体的水淬温度场

蒸发器上筒体几何尺寸及淬火冷却信息见表 3.2.3。

表 3.2.3　上筒体几何尺寸与淬火冷却信息

名称	数据
内径/m	5.296
外径/m	5.636
高度/m	3.578
淬火冷却时间/s	1800
经验水冷换热系数/(W/(m²·K))	2324

蒸发器上筒体距内表面不同位置处的水淬冷却曲线如图 3.2.3 所示。总体来看，从表面到 $l/2$（l 为壁厚）处的冷速逐渐减小。

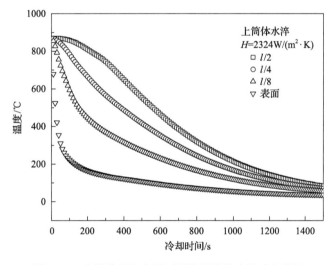

图 3.2.3　上筒体距内表面不同位置处的水淬冷却曲线

但就瞬时冷速而言，冷速是变化的，且不同位置处的变化规律也不相同，如图 3.2.4 所示。除表面位置随着冷却过程的进行瞬时冷速逐渐减小外，其他位置处的冷速随冷却时间的增加均出现峰值冷速，越靠近表面峰值冷速越大，且出现的时间也越早。在实际生产中，常用平均冷速来代替瞬时冷速，或用某一温度区间的冷却时间来代表冷速。当用某一温度区间的冷却时间来代表冷速时，温度区间的上限为临界点，因为转变开始前处于孕育阶段，临界点以上没有孕育作用；而下限一般取过冷奥氏体最不稳定的温度。对 SA508Gr3 钢来说，可认为下限温度在 400℃左右。当用平均冷速代替瞬时冷速时，计算转变开始前的平均冷速时也应该取临界点为上限温度。

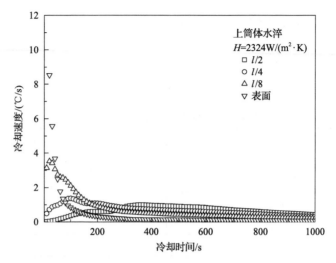

图 3.2.4　上筒体距内表面不同位置处的淬火冷速随冷却时间的变化

根据模拟计算结果计算得到上筒体 800～400℃不同位置处的水淬平均冷速如表 3.2.4 所示，根据这些计算结果和 SA508Gr3 钢的奥氏体 CCT 曲线可定量计算不同位置组织中的各相分数。应该指出，因为相变潜热的释放，该锻件实际淬火过程的冷速要略小于表中给出的计算值。

表 3.2.4　上筒体不同位置处的水淬平均冷速计算值

位置	$l/2$	$l/4$	$l/8$	表面
800℃时对应的时间/s	220	90	30	2
400℃时对应的时间/s	680	530	250	35
$T_{800-400}$ 所用时间/s	460	440	220	33
水淬平均冷速/(℃/s)	0.87	0.91	1.82	12.1

从图 3.2.4 及表 3.2.4 可以看出，要使 $l/2$ 位置处的温度降到 400℃以下，上筒体的淬火时间要控制在 680s 以上。

2. 锥形筒体的水淬温度场

锥形筒体的几何尺寸见图 3.2.5，其轴截面上不同外直径处的冷速有差别。为表述方便，记图 3.2.5 中外径 Φ5614mm 端为 D1 端，锥形部分 1/2 位置处为 D2，外径 Φ4455mm 端为 D3 端，其几何尺寸与淬火冷却信息如表 3.2.5 所示，重点温度考察节点如图 3.2.6 所示。不同断面处的水淬冷却曲线分别如图 3.2.7～图 3.2.9 所示。

不同直径位置 $l/2$ 处的冷却过程对比如图 3.2.10 所示。该图也说明，不同直径处的冷速排位为 $CR_{D1} < CR_{D3} < CR_{D2}$。这种冷却速度变化可能是由筒体及筒体间过渡段的形状决定的，各部位的水淬平均冷速具体数值见表 3.2.6。

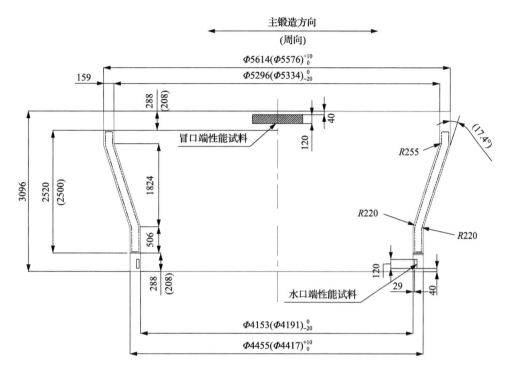

图 3.2.5 锥形筒体轴截面图(单位:mm)

表 3.2.5 锥形筒体几何尺寸与淬火冷却信息

名称	数据
小头内径/m	4.153
小头外径/m	4.455
大头内径/m	5.296
大头外径/m	5.614
小头高度/m	0.506
锥部高度/m	1.824
隔热环高度/m	0.288
总高度/m	3.096
淬火冷却时间/s	1800
经验水冷换热系数/$(W/(m^2 \cdot K))$	2324
小头与锥部的倒角半径/m	0.22
大头与锥部的倒角半径/m	0.225

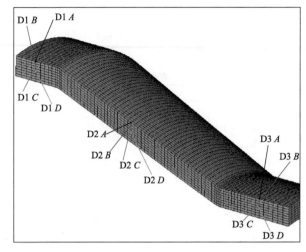

图 3.2.6　锥形筒体温度的考察节点

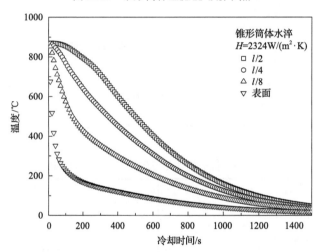

图 3.2.7　锥形筒体 D1 端中间段距内表面不同位置处的水淬冷却曲线

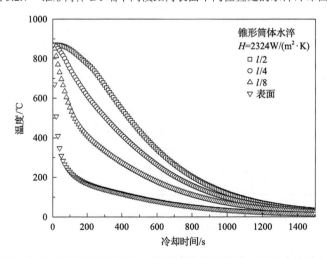

图 3.2.8　锥形筒体锥形部分 D2 位置距内表面不同位置处的水淬冷却曲线

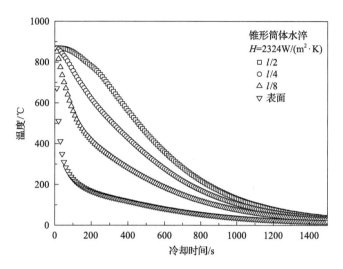

图 3.2.9　锥形筒体 D3 端中间段距内表面不同位置处的水淬冷却曲线

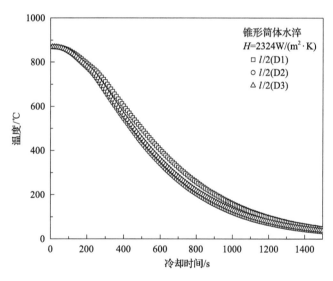

图 3.2.10　锥形筒体不同直径部位中间段距内表面 *l*/2 处的水淬冷却曲线比较

表 3.2.6　锥形筒体不同位置处的水淬平均冷速计算值

冷却方式	位置	*l*/2	*l*/4	*l*/8
	D1	0.96	1.03	1.90
水淬平均冷速/(℃/s)	D2	1.11	1.14	2.14
	D3	1.07	1.13	2.04

3. 椭球封头的水淬温度场

椭球封头几何尺寸及淬火冷却信息如图 3.2.11 及表 3.2.7 所示,重点温度考察节点如图 3.2.12 所示。在椭球封头顶部不开工艺孔时该位置为整个锻件上的最缓慢冷却区。

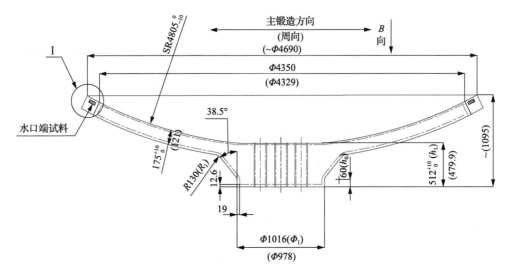

图 3.2.11   椭球封头几何尺寸(单位: mm)

表 3.2.7   椭球封头几何尺寸与淬火冷却信息

名称	数据
球面名义厚度/m	0.185
球面内半径/m	4.805
封头内直径/m	4.69
Φ_1/m	1.016
h_1/m	0.512
h_0/m	0.06
R_1/m	0.13
β/(°)	38.5
淬火冷却时间/s	1800
经验水冷换热系数/(W/(m²·K))	2324

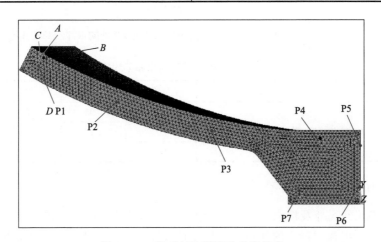

图 3.2.12   椭球封头温度的考察节点

除最缓慢冷却区外，在水口端试料截取位置附近还存在一个缓慢冷却区，因此重点考察距端面 40mm 以内取样点附近的温度变化，其水淬冷却曲线如图 3.2.13 所示，不同位置冷却速度如表 3.2.8 和表 3.2.9 所示。

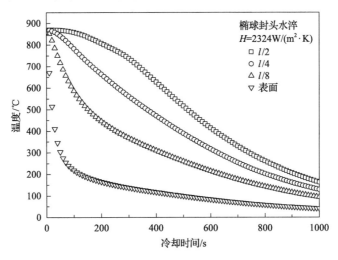

图 3.2.13　椭球封头距端面 40mm 以内距内表面不同位置处的水淬冷却曲线

表 3.2.8　椭球封头距端面 40mm 以内距内表面不同位置处的水淬平均冷速计算值

参数	位置			
	$D(l/2)$	$C(l/4)$	$B(l/8)$	A(表面)
800℃时对应的时间/s	210	85	25	3
400℃时对应的时间/s	615	485	255	33
$T_{800-400}$ 所用时间/s	405	400	230	30
水淬平均冷速/(℃/s)	0.99	1.00	1.74	13.33

表 3.2.9　椭球封头面不同位置处的水淬平均冷速计算值

参数	位置					
	P2	P3	P4	P5	P6	P7
800℃时对应时间/s	227	227	4	425	397	165
400℃时对应时间/s	765	755	35	2009	1940	765
$T_{800-400}$ 所用时间/s	538	528	31	1584	1543	600
水淬平均冷速/(℃/s)	0.74	0.76	12.90	0.25	0.26	0.67

3.3　SA508Gr3Cl2 钢超大锻件成分优化设计

大锻件用 SA508Gr3Cl2 钢化学成分优化研究可分解为获得钢中 C、Si、Mn、Ni、Mo 等化学元素含量的最佳匹配和挖掘 SA508Gr3Cl2 钢大锻件的淬透性潜力两部分。通过对比 ASME 规范中 SA508Gr3Cl1 和 SA508Gr3Cl2 力学性能规定以及工程技术协议对力学性能的要求,并结合 SA508Gr3 成分范围及各合金元素的作用,采用以下研究思路:

(1)SA508Gr3Cl2 钢的成分优化必须在 ASME 规范规定的成分范围内进行。

(2)考虑到 SA508Gr3Cl2 钢的高强度和高韧性,主要对能显著提高强度和淬透性的合金元素及能降低引发回火脆性的合金元素进行优化。

(3)根据钢铁研究总院早期与中国一重合作研究 SA508Gr3 特厚大锻件的研究结果及中国核动力研究设计院对 SA508Gr3 钢活化计算提供的化学成分范围,确定 Mn、Ni、Cr、Mo 含量应控制在中上限。

(4)根据前期的初步探索试验结果,研究集中在对 SA508Gr3 钢中 C、Si、P、Al 的成分范围进行优化。

AP1000 蒸汽发生器锻件属于厚壁大型锻件,锻件在水冷淬火时表面至心部的冷速相差很大。为了考察 C、Si、P、Al 等合金元素含量对 SA508Gr3Cl2 钢锻件组织和性能的影响,特别是为达到蒸发器不同锻件的力学性能要求,采用等效直径法和 ANSYS 有限元模拟方法相结合计算出 AP1000 蒸发器不同锻件的轴向截面 l/4 部位的等效冷速如下:椭球封头取样位置水冷冷速约为 60℃/min,水室封头、上筒体、锥形筒体取样位置水冷冷速约为 47.4℃/min,下筒体取样位置水冷冷速约为 39.6℃/min。采用的模拟冷速为 16.8℃/min 和 36℃/min。综上所述,采用五种不同的等效淬火冷速(16.8℃/min、36℃/min、39.6℃/min、47.4℃/min、60℃/min)来模拟研究 AP1000 蒸发器大锻件(上封头、上筒体、下筒体等)l/4 部位的组织和性能。

3.3.1 大锻件用 SA508Gr3Cl2 钢中主要合金元素的作用

SA508Gr3Cl2 钢属于 Mn-Ni-Mo 系低合金钢。根据以往研究的积累,可对钢中合金元素的作用进行简要总结。C 是间隙固溶强化元素,同时也是碳化物形成元素,通过调整 C 含量可以调解大锻件的强韧性。随着 C 含量的增加,钢的冲击韧性降低,辐照脆化敏感性增加,同时会显著降低钢的焊接性能,一般采用碳当量(C_{eq})作为评定焊接接头组织和控制焊接接头组织的重要指标。Mn 是 SA508Gr3 钢中的主要合金元素,除起强化基体作用外,还能有效地提高钢的淬透性,降低堆焊层下裂纹敏感性。从反应堆压力容器用钢的发展来看,早期的 SA508Gr2 钢 Mn 含量为 0.5%～1.0%,而后开发的 SA508Gr3 钢 Mn 含量为 1.20%～1.50%。但 Mn 含量增加会增大钢中偏析,同时提高钢的回火脆性。Cr 能提高钢的淬透性,Cr 增加贝氏体转变的孕育期,降低贝氏体的长大速度,从而细化组织。但 Cr 含量过高会增加锻件堆焊后再热裂纹敏感性,SA508Gr3 钢规定 Cr 含量≤0.25%。Ni 是钢中的固溶强化元素,能提高钢的强度和塑韧性,特别是对改善低温韧性效果明显。但过多的 Ni 可能会增加钢的辐照脆化敏感性。SA508Gr3 钢规定 Ni 含量为 0.4%～1.0%。Mo 具有明显的固溶强化效果,提高钢的热强性。在高温时使钢能保持足够的强度和抗蠕变能力,在含有导致回火脆性元素,如 Mn、Cr 等的钢中加入 Mo,能降低钢的回火脆性,提高冲击韧性。但 Mo 含量过高会使钢的塑性和冲击韧性下降,对钢的焊接性能也有一定的影响。ASME 规范将 Mo 含量为 0.55%～0.70% 的 SA508Gr2 钢改进为 Mo 含量为 0.45%～0.60% 的 SA508Gr3 钢,也说明 Mo 含量不宜过高。实际生产时大多将 Mo 控制在 0.50%左右。Si 是强化元素，能显著提高钢的屈服强度和抗拉强度。在传统的镇静钢炼钢工艺中，Si 一般作为脱氧剂，这时 Si 含量一般为 0.1%～0.3%。但 Si 含量过高在焊后消应力回火缓冷过程中会引起 P、Si 原子的晶界偏聚，从而严重降低钢的低温冲击韧性。Al 在钢中一般是作为脱氧剂加入，Al 作为合金元素可以与 N 结合形成 AlN，细化晶粒，提高强韧性。但钢中固溶 Al 过多会增加非金属夹杂物 Al_2O_3 的形成和聚集，降低钢的纯净度，塑韧性也随之降低。SA508Gr3 钢中氮铝比增大，钢的塑性提高，但强度变化不大，韧脆转变温度和无塑性转变温度降低。显微组织分析结果表明，随氮铝比的增大，大锻件的晶粒细化，贝氏体铁素体板条束尺寸和碳化物颗粒直径减小，碳化物弥散度增大。日本生产企业在冶炼 SA508Gr3 大锻件时采用的氮铝比一般大于 0.5。V 有细化晶粒的作用，可提高钢的强韧性。SA508 系列钢中以前规定 V 含量为 0.08%，但实际使用中发现 V 使焊接开裂的敏感性增加，容易引起焊接热影响区脆化，增加了钢的再热裂纹的敏感性，因此 ASME 在后续标准版本中把 V 含量降低到 0.05%以下。P、S、Cu 都是钢中有害元素，要求对其进行严格控制。P 对辐照脆化非常敏感，而且容易在晶界偏聚，显著增加钢的脆性，特别是低温脆性。S 能促进非金属夹杂物 MnS 和 FeS 的形成，降低了钢的冲击韧性，影响钢的焊接性能。Cu 是对辐照脆化最有害的元素。因此，ASME 和 RCC-M 标准都要求反应堆压力容器用钢中 P、S、Cu 的含量都要尽可能降低。随着炼钢技术的发展，重要的大型锻件都经过真空处理，以降低钢中 H、O 含量。其目的是防止 H 造成钢中缺陷和减少 O 形成非金属夹杂物。SA508Gr3 锻件钢必须采取真空处理，即使如此，有时由于后续工艺不当，仍旧会因 H 的诱发而形成微裂纹。随着近代化学分析技术的进步，人们对分析钢中各种痕量元素越来越重视。痕量元素(As、Pb、Sn、Sb 等)尽管在钢中含量甚少，但对辐照性能影响较大。

3.3.2 合金元素对 SA508Gr3Cl2 大锻件的影响

根据以往对 SA508Gr3Cl1 钢大锻件成分优化的经验，SA508Gr3Cl2 钢大锻件的成分设计优化应主要集中在 C、Si、P、Al 等元素含量的优化上，而合金元素 Mn、Ni、Cr、Mo 的含量可采用 ASME 规范要求的中上限，即 Mn 为 1.43%，Ni 为 0.8%，Cr 为 0.20%，Mo 为 0.51%(质量分数)。

设计四炉 SA508Gr3 试验钢的化学成分见表 3.3.1，四炉试验钢的化学成分差异较大，其中 C 含量范围为 0.13%～0.23%，Si、P、S 含量差异也较大。其中 52#、54#、55#三炉钢中 P、S 含量大于 0.01%，还含有少量的 V。27-3#试验钢中 P、S 含量较低，Cr 含量相对较高，钢中 Si 含量为冶炼时原材料带入的杂质。

表 3.3.1 SA508Gr3 试验钢化学成分 (单位：%(质量分数))

炉号	C	Si	Mn	P	S	Ni	Cr	Mo	Al	V
54#	0.13	0.16	1.47	0.015	0.010	0.79	0.21	0.57	0.0076	0.0084
52#	0.17	0.26	1.38	0.015	0.010	0.70	0.21	0.51	0.0081	0.0070
27-3#	0.18	0.016	1.45	0.0054	0.004	0.75	0.30	0.58		
55#	0.23	0.13	1.38	0.013	0.0079	0.78	0.21	0.57	0.0062	0.0069
ASME SA508Gr3	≤0.25	0.15～0.4	1.2～1.5	≤0.025	≤0.025	0.4～1.0	≤0.25	0.45～0.6	≤0.025	≤0.05

实验室冶炼钢锭横向锻打成尺寸为 $\Phi16mm$ 的圆棒和 $14mm\times14mm$ 的方棒,始锻温度为 1150℃,终锻温度为 900℃。锻造开坯后经 650℃×8h 退火处理(研究中所有试验钢的锻造工艺均采用该工艺)。选取相应试样进行热处理,热处理中性能热处理的试样为经预备热处理的试样,模拟焊后消除应力热处理为性能热处理后的试样,采用的热处理工艺制度如下:

(1)预备热处理:920℃×5h AC+900℃×5h AC+650℃×8h AC。

(2)性能热处理:890℃×5h(淬火冷速 16.8℃/min,36℃/min,47.4℃/min)冷至 400℃ AC+650℃×8h AC。

(3)模拟焊后消应热处理:在 410℃ 装炉,以 56℃/h 升温到 610℃,保温 48h 后再缓冷至 410℃,然后出炉空冷。

试验钢经预备热处理、性能热处理和模拟焊后消应热处理后,切取标准的 $\Phi5mm$ 拉伸试验和 55mm×10mm×10mm 夏比冲击试样进行室温拉伸、350℃高温拉伸和 12℃、−21℃的冲击试验。每个试验选取两个试样进行。

图 3.3.1 和图 3.3.2 为试验结果,试验结果表明 C 含量对强度指标影响显著。

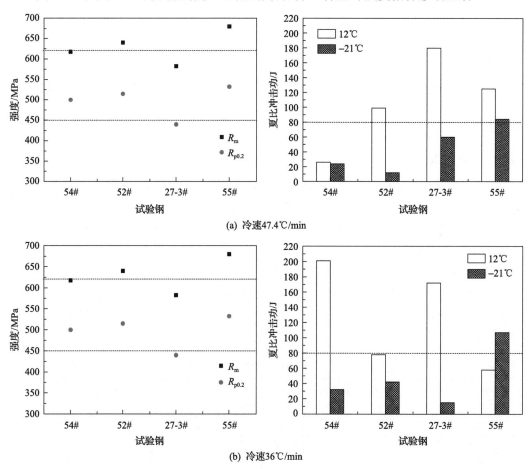

(a) 冷速47.4℃/min

(b) 冷速36℃/min

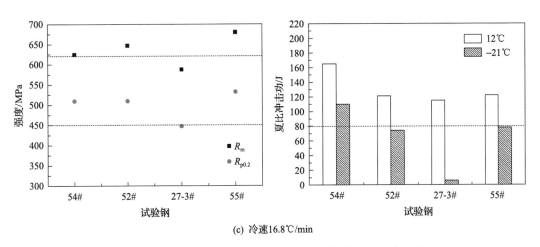

(c) 冷速16.8℃/min

图 3.3.1 试验钢经不同冷速性能热处理后的强度和冲击韧性

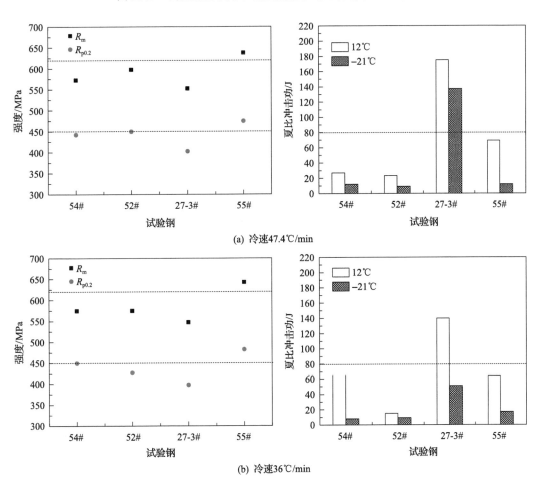

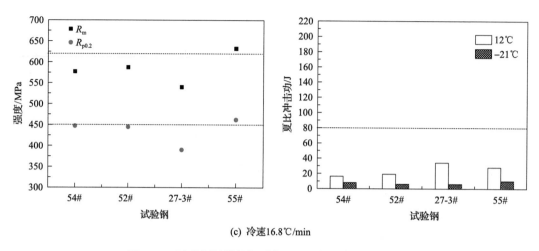

(c) 冷速16.8℃/min

图 3.3.2　试验钢经模拟焊后热处理后的强度和冲击韧性

性能热处理后，54#、52#试验钢的强度勉强能达到实际工程技术条件要求，27-3#试验钢强度很低，无法满足实际工程技术条件要求，55#试验钢因 C 含量较高，强度能满足实际工程技术条件要求，且富裕量较大。焊后消应热处理后，仅 C 含量为 0.23%的 55#试验钢的强度能够达到实际工程技术条件要求，但富裕量不大。因此 C 含量应按标准范围的中上限考虑，即在 0.21%～0.25%为宜。对比 52#和 27-3#试验钢的力学性能可以看出，Si 含量较高(0.26%)的 52#试验钢的强度更高，但无 Si(0.016%Si)的 27-3#试验钢–21℃冲击功更高，从这一试验结果看，Si 有提高强度的作用，但也可能存在降低 A_{kv} 值的不利影响。对比 P 含量较高的 54#、52#、55#试验钢(>0.008%P)与 P 含量较低(0.0054%P)的 27-3#钢的力学性能可以看出，性能热处理后四炉试验钢的 12℃和–21℃冲击功不高且波动较大。经焊后热处理，P 含量高的三炉钢的冲击功下降较大，仅 27-3#试验钢在冷却速度为 47.7℃/min 时，其–21℃下 A_{kv} 平均值为 137J(≥80J)。模拟焊后热处理 610℃处于第二类回火脆性温度区域，长时间保温过程中 P 容易在晶界偏聚，从而引起回火脆性，降低钢的低温冲击韧性，因此可以推断低 P 是非常重要的，P 含量至少要控制在小于等于 0.0055%，越低越好。四炉试验钢中的 Al 含量均较低，大大低于标准中规定的 SA508GR3 钢的 Al 含量小于等于 0.04%的上限。以往的研究结果表明，结构钢中 Al 含量在 0.02%以上晶粒得到显著细化，其主要与 AlN 的量有关，当 Al 含量达到 0.035%时其强化效果最好。因此，钢中 Al 的加入量以控制在 0.02%～0.04%为宜，这个分析结论有待进一步试验验证。

3.3.3　SA508Gr3Cl2 钢大锻件中 C、Si 含量的控制范围

从 SA508Gr3Cl2 钢主要合金成分的初步探索试验中获得了两条基本结论：①C、Si 含量对强度的贡献较大，过高的 Si 含量对低温冲击韧性有一定损害；②P 含量高对钢的低温冲击韧性不利，特别是模拟焊后热处理后低温冲击韧性下降明显。因此，根据以上研究结论和以往的研究经验，精心设计了多组不同 C、Si 含量且 P 含量较低的 SA508Gr3Cl2 试验钢，对 C、Si 含量匹配进行较为系统的研究。

表 3.3.2 所示是为研究 C、Si 元素控制范围而设计的六炉试验钢，其中 33-3#、31-1#、36# 和 38# 为 50kg 的钢锭，37-2# 为 22kg 的小钢锭，均在钢铁研究总院实验室采用真空感应炉冶炼制备，30# 试验钢为中国一重提供的工业试制的大锻件产品。六炉试验钢的合金成分中，除 C、Si 含量差别较大外，其他合金成分均相近。30#、37-2# 和 38# 三炉试验钢中均未设计添加 Si，Si 的检测成分为炼钢原料中带入，33-3#、36# 和 31-1# 三炉试验钢中的 Si 含量为 0.15%～0.23%，在 ASME 规范的中线以下，33-3# 试验钢 Mn 含量很低，Ni 含量相对较高。所有试验钢中 P 含量均控制得很低。

表 3.3.2　SA508Gr3Cl2 试验钢化学成分　　（单位：%（质量分数））

炉号	C	Si	Mn	P	S	Ni	Cr	Mo	Al
ASME508-3	≤0.25	0.15～0.4	1.2～1.5	≤0.025	≤0.025	0.4～1.0	≤0.25	0.45～0.6	≤0.025
30#	0.19	0.040	1.40	0.0020	0.0020	0.94	0.21	0.50	0.020
37-2#	0.21	0.024	1.42	0.0022	0.0034	0.86	0.16	0.51	0.016
38#	0.24	0.019	1.47	0.0030	0.0020	0.79	0.21	0.50	0.024
33-3#	0.20	0.20	1.08	0.0052	0.0050	0.97	0.25	0.50	0.027
36#	0.21	0.15	1.42	0.0040	0.0037	0.88	0.52	0.039
31-1#	0.22	0.23	1.48	0.0052	0.0030	0.81	0.16	0.51	0.026

六炉试验钢的具体试验过程为钢锭锻造加工成试样后按如下热处理工艺进行热处理试验。

(1) 预备热处理：920℃×5h AC+900℃×5h AC+640℃×8h AC。

(2) 性能热处理：870℃×5h（淬火冷速 36/39.6℃/min、47.4℃/min、60℃/min）冷至 300℃ AC+640℃×8h AC。

(3) 模拟焊后热处理：610℃保温 48h 缓冷。410℃装炉，以 50℃/h 升温到 610℃，保温 48h，随后以 50℃/h 降温至 410℃时出炉空冷。

上述六炉试验钢经性能热处理和焊后消应热处理后，进行室温拉伸和–21℃冲击试验，所有试验均选取两个试样进行试验。选取部分典型试验钢的试样利用 OM 和 SEM 进行微观组织观察，并对拉伸和冲击断口进行扫描电镜观察和能谱分析。

图 3.3.3 和图 3.3.4 为经性能热处理和模拟焊后热处理后试验钢的力学性能试验结果，从图 3.3.3 和图 3.3.4 可以看出，在不添加 Si 的 30#、37#-2、38# 三炉试验钢中，C 含量较高的 38# 试验钢（0.24%C）的强度相比 C 含量低的 30# 和 37-2# 试验钢明显提高，C 含量为 0.19% 的 30# 试验钢即使在性能热处理时，强度也只能勉强达到实际工程技术条件要求，模拟焊后热处理后强度无法达到实际工程技术条件要求，而 38# 试验钢在模拟焊后热处理后抗拉强度依然在 650MPa 以上，屈服强度在 500MPa 以上，冲击功比实际工程技术条件要求高出 30J。

同时，在该试验条件下，钢中 C 含量的增加并未带来锻件低温冲击韧性的明显下降，38# 试验钢的冲击韧性与 30#、37#-2 试验钢的冲击韧性基本相同。在 60℃/min 和 47.4℃/min 的冷速下，试验钢的冲击功相对更高，但在冷速为 39.6℃/min 时，上述三炉试验钢的–21℃冲击功均未达到实际工程技术条件要求，这可能说明不添加 Si 的这三炉

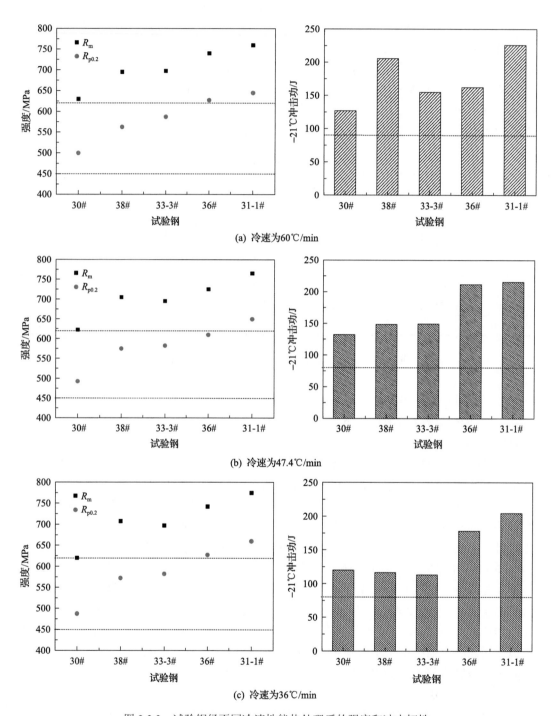

(a) 冷速为60℃/min

(b) 冷速为47.4℃/min

(c) 冷速为36℃/min

图 3.3.3　试验钢经不同冷速性能热处理后的强度和冲击韧性

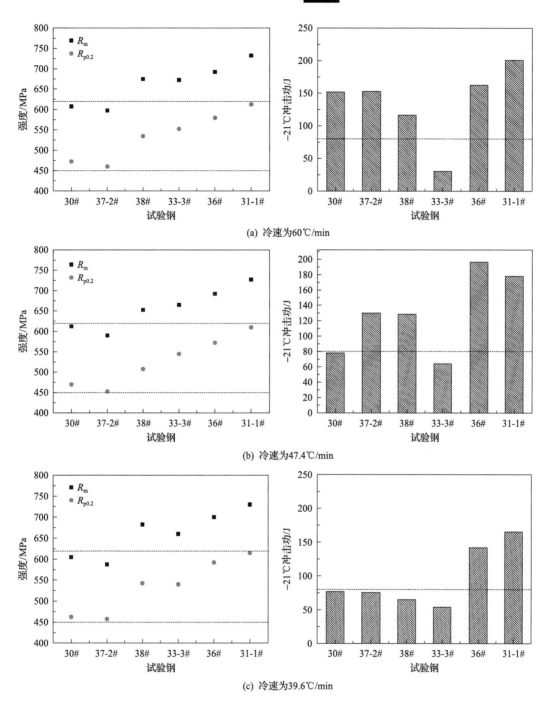

(a) 冷速为 60℃/min

(b) 冷速为 47.4℃/min

(c) 冷速为 39.6℃/min

图 3.3.4　试验钢经不同冷速焊后热处理后的强度和冲击韧性

试验钢的淬透性相对较低。总体上看，在该试验条件下，不加 Si 而 C 含量高时，试验钢的各项性能完全可以较好地满足实际工程技术条件要求。在添加 Si 的 33-3#、36# 和 31-1# 三炉试验钢中，在性能热处理后强度和低温冲击韧性能均能较好地满足实际工程技术条件要求，且富裕量较大，特别是 36# 和 31-1# 试验钢抗拉强度在 700MPa 以上，屈服强度在 600MPa 以上，–21℃冲击功在 150J 以上，并且随着 C、Si 含量的增加，31-1#试验钢的强度和低温冲击韧性更高。模拟焊后热处理后，这三炉试验钢的强韧性均有一定程度的下降，强度依然能较好地满足实际工程技术条件要求，但是 33-3#试验钢的低温冲击韧性下降明显，无法达到实际工程技术条件要求，36#和 31-1#试验钢–21℃冲击功大于等于 140J。33-3#试验钢强度和冲击韧性较差的原因主要是 Mn 含量很低，虽然 Ni 含量相对较高，但无法弥补 Mn 含量低带来的强度和韧性损失。当 Mn 含量降低到 1.08%后，试验钢的淬透性较差，随着冷速的降低，33-3#试验钢的强度和冲击韧性相比 36#和 31-1#试验钢的强度和冲击韧性下降明显。从 36#和 31-1#试验钢的力学性能试验结果看，在一定范围内增加 C、Si 含量，强度和低温冲击韧性可以同时得到提高。总体上看，加 Si 的试验钢的力学性能相比不加 Si 的试验钢更好。

选取 30#、38#、36#、31-1#四炉试验钢性能热处理过程中模拟淬火态和回火态试样进行微观组织观察，如图 3.3.5 和图 3.3.6 所示。图 3.3.5(a)为中国一重试制的低 C 低 Si 的 30#试验钢淬火态的 OM 和 SEM 微观组织照片。从图中可以看出，组织为典型的上贝氏体和粒状贝氏体混合组织，局部有少量的铁素体和珠光体存在，并且晶粒较粗大。图 3.3.5(b)为低 Si 高 C 的 38#试验钢的组织照片，淬火态组织主要为粒状贝氏体组织，铁素体基体上分布着明显的 M/A 岛，局部有少量的下贝氏体或马氏体存在，晶粒相比 30#试验钢细小。比较而言，这是 30#试验钢的强度和韧性较差的主要因素。图 3.3.5(c)和图 3.3.5(d)分别为 36#和 31-1#试验钢的微观组织照片，这两炉钢的组织相近，基本为典型的粒状贝氏体组织，仔细观察可以发现 31-1#试验钢的组织更为细小，可以通过 TEM 观察进行验证。图 3.3.6 为回火后的显微组织照片。从图中可以看出，所有试验钢经过回火后，贝氏体铁素体板条界和板条内均析出较多的第二相。对比可以看出，图 3.3.6(a)中主要为沿着贝氏体铁素体板条界析出较为粗大的第二相。利用 TEM 观察 30#试验钢的微观组织形貌，发现沿着板条界析出的第二相多为粗大的渗碳体组织，并且析出相多呈链状分布，贝氏体铁素体板条粗大，平均在 500nm 以上，如图 3.3.7(a)所示。图 3.3.7(b)中的金相组织为回火的 38#试验钢的贝氏体和回火索氏体的混合组织，SEM 观察到板条内析出了细小弥散分布的第二相组织，第二相在板条内的弥散析出对提高试验钢的强度和韧性有好处。利用 TEM 观察了 31-1#试验钢的微观组织形貌，发现 31-1#试验钢比 30#试验钢中的贝氏体铁素体板条更加细小，多在 300nm 以下，析出的第二相多为渗碳体组织，但颗粒尺寸明显较小，且多弥散分布于铁素体板条界和板条内，如图 3.3.7(b)所示。图 3.3.8 为 33-3#和 31-1#试样钢的冲击断口形貌。从图中可以看出，冲击韧性较差的 33-3#试样钢为典型的准解理脆性断裂，而 31-1#试验钢的断口主要为韧窝状的韧性断裂。

根据以上的试验结果，可以得到以下结论：在不添加 Si(或低 Si)的试验钢中，C 对强度的影响显著，通过增加 C 含量可以弥补 Si 的强化效果，并且在钢中 P 含量很低的情况下，C 含量较高时对韧性基本没有损害。因此，C 含量应控制在 ASME 标准规范允许的上限 0.22%～0.25%。在添加 ASME 标准规范中限以下(即 0.14%～0.25%Si)的试验钢中，Si 对试验钢的强度有较大贡献，并且对低温冲击韧性没有太大损害。因此，通过合适的 C、Si 含量及热处理工艺最优匹配，试验钢的强度和低温冲击韧性均能得到较大提高，但对于 Si 的上限及 Si 在钢中的具体作用机理的确定尚需开展大量研究工作。综上分

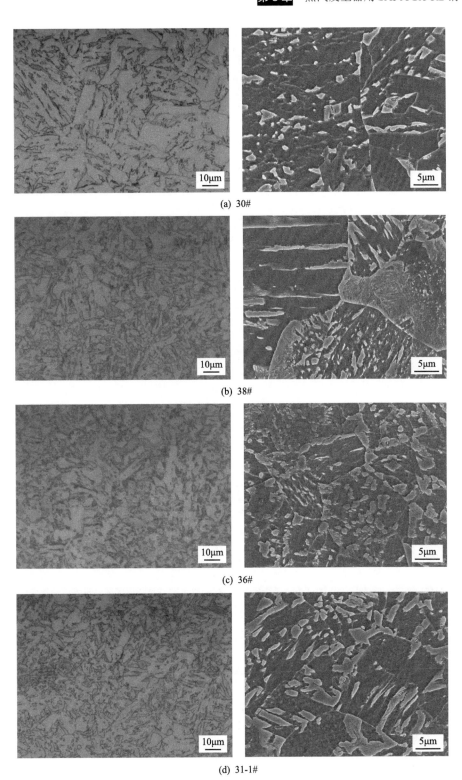

(a) 30#

(b) 38#

(c) 36#

(d) 31-1#

图 3.3.5 试验钢淬火态微观组织形貌

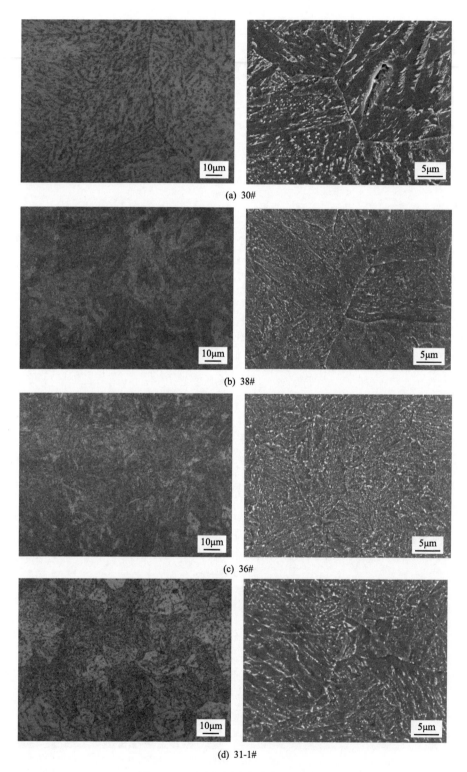

图 3.3.6　试验钢回火态微观组织形貌

 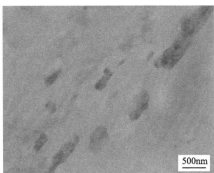

(a) 30#

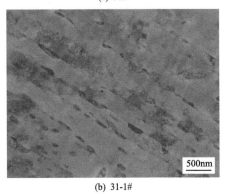

(b) 31-1#

图 3.3.7　试验钢回火态 TEM 组织形貌

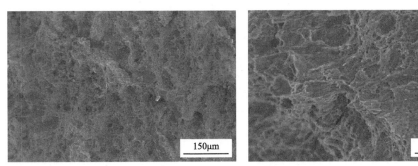

(a) 31-1#钢，韧窝型

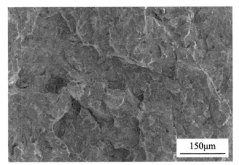 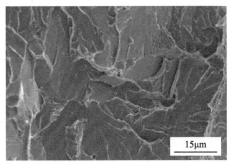

(b) 33-3#钢，准解理型

图 3.3.8　试验钢的典型冲击断口形貌

析，可得出两条 C、Si 成分路线，即加 Si 和不加 Si 路线：①在无 Si 情况下，需要增加 C 含量来提高钢的强度，此时 C 含量应控制在 0.22%～0.25%。②在添加一定量 Si 的情况下(0.13%～0.28%)，C 含量可控制在 0.20%～0.23%，该路线主要是研究和确定 C 及 Si 的最佳匹配范围。除此之外，还有一点需要注意的是，上述试验钢淬火态的微观组织均为上贝氏体或/和粒状贝氏体，而下贝氏体是最希望获得的理想微观组织。在试验钢的化学成分确定之后，主要通过控制冷却路径来获取具有良好强韧性匹配的下贝氏体组织。

3.3.4 SA508Gr3Cl2 钢大锻件中 Al 含量的控制范围

在传统的炼钢工艺中，Al 是作为冶炼过程的脱氧剂加入的。大量试验研究工作已经表明，结构钢中 Al 含量控制在 0.02%以上时，钢的晶粒显著细化。Al 含量达到 0.035%时，细化晶粒的作用最大。这主要是因为 Al 和 N 结合形成了 AlN 析出物，在钢奥氏体化过程中，AlN 能有效阻碍奥氏体晶粒长大，达到细化晶粒效果。根据 Hall-Patch 公式，晶粒细化是同时提高强度和韧性的唯一方式。因此，研究中主要是对比在 SA508Gr3Cl2 试验钢中加入 0.02%～0.04%Al 和不加 Al 对原奥氏体晶粒尺寸的影响。

选择 55#、14#和 38#三炉试验钢，这三炉试验钢除 Al 差异较大外，其余合金成分均相近，具体化学成分见表 3.3.3。

表 3.3.3 研究 Al 含量控制范围对比试验钢化学成分

(单位：%(质量分数))

钢号	C	Si	Mn	P	S	Ni	Cr	Mo	Al
55#	0.23	0.13	1.38	0.013	0.0079	0.78	0.21	0.57	0.0062
14#	0.19	0.11	1.46	0.0087	0.0090	0.8	0.18	0.51	0.020
38#	0.24	0.019	1.47	0.003	0.002	0.79	0.21	0.50	0.024
ASME SA508Gr3	≤0.25	0.15～0.4	1.2～1.5	≤0.025	≤0.025	0.4～1.0	≤0.25	0.45～0.6	≤0.025

三炉试验钢的锻造工艺相同，采取的热处理工艺如下：
(1) 920℃×5h AC+640/650℃×8h AC。
(2) 920℃×5h AC+900℃×5h AC+640/650℃×8h AC。
(3) 920℃×5h AC+900℃×5h AC+640/650℃×8h AC+870℃×5h(60℃/min)300℃ AC。
其中，55#试样钢的回火温度为 650℃，14#和 38#试样钢的回火温度为 640℃。

在上述热处理后均选取试样按照《金属平均晶粒度测定方法》(GB/T 6394—2017)进行晶粒度评级。三炉试验钢的晶粒度评定结果列于表 3.3.4。从试验结果看，Al 对试验钢晶粒的细化效果明显。添加 0.020%Al 后，试验钢的晶粒度从 5.5 级提高到了 8 级左右，不加 Al 的 55#试验钢和 Al 含量为 0.024%的 38#试验钢的典型晶粒组织照片如图 3.3.9 所示。该研究试验结果与前人的研究结果基本一致。在 SA508Gr3Cl2 钢大锻件的成分设计中添加 0.02%～0.04%Al(具体加入量，可根据锻件的具体尺寸和相关技术规范来确定)对细化大锻件金相组织效果明显。

表 3.3.4　对比试验钢的晶粒度评定结果

工艺编号	晶粒度/级		
	55#	14#	38#
(1)	5.5	6.5	8
(2)	6	7.5	8.5
(3)	6	7.5	8
工程实际技术条件要求	≥5 级		

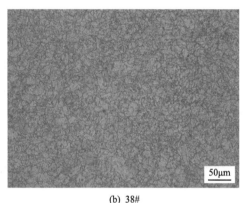

(a) 55#　　　　　　　　　　　　　　(b) 38#

图 3.3.9　对比试验钢原奥氏体晶粒尺寸

3.4　SA508Gr3Cl2 钢超大锻件热处理工艺与性能优化研究

在 SA508Gr3Cl2 钢的热处理工艺优化过程中，主要依据试验钢的 CCT 曲线来确定预备热处理工艺中的正火温度，性能热处理工艺中的淬火和回火温度。正火、淬火的保温时间则主要根据蒸发器大型锻件的尺寸、ASME 规范中要求的保温时间以及工业生产大锻件的经验时间选定相应的保温时间。本书对热处理工艺优化主要集中在：预备热处理中的正火次数对试验钢的组织细化、均匀化和力学性能的影响，性能热处理（调质处理）中的最佳回火温度和回火温度范围研究，模拟焊后热处理的退火温度和退火保温时间工艺制度。

3.4.1　SA508Gr3Cl2 钢的连续冷却转变组织

钢的 CCT 曲线可系统地表示冷却过程中冷却速度对转变开始点、相变进行速度和组织的影响情况。在实际工业生产大型锻件的热处理过程中，转变大多是在连续冷却的情况下发生的，因此连续冷却转变曲线能如实地反映锻件在不同冷却速度下所发生的相转变行为。如果知道锻件内部某个位置的冷却曲线，便可由 CCT 曲线较准确地推知该位置的最终组织。根据 CCT 曲线，可以选择最适当的工艺规范，从而得到恰当的组织，起到提高强度和塑韧性的作用。

在 CCT 曲线的测试中，试样的原始状态对奥氏体的转变会产生一定影响。为使测试试样具有代表性，试样材料一般为锻造后退火或正火处理状态。为了对蒸发器锻件工业生产过程中不同阶段热处理工艺过程提供最有意义的参考，如预备热处理工艺中的正火处理，最终性能热处理(调质处理)工艺中的淬火处理等，测试试样的原始状态选取锻造退火态和预备热处理态。

1. 试验材料及方法

SA508Gr3Cl2 钢的相变点和 CCT 曲线测定所用的试验样品是基于成分优化性能较好的 31-1#试验钢，其化学成分见表 3.4.1。

表 3.4.1　试验钢的化学成分　　　　　(单位：%(质量分数))

炉号	C	Mn	P	S	Si	Ni	Cr	Mo	Al
SA508Gr3Cl2	≤0.25	1.2～1.5	≤0.008	≤0.005	0.15～0.40	0.40～1.00	≤0.25	0.45～0.60	≤0.025
31-1#	0.22	1.48	0.0052	0.003	0.23	0.81	0.16	0.51	0.026

试验仪器为 Formastor-FⅡ全自动相变测量装置，测量钢奥氏体化后不同冷却速度的转变类型及转变开始和终了温度。试验原理为金属材料加热或冷却过程中发生相变，相变产生体积效应破坏了由温度导致的体积变化的线性关系，从而获得相变参数。Formastor 通过测量试样轴向的膨胀量变化来获得相变温度。

测试试样的状态为退火态和预备热处理态，具体工艺如下：

退火工艺：650℃×8h AC；预备热处理工艺：920℃×5h AC+900℃ 5h AC+640℃ 8h AC。CCT 曲线测定时试样的奥氏体化制度分别为 920℃×5min 和 890℃×5min，分别以 9 种不同的冷速冷却测定试样的相转变温度，随后对测试后的试样进行金相组织观察和维氏硬度测试。

2. 试验结果与分析

对比分析试验钢退火态和预备热处理态的 CCT 曲线。可得出经过预备热处理态试样相转变区间明显右移，马氏体相变、贝氏体转变、特别是 F/P 转变推迟较明显。预备热处理态试样的奥氏体更加稳定，淬透性得到一定程度的提高，金相组织和维氏硬度也验证了这一结论。图 3.4.1 为相同冷却速度锻造退火态和预备热处理态试样的金相组织。从图中可以看出，在冷速为 3.95℃/s 时，预备热处理态试样为全马氏体组织，而锻造退火态试样为马氏体和贝氏体混合组织；在冷速为 500℃/h 时，预备热处理态试样为贝氏体组织，而锻造退火态试样中已经明显发生了珠光体转变，组织为贝氏体、铁素体和珠光体的混合组织。这可能是由于预备热处理态试样的成分和组织更加均匀及原奥氏体晶粒更加细小，当然奥氏体化温度低也是原因之一。

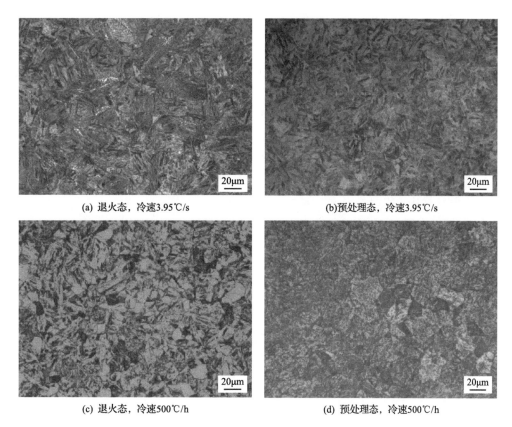

(a) 退火态，冷速3.95℃/s　　　　　　(b)预处理态，冷速3.95℃/s

(c) 退火态，冷速500℃/h　　　　　　(d) 预处理态，冷速500℃/h

图 3.4.1　SA508Gr3Cl2 钢不同状态试样的金相组织

3.4.2　大锻件典型部位冷却过程的组织与性能变化

根据 ASME 规范的力学性能检验标准中的取样位置规定要求，选取蒸汽发生器五个大锻件的轴向截面 l/4 部位，在实验室模拟研究大锻件调质热处理淬火过程中水冷过程，并评价组织和性能情况。根据研究中 ANSYS 有限元模拟研究椭球封头、上筒体、锥形筒体和下筒体调质处理水冷过程中锻件不同部位的冷却速度及等效直径方法，计算出的冷却速度，最终选取 39.6℃/min、47.4℃/min 和 60℃/min 进行实验室模拟研究。

采用专门设计的可控冷却速度热处理炉模拟研究大锻件热处理过程中典型部位的组织和性能变化，主要分三部分展开研究。

(1)预备热处理制度的优化，主要研究正火次数对 508Gr3Cl2 钢组织和性能的影响，特别是正火次数对组织均匀化、晶粒度细化的效果。

(2)确定性能热处理(调质处理)中的淬火温度，主要依据膨胀仪测出的奥氏体化温度，主要是针对回火参数特别是回火温度的影响展开研究。

(3)对于模拟焊后消除应力热处理，主要对退火温度和退火保温时间对钢的组织和性能的影响进行较深入的研究。

1. 预备热处理制度优化研究

对 SA508Gr3Cl2 钢的预备热处理制度优化工作，主要是模拟研究大型锻件在锻造过程中过热、粗大组织得以改善和调整，使钢组织均匀、晶粒细化的预备热处理工艺方法，研究不同正火次数对 SA508Gr3Cl2 钢组织晶粒度和力学性能的影响。在大锻件的实际制造过程中，因蒸汽发生器锻件较大，一次正火预处理很难起到成分均匀化、组织晶粒细化以及提高性能的作用，一般需要多次阶梯正火处理。

试验钢为实验室真空冶炼的 50kg 试验钢锭 14#，其中 P、S 含量较高，并且含有一定量的 V，具体化学成分见表 3.4.2。

表 3.4.2　试验钢化学成分　　　　　　　　　（单位：%（质量分数））

试验钢	C	Si	Mn	P	S	Ni	Cr	Mo	Al	V
14#	0.19	0.11	1.46	0.0087	0.0090	0.8	0.18	0.51	0.02	0.022
SA508Gr3 ASME 标准	≤0.25	0.15~0.4	1.2~1.5	≤0.025	≤0.025	0.4~1.0	≤0.25	0.45~0.6	≤0.025	≤0.05

制定了三种对比预备热处理工艺，具体见表 3.4.3。三种对比的预备热处理工艺，主要考察正火次数以及阶梯正火工艺对蒸发器锻件钢组织和力学性能的影响。

表 3.4.3　试验钢预备热处理工艺

工艺编号	预备热处理工艺
(1)	920℃×5h AC 正火+640℃×8h AC 回火
(2)	920℃×5h AC 正火+900℃ 5h AC+640℃×8h AC 回火
(3)	920℃ 5h AC+900℃ 5h AC+880℃ 5h AC+640℃ 8h AC 回火

为了全面比较预备热处理工艺的影响，不仅选取预备热处理工艺后试样进行组织和力学性能试验，还选取性能热处理和模拟焊后热处理试样进行试验。

性能热处理工艺为：将经过不同预备热处理的试样在 870℃保温 5h 后分别按 36℃/min、47.4℃/min、60℃/min 冷速控速降至 400℃AC 来模拟工业淬火，随后进行 640℃保温 8h 空冷的回火处理。

模拟焊后热处理工艺为：试样在 410℃装炉，以 56℃/h 升温到 610℃，保温 48h 后以 56℃/h 缓冷至 410℃，然后出炉空冷。对不同热处理后的试样进行室温拉伸和−21℃冲击试验，并对预备热处理和性能热处理后的试样进行晶粒度评级。

经不同预备热处理后试样的力学性能和晶粒度级别的试验结果见表 3.4.4。从试验结果可以看出，经过不同正火次数预备热处理后试验钢的拉伸性能变化不大，其中抗拉强度和屈服强度均相差不到 10MPa，延伸率和断面收缩率（面缩率）有一定程度提高。两次正火后冲击韧性升高，但三次正火后冲击韧性反而下降，因此对于这样的试验结果仍需进一步验证。从晶粒度评级结果看，随着正火次数的增加及正火温度的阶梯下降，晶粒得到一定程度的细化，但三次正火后试验钢的晶粒度没有进一步细化。综上分析，经过多次正火后晶粒度级别有一定程度的细化，强韧性的变化仍需进一步验证。

表 3.4.4　预备热处理后的力学性能和晶粒度试验结果

工艺编号	室温拉伸				−21℃冲击功 A_{kv}/J	晶粒度/级
	R_m/MPa	$R_{p0.2}$/MPa	A/%	Z/%		
(1)	680	568	21.3	70.8	65	6.5
(2)	673	560	22.5	70.8	94	7.5
(3)	678	570	23.3	71.3	42	7.5

表 3.4.5 和表 3.4.6 分别为经过不同预备热处理后性能热处理和模拟焊后热处理试样的力学性能数据。由试验结果可知，不同正火次数预处理后经过性能热处理和模拟焊后热处理的强度变化不大，断面收缩率和断后伸长率塑性指标有一定程度的提高，−21℃冲击功变化没有太大的规律性。从晶粒度评级结果来看，总体上多次正火能带来一定程度的成分、组织均匀以及晶粒细化，但细化效果有限。

表 3.4.5　性能热处理试验钢的力学性能和晶粒度试验结果

冷速/(℃/min)	工艺编号	室温拉伸				−21℃冲击功 A_{kv}/J	晶粒度/级
		R_m/MPa	$R_{p0.2}$/MPa	A/%	Z/%		
60	①	678	550	22.0	70.5	78	7.5
	②	673	555	22.0	69.8	64	8
	③	670	550	22.3	71.0	76	8
47.4	①	670	550	23.5	70.5	73	8.5
	②	673	558	22.8	70.8	55	8.5
	③	673	555	23.0	70.8	72	7.5
36	①	673	558	22.5	70.3	61	8.5
	②	680	558	22.3	70.3	54	8.5
	③	660	545	22.8	71.3	38	8
协议要求		≥620	≥450	≥16	≥35	≥80	>5

表 3.4.6　焊后热处理试验钢的力学性能试验结果

冷速/(℃/min)	工艺编号	室温拉伸				−21℃冲击功 A_{kv}/J
		R_m/MPa	$R_{p0.2}$/MPa	A/%	Z/%	
60	①	628	505	23.3	71.0	23
	②	628	498	24.3	72.0	17
	③	628	498	24.3	72.0	17
47.4	①	623	503	24.5	71.5	11
	②	643	515	22.8	70.5	13
	③	643	515	22.8	70.5	13
36	①	643	518	23.0	71.3	18
	②	628	500	25.0	71.5	40
	③	628	500	25.0	71.5	40
协议要求		≥620	≥450	≥16	≥35	≥80

　　从目前的试验结果看，多次正火对实验室冶炼的试验钢成分均匀化、组织晶粒细化有一定效果，但效果不显著。三次正火和两次正火的效果相似，没有更多的优势。但是，对工业冶炼的特大型蒸发器大锻件来说，要达到锻件的成分均匀化，缓解成分和组织偏析，达到组织晶粒细化的效果，仅进行一次正火处理显然不够，必须进行两次以上的阶梯式正火处理才较为合理。从目前的研究结果来看，两次正火相对于更多次正火处理相对简单，成本少，锻件晶粒度也较小，无须进行更多次的正火处理，因此选择 920℃×5h AC+900℃×5h AC+640℃×8h AC 为较优的预处理工艺。

　　预备热处理中正火前的组织状态是否影响组织晶粒细化需进行组织观察研究。利用 14# 和 30# 试验钢研究预备热处理中正火炉冷和空冷对组织和晶粒度的影响，表 3.4.7 为试验钢的预备热处理工艺制度。图 3.4.2 为经过炉冷预备热处理试样的显微组织形貌图。图 3.4.2(a) 和 (b) 分别为经过一次和两次正火预备热处理后的显微组织，其主要由多边形 F+P 组成，显微组织中铁素体尺寸较大，且所占比例较大，经过两次正火的组织晶粒度没有明显细化。因为炉冷的冷速较低(约为 1℃/min，0.016℃/s)，势必会得到 F+P 组织。经过 880℃×5h，然后按 36℃/min 控制冷却到 400℃后的试样显微组织为贝氏体，如图 3.4.2(c) 所示，在此基础上再经 640℃×8h 然后空冷后，组织中析出了较多碳化物，为回火的贝氏体组织。图 3.4.3 为经过空冷预备热处理试样的显微组织形貌。

表 3.4.7　试验钢的预备热处理工艺

工艺编号	预备热处理工艺
FC1	920℃×5h 炉冷到 400℃然后 AC
FC2	920℃×5h 炉冷到 400℃然后 AC+890℃×5h 炉冷到 400℃ AC
FC3	920℃×5h 炉冷到 400℃然后 AC+890℃×5h 炉冷到 400℃ AC+640℃×8h AC +880℃×5h(然后按 36℃/min 控制冷却到 400℃)
FC4	920℃×5h 炉冷到 400℃然后 AC+890℃×5h 炉冷到 400℃ AC+640℃×8h AC +880℃×5h(然后按 36℃/min 控制冷却到 400℃)+640℃×8h AC
AC1	920℃×5h AC
AC2	920℃×5h AC+900℃×5h AC
AC3	920℃×5h AC+900℃×5h AC+870℃×5h(然后按 36℃/min 控制冷却到 400℃)
AC4	920℃×5h AC+900℃×5h AC+870℃×5h(然后按 36℃/min 控制冷却到 400℃)+640℃×8h AC

(a) FC1　　　　　　　　　　　　　　(b) FC2

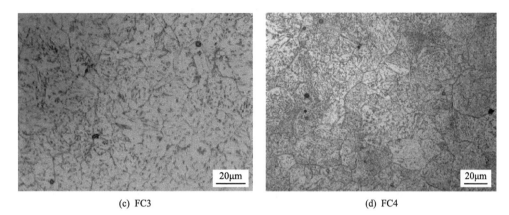

(c) FC3　　　　　　　　　　　　　　　(d) FC4

图 3.4.2　正火预处理炉冷后的金相组织

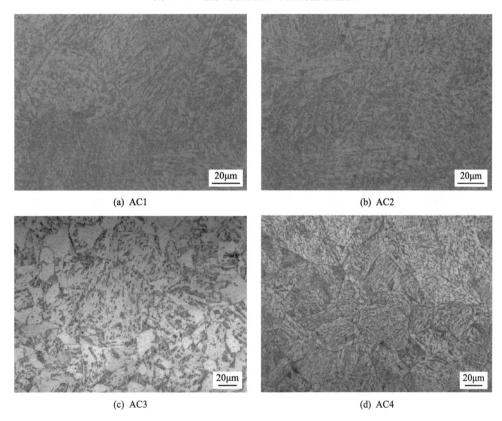

(a) AC1　　　　　　　　　　　　　　　(b) AC2

(c) AC3　　　　　　　　　　　　　　　(d) AC4

图 3.4.3　正火预处理空冷后的金相组织

图 3.4.3(a) 和(b) 分别为经过一次和两次正火预备热处理后的显微组织，主要为贝氏体组织，组织较粗大，经过两次正火的组织晶粒度有一定细化，但效果不很明显。因为空冷的冷速较快，势必会得到贝氏体组织。经过 870℃×5h，然后按 36℃/min 控制冷却到 400℃后的试样的显微组织主要为贝氏体组织，但局部有少量的铁素体组织出现，如图 3.4.3(c) 所示，在此基础上再经 640℃×8h 然后空冷，组织中析出了较多碳化物，为回火的贝氏体组织。

2. 性能热处理制度优化研究

在蒸汽发生器大锻件的热处理过程中，对最终性能影响最大的是性能热处理，即调质处理工艺。一般来说，调质处理优化研究中主要是对奥氏体化温度、回火温度及相应的保温时间进行优化。但对本书的蒸发器大锻件来说，淬火和回火保温时间无须进行更多的研究工作，因为在 ASME 规范中对于大型锻件的淬火和回火保温时间下限已有严格规定，根据锻件的实际大小和工业经验进行确定。本书中选择奥氏体化保温时间为 5h，回火保温时间为 8h。奥氏体化温度主要根据 SA508Gr3Cl2 钢的 CCT 曲线中的 A_{c3} 温度，定为 870℃。对 SA508Gr3 蒸汽发生器大锻件来说，回火温度对于钢的力学性能影响最为显著，并且在工业热处理炉回火过程中因为大锻件尺寸很大，难以确保不同部位的回火温度均匀，因此主要对回火温度范围进行了细致研究。选取成分优化后的 SA508Gr3Cl2 钢加 Si 和不加 Si 两组试验钢进行回火温度的范围研究。

试验材料为高 C、超低 Si、低 P 的 38#试验钢和中 C、中 Si、低 P 的 31-1#试验钢，试验钢成分见表 3.4.8。

表 3.4.8　试验钢化学成分　　　　　　　　（单位：%（质量分数））

试验钢	C	Si	Mn	P	S	Ni	Cr	Mo	Al
38#	0.24	0.019	1.47	0.003	0.002	0.79	0.21	0.50	0.024
31-1#	0.22	0.23	1.48	0.0052	0.003	0.81	0.16	0.51	0.026
SA508Gr3 ASME 标准	≤0.25	0.15～0.4	1.2～1.5	≤0.025	≤0.025	0.4～1.0	≤0.25	0.45～0.6	≤0.025

试验钢锻造加工后采用如下热处理工艺进行处理。

(1) 预备热处理：920℃×5h AC+900℃×5h AC+640℃×8h AC。

(2) 性能热处理工艺：870℃×5h（36℃/min、47.4℃/min、60℃/min）300℃ AC+（650℃、645℃、640℃、635℃）×8h AC。

(3) 模拟焊后热处理：在 410℃装炉，以 50℃/h 升温到 610℃，保温 48h，随后以 50℃/h 降温至 410℃时出炉空冷。

在性能热处理和模拟焊后热处理后，选取试样进行室温拉伸和−21℃夏比冲击试验。利用光学显微镜和 SEM 对性能热处理淬火态和回火态试样进行微观组织观察分析。

图 3.4.4 和图 3.4.5 分别为试验钢经性能热处理和模拟焊后热处理后的力学性能试验结果。从性能热处理后的试验结果可以看出，随着回火温度升高，不加 Si 的 38#试验钢的强度基本没有降低，韧性有所升高，特别是在 645℃回火后，强度和冲击韧性均较好。在 635～645℃的回火温度范围内，38#试验钢的强度和冲击韧性均能较好地满足协议要求，并且有较大的安全裕度。

对比图 3.4.4 和图 3.4.5 可以看出，回火温度对强度和低温韧性的影响与性能热处理后的力学性能结果有相同的趋势，但是经过模拟焊后热处理的试验钢强韧性均有一定程度的下降，依然能够较好地满足协议要求，其中 38#试验钢强度下降约 30MPa，−21℃冲击功下降约 40J，31-1#试样钢强度下降 30MPa，冲击功下降约 30J，38#试验钢在回火温

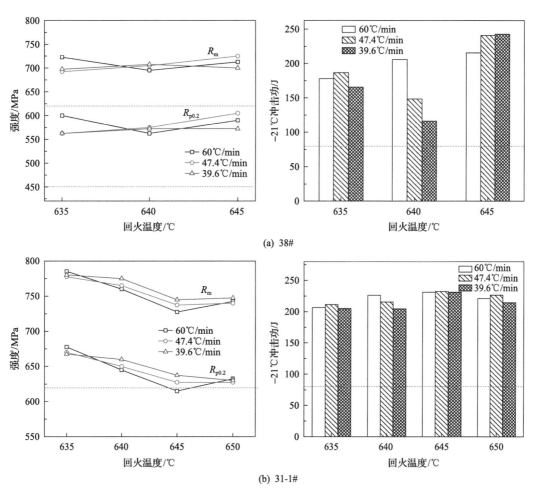

(a) 38#

(b) 31-1#

图 3.4.4　性能热处理后试验钢的强度和冲击韧性

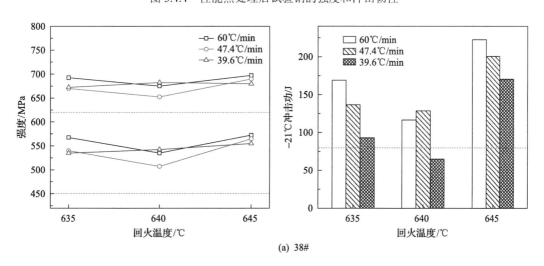

(a) 38#

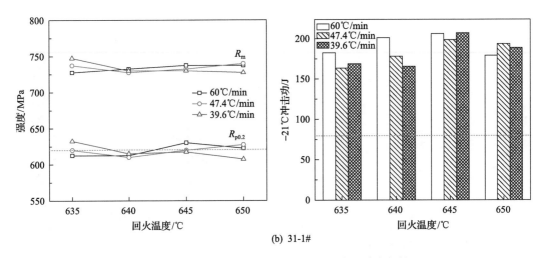

(b) 31-1#

图 3.4.5　模拟焊后热处理后试验钢的强度和冲击韧性

度为 645℃时，试验钢的力学性能很好，能较好地满足协议要求，特别是强度高出协议
要求值 100MPa 左右，因此对于 38#试验钢将回火温度提高到 650℃，其力学性能也应该
能满足要求。31-1#试验钢回火温度范围从 635℃到 650℃，这一回火温度范围内强度和
韧性均能很好地满足协议要求，并且富裕量较大，因此回火温度的上下限还有拓宽的余
地，回火温度为 650℃时，试验钢的强度依然在 730MPa 左右，而–21℃冲击功也在 200J
左右，因此回火温度还有向上调整的空间，而回火温度为 635℃时，强度有所提高，韧
性有一定下降，但韧性依然在 160J 以上，回火温度还有下行空间。在研究中，因实验室
冶炼的试验钢料有限，对回火温度的上下限研究局限在 635～650℃的范围内，但这样的
温度区间对工业热处理来说也能进行控制，根据试验结果来看，前后拓宽 5℃后试验钢
的力学性能应该能够满足协议要求，因此回火温度可拓宽为 630～655℃。

　　图 3.4.6 为 38#试验钢调质处理淬火态和回火态试样的微观组织形貌。从图中可以看
出，淬火态的组织为典型的粒状贝氏体，局部有少量的下贝氏体或马氏体的混合组织，
且组织和析出相尺寸细小；回火态的组织大部分为回火贝氏体组织，局部有少量回火索
氏体存在，SEM 照片显示回火后在贝氏体铁素体板条内析出较多细小的碳化物。加 Si
的 31-1#试验钢随着回火温度的升高，强度呈现下降趋势，650℃回火时相比 635℃时下

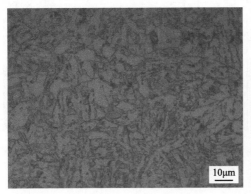

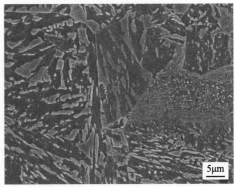

(a) 淬火态

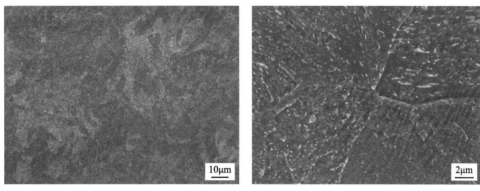

(b) 回火态

图 3.4.6 38#试验钢淬火态和回火态的微观组织

降约 20MPa，但依然能较好地满足协议要求；−21℃冲击韧性随回火温度的升高而升高，在 645～650℃温度区域出现平台趋势。图 3.4.7 为 31-1#试验钢淬火态和回火态试样的微观组织形貌。从图中可以看出，淬火态试样的组织为典型的粒状贝氏体组织，块状铁素体基体上分布着 M/A 岛，试验钢晶粒细小，回火态试样的组织大部分为回火贝氏体组织，SEM 观察显示回火后贝氏体板条界和板条内析出均匀细小的碳化物。

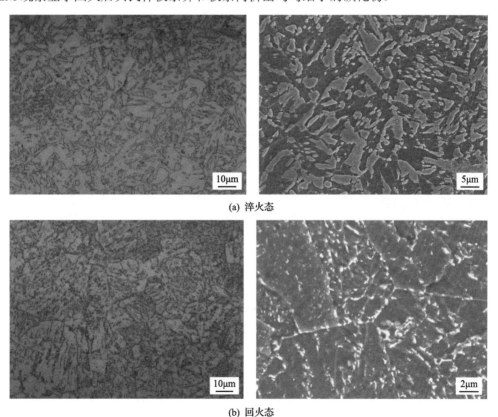

(a) 淬火态

(b) 回火态

图 3.4.7 31-1#试验钢淬火态和回火态的组织

3. 模拟焊后消应处理制度优化研究

蒸汽发生器大锻件在组合成蒸发器时，需要进行焊接处理，在焊接后需要对锻件焊缝处进行消应力退火处理。因此，研究中需要对 SA508Gr3Cl2 钢进行实验室模拟焊后热处理研究，模拟研究不同退火温度和保温时间的焊后消应退火热处理对试验钢组织和力学性能的影响，探讨合适的消应退火温度及保温时间，确定合理的焊后热处理工艺。

试验材料为炉号 14#，具体化学成分见表 3.4.2，热处理工艺如下：

预备热处理：920℃×5h 炉冷到 400℃ AC+890℃×5h 炉冷到 400℃ AC+640℃×8h AC。

性能热处理：880℃×5h 淬火（以 36℃/min 控冷到 400℃ AC）+640℃×8h AC。

焊后热处理：400℃装炉以 50℃/h 升温速度分别加热到 600℃、610℃、620℃，然后分别保温 20h、30h、40h，以 50℃/h 降温到 400℃，空冷。模拟焊后热处理工艺如图 3.4.8 所示。

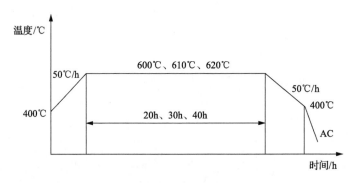

图 3.4.8　模拟焊后热处理工艺曲线图

对热处理后的试样进行室温拉伸和–21℃夏比冲击试验。利用 OM 和 SEM 对试验钢经不同模拟焊后热处理的试样显微组织、夹杂物进行观察和分析，并对冲击试样的断口形貌进行观察和分析。

图 3.4.9 为 14#试验钢经不同模拟焊后热处理的力学性能数据。由图可以看出，14#试验钢经模拟焊后热处理后强度都能满足协议要求，抗拉强度和屈服强度均有富裕量；–21℃冲击韧性较差，基本在 50J 以下，均不能满足协议要求。随着消应力退火温度的升高，试验钢强度降低，–21℃冲击功也降低。随着消应力回火保温时间的延长，试验钢强度降低，–21℃冲击功总体上也呈降低趋势。试验结果中，保温 600℃，保温时间 40h 的试样，–21℃冲击功的检测结果平均值为 62J，比保温时间短的几组制度的冲击功高，可能为试验误差。

图 3.4.10 为模拟焊后热处理试样的典型金相组织。不同的退火温度和时间下，试验钢的组织没有太大差别，为回火贝氏体组织。这主要因为在 600℃左右温度和时间对试验钢的影响主要是析出第二相数量和大小的差别，以及在退火过程中可能存在晶界偏聚导致的回火脆性问题，所以需要通过其他检测手段进行微观机理分析。

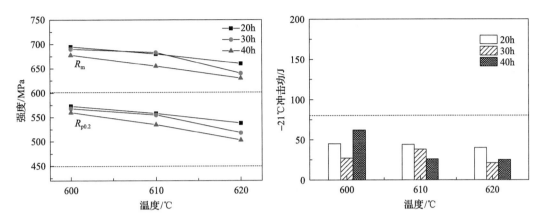

图 3.4.9 试验钢经模拟焊后热处理后的力学性能

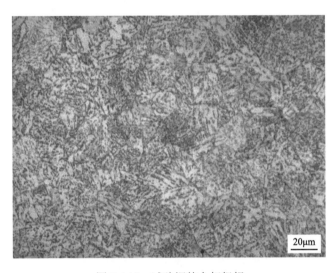

图 3.4.10 试验钢的金相组织

利用 SEM 和能量色散 X 射线谱(X-ray energy dispersive spectrum, EDS)对试验钢的夹杂物情况进行分析。结果显示,实验室冶炼的试验钢纯净度较差,钢中分布着较多的夹杂物。从形貌上看,主要有球形、长条形、不规则多边形、立方形及各种形态的复合夹杂物,如图 3.4.11 所示。结合 EDS 分析,得出试验钢中夹杂主要为 Al_2O_3、MnS,以及多种夹杂聚集的复合夹杂。试验钢中发现的 MnS 夹杂,其形状除具有较大长径比且尺寸较大的长条形外,也有少量尺寸较小、近似圆断面的夹杂(分析可能是该夹杂物在视场中沿垂直长度方向分布)。试验钢中还发现较多呈不规则多边形状的 Al_2O_3 夹杂物,以及与 MnS 夹杂聚集在一起的复合夹杂物,此类复合夹杂中多有 Mn、S、Mo,以及稀土铈(Ce)元素,如图 3.4.12 所示。该试验钢的夹杂物较多,冶炼的纯净度较差,这也是该试验钢低温冲击韧性较差的原因之一。

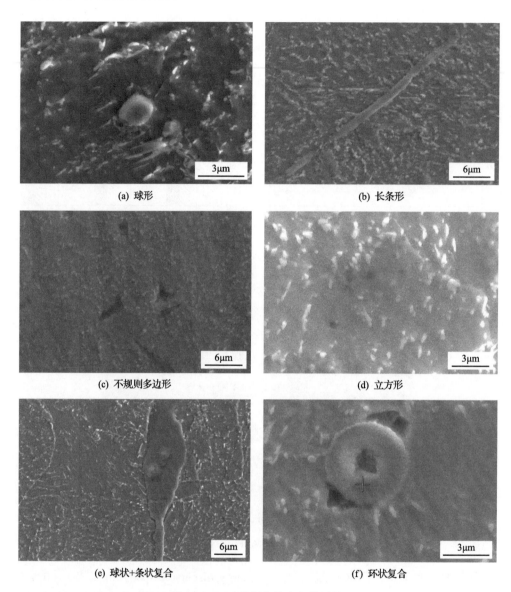

(a) 球形

(b) 长条形

(c) 不规则多边形

(d) 立方形

(e) 球状+条状复合

(f) 环状复合

图 3.4.11　试验钢中的夹杂物形貌

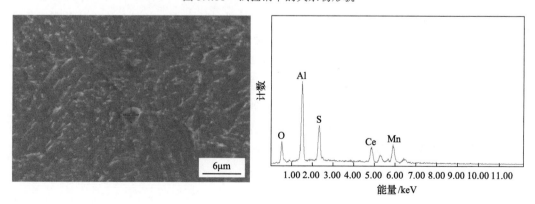

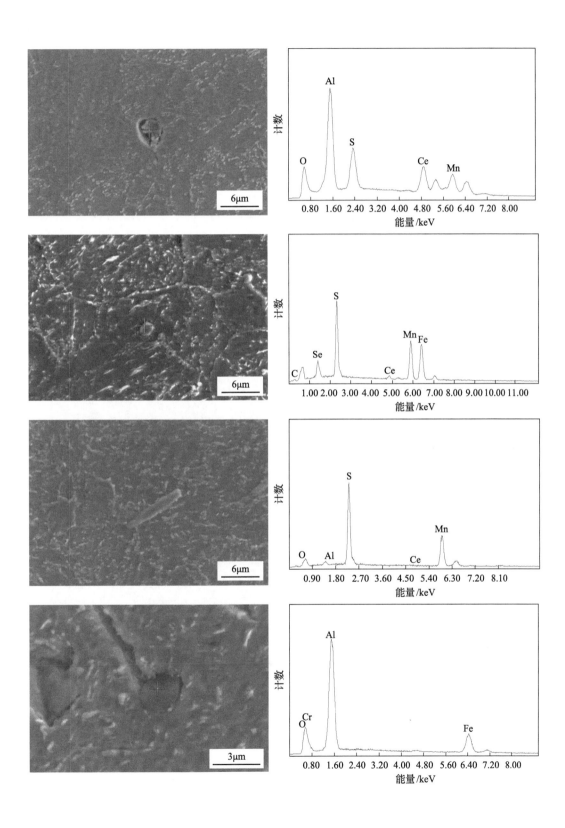

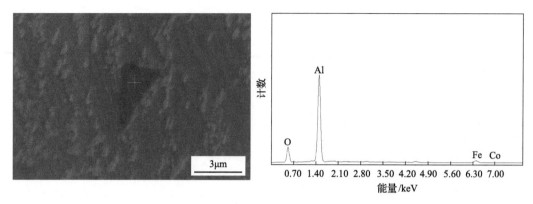

图 3.4.12　试验钢中的夹杂物能谱分析

图 3.4.13 为冲击试样的断口形貌。从图中可以看出，试验钢低温冲击断口宏观形貌主要由纤维区、放射区和剪切唇构成。本次试验所有断口的放射区所占比例最大，而纤维区和剪切唇面积较小，个别试样甚至无明显的纤维区和剪切唇，说明试验钢低温冲击主要为脆性断裂。试验钢的显微断口显示为明显的河流花样和贝壳花样，说明断裂形式为准解理断裂，断口显微照片中可见数量不少的撕裂棱，此为准解理断裂的特征之一。这也说明试验钢冲击断裂为准解理脆性断裂。

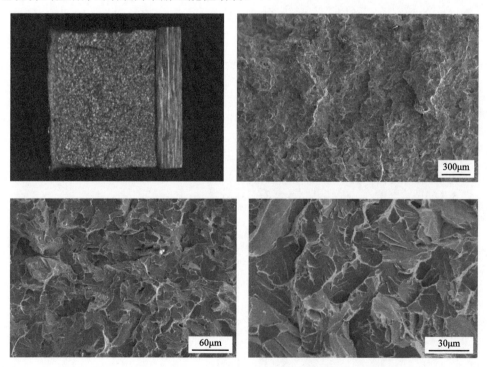

图 3.4.13　试验钢冲击试样断口形貌

在试验钢的 SEM 断口观察时，发现断口中有大量夹杂物，其形貌和种类与试验钢显微组织分析中发现的夹杂物基本一致，主要是 Al_2O_3 复合夹杂和 MnS 夹杂，如图 3.4.14 所示。由此可认为，钢中的夹杂物可能是导致试验钢低温冲击韧性性能不合格的原因之一。

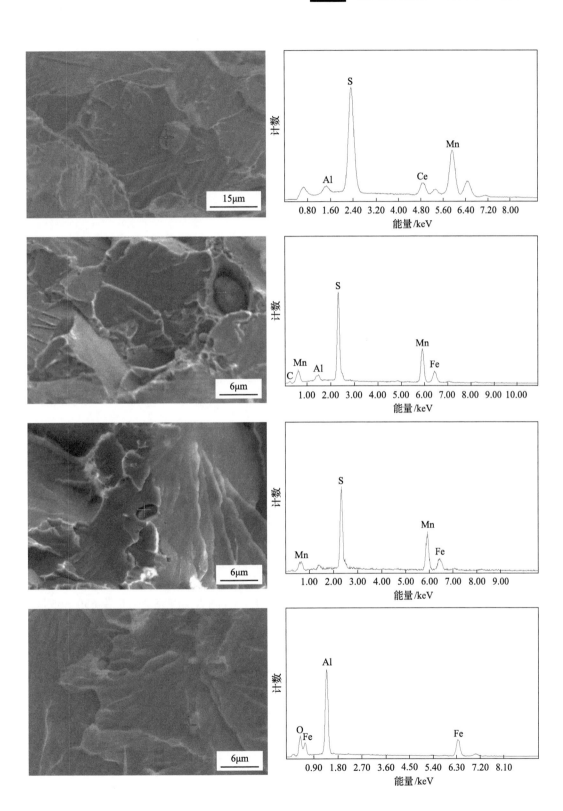

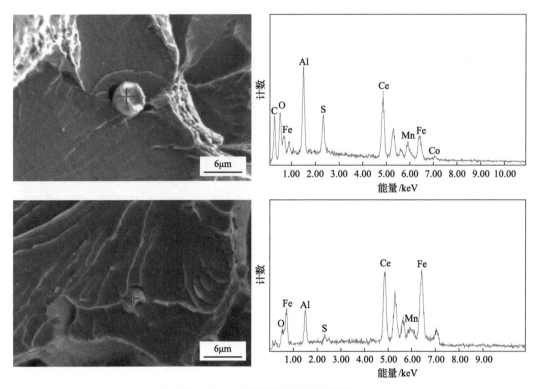

图 3.4.14　试验钢断口处的夹杂物

4. 热处理工艺及性能优化小结

通过对预备热处理、性能热处理和模拟焊后消应热处理工艺进行优化，现已获得较好力学性能的几炉试验钢，热处理工艺及性能的优化结果小结如下：

(1)预备热处理中，两次正火预处理工艺：920℃×5h AC+900℃×5h AC+640℃×8h AC 试验钢力学性能较好，最简单，成本低，锻件晶粒度也较小，为较优的预处理工艺。

(2)性能热处理中，根据 SA508Gr3Cl2 钢的临界点和 CCT 曲线测试选择淬火温度为 870℃。根据试验结果，回火温度为 635～650℃时两条路线试验钢的力学性能较好地满足协议要求，并且富裕量较大。因此，在成分合适的情况下，回火温度完全可定为 630～655℃。

(3) 根据模拟焊后消除应力热处理的研究结果，退火温度为 600℃、保温时间为 20℃性能最佳，但考虑到工业大锻件的焊接时间，最终选择热处理工艺为，在 410℃装炉，以 50℃/h 升温到 610℃保温 48h 后，再以 50℃/h 缓冷至 410℃，然后出炉空冷。

3.5　采用 Thermo Calc 软件计算平衡态相

Thermo Calc 热力学计算软件系统是由瑞典皇家技术学院物理冶金处（Division of Physical Metallurgy，Royal Institute of Technology）研究开发的一套实用合金数据库计算系统。英、美、法、瑞典等国家非专业热力学计算的材料工作者都利用它来进行热力学计算。作为材料研究的手段，它从热力学角度，通过计算系统吉布斯自由能的最小值来预测材料中可能存在的热力学平衡相，同时可以计算各个平衡相随温度的变化情况和平衡相的组成成分。利用 Thermo Calc 软件进行计算，和常规的利用试验测定相图的方法相比，既便捷、迅速，又可以获得很多关于相图和平衡相的详细信息[6,7]。

3.5.1　热力学计算试验材料

本书中的热力学计算，首先设定了能体现各相对应的 Gibbs 自由能的溶液模型，并将修订的参数用于计算的 CALPHAD 法作为基础。本书中将 SA508Gr3Cl2 钢定为 Fe-C-Mn-P-S-Si-Ni-Cr-Mo-Al 的十元合金系。各相的模型用 Hillert 等亚点阵模型来定义，热力学计算是用基于最小吉布斯自由能标准的 Thermo Calc 程序计算得出。计算时参照状态为 0℃和 10^5Pa，温度为摄氏温度。合金系的各组元按质量分数输入，数据库为 TCFE3。在已完成的工作基础上，选取计算用 SA508Gr3 钢的成分见表 3.5.1，利用 Thermo Calc 软件计算 SA508Gr3 钢中可能存在的平衡相、平衡相的质量分数和平衡相的析出、溶解温度等。

表 3.5.1　试验钢化学成分　　　　　　（单位：%（质量分数））

元素	C	Si	Mn	P	S	Ni	Cr	Mo	Al
30#	0.19	0.040	1.40	0.0020	0.0020	0.94	0.21	0.50	0.020
38#	0.24	0.019	1.47	0.0030	0.0020	0.79	0.21	0.50	0.024
36#	0.21	0.15	1.42	0.0040	0.0037	0.88	0.20	0.52	0.039
31-1#	0.22	0.23	1.48	0.0052	0.003	0.81	0.16	0.51	0.026
ASME SA508Gr3	≤0.25	0.15～0.4	1.2～1.5	≤0.025	≤0.025	0.4～1.0	≤0.25	0.45～0.6	≤0.025

3.5.2　热力学计算结果与讨论

根据各炉钢的成分，分别计算四炉钢平衡态时的析出相、析出温度及各相的摩尔分数。表 3.5.2 为四种试验钢平衡态时各种析出相可能存在的温度区间，从计算结果看，合金成分的微量变化对析出相的析出温度区间影响不大，基本上在 10℃以内。表 3.5.3 列出了四炉钢各种析出相的最大摩尔分数及四炉钢平衡态时的 A_3 温度。通过比较 A_3 温度的变化可知，C 含量升高使得 A_3 温度降低 10℃左右。由表 3.5.2 和表 3.5.3 可以看出，添加 Si 的 36#和 31-1#试验钢中析出相的析出量有所增多。因此，通过加入少量的 Si 可以提高钢的第二相析出，提高钢的强度。

表 3.5.2　各析出相可能存在的温度范围　　　　　　（单位：℃）

析出相	合金渗碳体	M_7C_3	MC 相	KSI 碳化物	平衡态的 A_3
30#	537～681	～591	～633	634～727	785
38#	～690	～572	～635	634～727	776
36#	519～689	～579	～638	636～728	786
31-1#	～689	～561	～645	645～737	786

表 3.5.3   各析出相的最大含量　　　　　　（单位：%(摩尔分数)）

析出相	合金渗碳体	M_7C_3	MC 相	KSI 碳化物
30#	2.650	2.450	0.245	0.992
38#	2.645	2.465	0.463	0.983
36#	2.962	2.703	0.505	1.032
31-1#	3.181	2.874	0.514	0.966

所有四炉试验钢通过计算发现平衡态的析出相为合金渗碳体$(FeCrMn)_3C$、M_7C_3、MC 相、KSI 碳化物。为了解各析出相的化学成分，利用软件对钢中的各析出相进行成分分析。结果表明，三炉钢析出相的化学成分基本相同，其中 31-1#的合金渗碳体$(FeCrMn)_3C$，在析出温度范围内随着温度的增加，Fe 含量增大，Mn 含量减小，Cr 含量基本不变；M_7C_3 中主要合金元素是 Mn、Fe、Mo、Cr；MC 相是 MoC；KSI 碳化物是$(Fe_{2.08}Mo_{0.8}Cr_{0.12})C$，金属原子与碳原子物质的量之比为 3∶1，因此该碳化物也是合金渗碳体，只是合金元素与合金渗碳体有些差别。

由表 3.5.2 和表 3.5.3 可以看出，四炉试样钢的平衡析出相种类相同，均有合金渗碳体、KSI 碳化物、M_7C_3 和 MC 析出相，钢中的主要析出相为合金渗碳体和 KSI 碳化物，即以合金渗碳体为主。随着 C、Si 含量增加，析出相的量有增多趋势。SA508Gr3 钢在调质处理中需要在高温回火过程中析出一定的第二相来提高钢的塑韧性和综合力学性能。根据计算结果，四种析出相的析出温度区间为 590～720℃，因此 SA508Gr3 钢回火时选择此温度区间析出相能较好地析出，具体的温度应根据强度、韧性要求来确定。

研究表明，SA508Gr3 钢回火时析出 Mo 的碳化物会引起韧性下降原因是 Mo 的析出促使 P、Sn、As 等杂质元素向晶界偏聚。因此，回火时要采取措施尽量抑制 Mo 的碳化物析出和长大。本次计算的四种试验钢未见有 Mo_2C 的 HCPA3#2 相析出。

3.5.3 热力学计算验证

为了与 Thermo Calc 计算结果进行对比研究，选取 30#、31-1#试验钢进行微观组织观察。试验钢经锻造退火后，进行预备热处理和性能热处理，具体热处理工艺如下：

预备热处理：920℃×5h+900℃×5h+640℃×8h AC。

性能热处理：870℃×5h(冷速 60℃/min)300℃ AC+640℃×8h AC。

观察基体组织和析出相，将试样抛光至 50μm 以下，冲压成 $\varPhi$3mm 的 TEM 样品进行双喷减薄。利用 H800 TEM 进行观察。图 3.5.1 为 30#和 31-1#试验钢的微观组织。可以看出，钢中大多为渗碳体析出相，30#钢中的渗碳体颗粒尺寸较大，31-1#钢中渗碳体颗粒尺寸较小。

经过 Thermo Calc 计算可知，SA508Gr3 钢平衡态主要析出相为合金渗碳体、M_7C_3 及 Mo 的碳化物。在无 Si 试验钢中，随着 C 含量增加 A_3 温度下降，但析出相变化不大；而在加 Si 试验钢中，随着 C、Si 含量增加析出相总量增加。TEM 观察表明，组织中析出相主要为合金渗碳体。

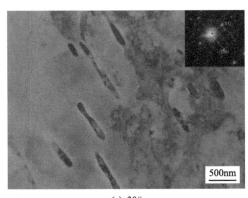

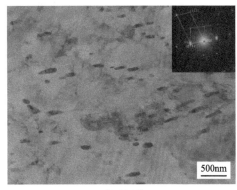

(a) 30#   (b) 31-1#

图 3.5.1 试验钢中的渗碳体的微观组织

参 考 文 献

[1] 林诚格, 郁祖盛. 非能动安全先进核电厂 AP1000[M]. 北京: 原子能出版社, 2008.

[2] 刘庄, 吴肇基, 吴景之, 等. 热处理过程的数值模拟[M]. 北京: 科学出版社, 1996.

[3] 顾剑锋, 潘健生, 胡明娟. 淬火过程计算机模拟及其应用[J]. 金属热处理, 2000, 25 (5): 35-38.

[4] 李权, 刘正东, 唐广波, 等. 蒸发器大锻件淬火温度场有限元模拟研究报告[R]. 北京: 钢铁研究总院, 2010.

[5] 陈健. 大锻件的冷却曲线及淬透性的计算方法[J]. 大型铸锻件, 1984, 20 (2): 1-15.

[6] 乔芝郁, 许志宏, 刘洪霖. 冶金和材料计算物理化学[M]. 北京: 冶金工业出版社, 1999.

[7] Lukas H L, Weiss J, Henig E Th. Strategies for the calculation of phase diagrams[J]. CALPHAD, 1982, (3): 137-161.

第4章
主管道用 316LN 控氮不锈钢

4.1 引　言

压力容器和蒸汽发生器之间的连接管称为主管道，运行期间工况恶劣。除一回路系统高温、高压、高流速纯水腐蚀外，它还承受大的负载和低周、高频疲劳所引起的机械损伤。作为如此重要的核一级部件，在选材上应十分慎重。各国由于工业技术水平不同，在选用具体钢号上有所差别，除小部分采用低合金钢和复合管之外，绝大多数主管道都选用耐晶间腐蚀、抗疲劳性能优良和焊接性能好的铬-镍奥氏体不锈钢。

第一类为标准型 304 和 316 奥氏体不锈钢，此类钢的强度水平可满足 ASME 规范要求，但由于碳含量过高，大截面焊后易遭受晶间腐蚀，这是导致主管道晶间型应力腐蚀破裂的主要诱发因素。第二类为稳定型奥氏体不锈钢，如 321、347。稳定型奥氏体不锈钢尽管强度水平可以达到 ASME 规范要求，但焊接性不如 304、316，加之 TiN、NbN 的存在，给后期加工带来困难。第三类为超低碳型 304L、316L 不锈钢，304L 和 316L 耐晶间腐蚀性、焊接性能、加工性能均很优异，但最大的不足是强度水平稍低，不能满足 ASME 规范要求。第四类为控氮型奥氏体不锈钢，如法国 RCC-M 标准中的 2CND18-12、ASME 标准中的 316LN。

小型压水堆均采用变形管(锻造、挤压或热轧)，主管道系统由直管、弯头和三通等采用焊接方法连接构成。随着核电站的大型化，原有设备能力不能满足大尺寸主管道的制造，法国的第二代核电站采用离心铸造直管、砂型铸造三通和弯头，为了提高核电站安全性，减少大剖口焊缝数量，第三代核电站 AP1000 采用整体锻造的 316LN 主管道。

第三代核电站采用的整体锻造 316LN 主管道在选材、结构形式和制造方式上与以前的主管道相比均有非常大的改变。第一是 316LN 含有较高的氮含量(0.10%～0.16%)，虽然其强度比较容易满足技术规范的要求，但是材料的热加工性能降低；第二是钢锭重量增加，铸锭的偏析加重，冶金质量控制难度加大；第三是形状复杂，制造工艺难度变大。上述因素导致产品在热加工时容易开裂，容易出现混晶和粗晶，不同部位之间的组织和性能均匀性差。因此对主管道用 316LN 应调控热成型工艺从而解决其大型铸锭锻造开裂问题。

4.2　316LN 钢热变形行为的研究

316LN 钢核电锻件体积大，要求材料组织性能均匀。但 316LN 不锈钢为奥氏体型，很难通过热处理来细化晶粒。而且 316LN 不锈钢中合金元素种类多、含量高，热加工工艺性能相对较差，组织性能控制困难。因此，316LN 奥氏体不锈钢管道热加工过程的组织控制特别关键，研究 316LN 钢的热变形行为对热加工工艺的优化具有重要的指导意义。

试验材料为 316LN 钢。将试验材料加工成尺寸为 $\Phi 8mm \times 15mm$ 的圆柱形热模拟压缩试样，在 Gleeble-3500 热模拟试验机上进行热压缩试验。试样以 10℃/s 的速度从室温加热到 1250℃，保温 10min 后，以 10℃/s 的速度分别冷却到 900℃、1000℃、1100℃和 1200℃，保温 5s 后再分别以 $0.01s^{-1}$、$0.1s^{-1}$、$1s^{-1}$ 和 $10s^{-1}$ 的应变速率变形至真应变 1.2，然后立即水冷。用王水对试样进行腐蚀并进行微观组织观察。

4.2.1 316LN 钢的高温流变行为

316LN 钢在 900～1200℃和 0.01～$10s^{-1}$ 条件下的流变曲线如图 4.2.1 所示。从图中可以看出，当应变速率相同时，不同变形温度条件下的流变曲线都有共同的特征，即随着变形温度的升高，流变曲线开始阶段的加工硬化率减小，加工硬化程度减小，整个变形过程的变形抗力也越来越小。应变速率为 $0.01s^{-1}$ 时(图 4.2.1(a))，变形温度为 900℃和

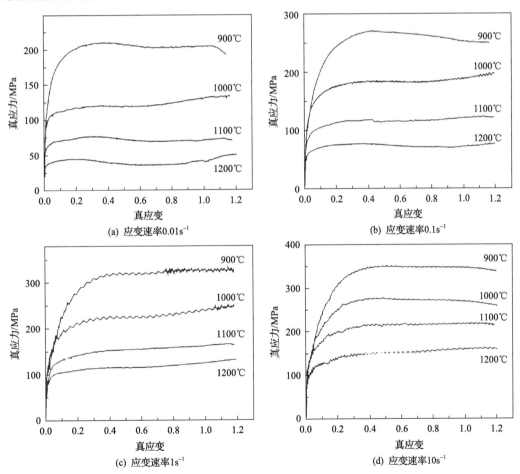

图 4.2.1 316LN 钢不同应变速率下的流变曲线

1000℃的两条流变曲线间的平均应力差值接近 100MPa，而温度较高的流变曲线之间（1100℃和 1200℃）该差值减小，已不足 50MPa。这种现象在应变速率为 $0.1s^{-1}$ 和 $1s^{-1}$ 时也被观察到（图 4.2.1(b)和(c)），但当应变速率增大到 $10s^{-1}$ 时（图 4.2.1(d)），便不太明显。

另外，变形温度越高，316LN 不锈钢越容易发生动态软化，即峰值应变就越小，且发生动态软化的速率越快，软化程度也越大。在发生动态软化的情况下，变形温度越高，越容易发生完全动态再结晶，即稳态应力出现越早。原因是变形温度升高，热激活作用增强，原子间临界切应力减小。仔细观察图 4.2.1(a)还可以发现，变形温度为 900℃和1100℃的流变曲线都出现了稳态应力，而变形温度处在两者之间的流变曲线（1000℃）的稳态应力平台特征不甚明显。

可以看出，变形温度相同时，应变速率越大，其加工硬化率越大，相应的峰值应力也越大。这是因为变形温度相同时，应变速率越大，塑性变形时实施单位应变的变形时间越短，产生运动的位错数量越多，同时因动态回复、动态再结晶提供的软化过程时间缩短，塑性变形进行不充分，从而使合金变形的临界切应力提高，导致流变应力增大。对图 4.2.1 进行分析后不难发现，应变速率的大小对 316LN 钢加工硬化率、峰值应变、变形抗力、动态软化率、动态软化程度以及完全动态再结晶发生难易的影响与变形温度对其影响的规律大致相反。

根据流变曲线数据得到 316LN 钢在 900~1200℃和 0.01~$10s^{-1}$ 变形时的峰值应变 ε_p 及峰值应力 σ_p 见表 4.2.1。

表 4.2.1　316LN 钢在不同变形条件下的峰值应力 σ_p 及峰值应变 ε_p

变形温度/℃	$(\sigma_p/MPa)/\varepsilon_p$			
	$0.01s^{-1}$	$0.1s^{-1}$	$1s^{-1}$	$10s^{-1}$
900	151/0.41	217/0.44	276.3/0.43	351/0.45
1000	117/0.38	154/0.38	226.3/0.40	321/0.43
1100	77/0.35	118/0.40	183.9/0.35	270/0.41
1200	46/0.19	78/0.30	120/0.27	210/0.36

可以看出，变形温度相同时，随着应变速率的增加，峰值应变及峰值应力也逐渐增大；应变速率相同时，随着变形温度的提高，峰值应变及峰值应力逐渐减小。

表 4.2.2 给出了不同变形条件下（变形量、变形温度、应变速率）316LN 钢的变形抗力，热加工图的建立以及锻造工艺的制订都是基于这些数据。图 4.2.2 为 316LN 钢在不同温度下的应变速率敏感指数(m)与真应变的关系曲线。从图中可以看出，900℃时 m处于 0.04~0.08。随着变形温度升高，m 值也逐渐升高，在 1200℃达到 0.16~0.21。在各个温度下，m 都随应变的变化而变化，但幅度不大，这说明变形机制没有发生显著变化。

表 4.2.2　316LN 钢在不同变形条件下的变形抗力

应变量	应变速率/s⁻¹	不同变形温度下的变形抗力/MPa			
		900℃	1000℃	1100℃	1200℃
0.6	0.01	204	120	71	37
	0.1	266	183	116	72
	1	320	226	157	117
	10	350	273	217	151
1.2	0.01	205	135	73	50
	0.1	250	197	122	77
	1	328	248	167	133
	10	339	260	217	162

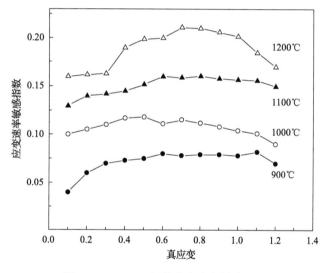

图 4.2.2　316LN 钢的应变速率敏感指数

4.2.2　316LN 钢的热变形方程

316LN 钢在 900～1200℃及 0.01～10s⁻¹ 变形条件下的热变形方程为

$$\dot{\varepsilon} = 9.56 \times 10^{16} [\sinh(0.006\sigma)]^{6.088} \exp\left(-\frac{451000}{8.314T}\right) \tag{4.2.1}$$

计算得出 316LN 钢在不同变形温度及变形速率条件下的 Zener-Hollomon 指数(Z 指数)的值，见表 4.2.3。

结合表 4.2.3 中的试验数据，可得到 $\ln Z$ 与 σ_p 的关系及拟合后的曲线，如图 4.2.3 所示。

显然，在本书条件下，$\ln Z$ 与 σ_p 呈线性关系(相关系数为 0.93)。由拟合曲线可得 316LN 钢峰值应力与 $\ln Z$ 的关系如下：

$$\sigma_p = 18.8\ln Z - 572.9 \tag{4.2.2}$$

表 4.2.3　不同变形温度及变形速率条件下 316LN 钢的 Z 值

变形温度/℃	Z 值			
	$0.01s^{-1}$	$0.1s^{-1}$	$1s^{-1}$	$10s^{-1}$
900	1.38×10^{18}	1.38×10^{19}	1.38×10^{20}	1.38×10^{21}
1000	3.60×10^{16}	3.60×10^{17}	3.60×10^{18}	3.60×10^{19}
1100	1.60×10^{15}	1.60×10^{16}	1.60×10^{17}	1.60×10^{18}
1200	1.09×10^{14}	1.09×10^{15}	1.09×10^{16}	1.09×10^{15}

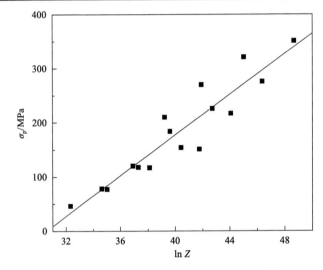

图 4.2.3　316LN 钢峰值应力 σ_p 与 lnZ 关系曲线

进一步得到 316LN 钢动态再结晶临界应力 σ_c 与 lnZ 间的关系曲线如图 4.2.4 所示。通过拟合可得出两者的关系式如下：

$$\sigma_c=19.8lnZ-642 \tag{4.2.3}$$

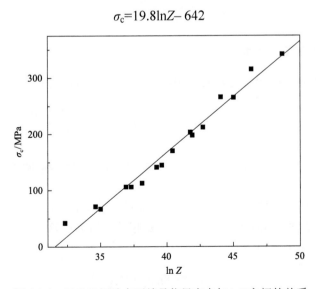

图 4.2.4　316LN 钢动态再结晶临界应力与 lnZ 之间的关系

当 Z 超过某一临界值 Z_c 时,材料将不会有动态再结晶发生。316LN 钢动态再结晶开始的临界应变 ε_c 可根据图 4.2.5 和图 4.2.1 求得,而对于动态再结晶完全发生时的应变 ε_f,则根据图 4.2.1 并结合金相组织观察来判断。用这种方法获得的 316LN 钢在不同温度 T、变形速率 $\dot{\varepsilon}$ 及不同变形量 ε 的动态组织状态图如图 4.2.5 所示。其中,不同热变形条件下奥氏体所处的状态已经标定出来。

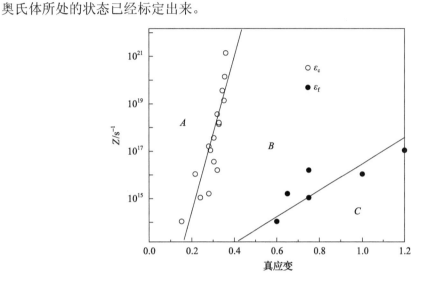

图 4.2.5　316LN 钢的动态组织状态图
A:加工硬化区;*B*:部分再结晶区;*C*:完全再结晶区

从图 4.2.5 可以看出,*A* 区为加工硬化区,即此时 316LN 钢还未发生动态再结晶,基体处在加工硬化态;*B* 区为部分动态再结晶区,*C* 区为完全动态再结晶区。在真应变为 1.2 的范围内,变形条件为 1200℃及 10s^{-1} 时,316LN 钢发生完全动态再结晶的临界 Z 值为 1.09×10^{17},且 Z 值越小动态再结晶越容易发生,Z 值越大,动态再结晶发生就越困难。此外,从图 4.2.5 中还可以看到,发生完全动态再结晶所需要的临界应变与 Z 参数也有类似的规律,即完全动态再结晶的发生所需要的临界应变越小,动态再结晶越容易发生。

4.3　316LN 钢流变失稳机理

下面对 316LN 钢在不同变形温度和应变速率下的再结晶组织进行观察,分析并揭示 316LN 钢热变形流变失稳机理。

4.3.1　变形温度对显微组织的影响

316LN 钢在 1250℃保温 10min 后的晶粒尺寸约为 110μm,以 0.01s^{-1} 的应变速率在 900~1200℃、真应变为 1.2 时的水冷组织如图 4.3.1 所示。

(a) 900℃   (b) 1000℃

(c) 1100℃   (d) 1200℃

图 4.3.1　316LN 钢以 0.01s^{-1} 在不同温度变形后的显微组织

图 4.3.1(a) 中，原始奥氏体晶粒由于变形而被压扁，在晶界附近出现了大量细小的再结晶晶粒，这种组织称为项链组织。在其他材料中，如 18Mn18Cr0.5N 钢、Mg 合金和 Ni3Al 中也都曾观察到，这种组织很容易造成混晶。对于 Ni3Al，由于项链再结晶晶粒尺寸非常细小，以至于在这些细小晶粒区域能够发生超塑性变形，这个过程主要靠晶界滑动变形来实现。但对于 316LN 钢，900℃ 变形时的 m 很低（远远小于 0.5）且变化不大，说明虽然 316LN 钢中出现了尺寸只有几微米的再结晶晶粒，但并没有发生超塑性变形。图 4.3.1(b) 为 1000℃ 变形后的组织。可以看到，再结晶体积分数和晶粒尺寸都比图 4.3.1(a) 中的大，项链结构的特征减弱，属于典型的动态再结晶组织。当温度升高到 1100℃ 时，316LN 钢中已经发生了完全动态再结晶，晶粒大小均匀，晶界有一定曲率，局部还出现了退火孪晶。图 4.3.1(d) 中再结晶晶粒已经非常大，粒径达到 37μm，且晶界平直。

4.3.2　应变速率对显微组织的影响

图 4.3.2 给出了 316LN 钢以不同的应变速率在 1000℃ 变形后的水冷组织形貌。可以看出，应变速率为 1s^{-1} 时的晶粒尺寸较 0.1s^{-1} 时的更小（图 4.3.2(a) 和 (b)）。当应变速率增大到 1s^{-1} 时，晶粒尺寸已经细化到 3μm 左右，并且项链再结晶特征更加明显。显然，在 1000℃ 变形，应变速率为 0.1s^{-1} 时的再结晶方式介于项链和经典动态再结晶之间。

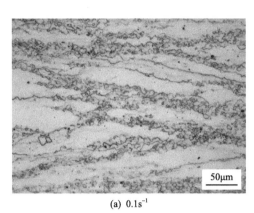 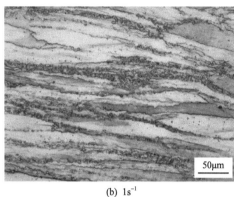

(a) $0.1s^{-1}$ (b) $1s^{-1}$

图 4.3.2 316LN 钢在 1000℃变形后的显微组织

4.3.3 动态再结晶晶粒尺寸与热变形条件间的定量关系

动态再结晶晶粒的尺寸与参数 Z 和与材料有关的常数 A 有关。对不同变形条件下 316LN 钢的动态再结晶晶粒尺寸(D)用截线法进行测量统计后，可得到 $\ln D$ 和 $\ln(Z/A)$ 间的关系(图 4.3.3)。

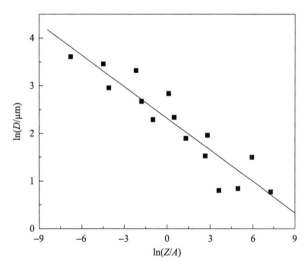

图 4.3.3 316LN 钢动态再结晶晶粒尺寸与参数 Z 和 A 间的关系

对图 4.3.3 中各数据点拟合处理后得到 316LN 钢的 D 与参数 Z 和 A 间的关系式:

$$D = 2.32 \times (Z/A)^{-0.22} \tag{4.3.1}$$

4.3.4 热加工图

金属材料在热变形过程中，热变形应变速率敏感指数 m 表征了材料在热变形过程中的软化程度，即软化过程的贡献越大，m 值越大。m 值随流变应力的升高及应变速率的降低而增大。

在一定应变量及温度下，流变应力与应变速率的关系为

$$\ln\sigma = a + b\ln\dot\varepsilon + c(\ln\dot\varepsilon)^2 \tag{4.3.2}$$

式中，a、b 和 c 为常数。对于该试验条件下的 316LN 钢，经回归分析得到的 a、b 和 c 值见表 4.3.1。由式 (4.3.2) 可得

$$m = b + 2c\ln\dot\varepsilon \tag{4.3.3}$$

表 4.3.1　316LN 钢式 (4.3.2) 中的常数

应变量	常数	不同变形温度下的常数值			
		900℃	1000℃	1100℃	1200℃
0.6	a	2.50419	2.36641	2.20953	2.06492
	b	0.05927	0.09096	0.14054	0.15973
	c	−0.01908	−0.0253	−0.01816	−0.04458
1.2	a	2.49557	2.39215	2.23233	2.09362
	b	0.05936	0.05949	0.12825	0.15144
	c	−0.01797	−0.0359	−0.02732	−0.02546

对于 316LN 钢，不同应变量、应变速率及温度条件下的应变速率敏感指数见表 4.3.2。

表 4.3.2　不同变形条件下 316LN 钢的应变速率敏感指数 m

应变量	应变速率/s^{-1}	不同变形温度下的 m 值			
		900℃	1000℃	1100℃	1200℃
0.6	0.01	0.13559	0.19216	0.21318	0.33805
	0.1	0.09743	0.14156	0.17686	0.24889
	1	0.05927	0.09096	0.14054	0.15973
	10	0.02111	0.04036	0.10422	0.07057
1.2	0.01	0.13124	0.20309	0.23753	0.25328
	0.1	0.0953	0.13129	0.18289	0.20236
	1	0.05936	0.05949	0.12825	0.15144
	10	0.02342	0.00426	0.07361	0.10052

对于非线性消耗过程，能量消耗效率 η 可表示为

$$\eta = \frac{J}{J_{\max}} = \frac{2m}{m+1} \tag{4.3.4}$$

当应变不变时，能量消耗效率 η 取决于热加工温度 T 及应变速率 $\dot\varepsilon$。在该试验条件下，在不同温度及应变速率下 316LN 钢的能量消耗效率列于表 4.3.3。

表 4.3.3 不同变形条件下 316LN 钢的能量消耗效率 η

应变量	应变速率/s^{-1}	不同变形温度下的 η			
		900℃	1000℃	1100℃	1200℃
0.6	0.01	0.2388	0.32237	0.35144	0.50529
	0.1	0.17756	0.24801	0.30056	0.39858
	1	0.11191	0.16675	0.24644	0.27546
	10	0.04135	0.07759	0.18877	0.13184
1.2	0.01	0.23203	0.33761	0.38388	0.40419
	0.1	0.17402	0.23211	0.30923	0.3366
	1	0.11207	0.1123	0.22734	0.26304
	10	0.04577	0.0757	0.13713	0.18268

对于 316LN 钢，流变失稳判据采用式 (4.3.3)。将功率耗散图和流变失稳图叠加在一起就可得到 316LN 钢的热加工图。在真应变分别为 0.6 和 1.2 条件下，316LN 钢的热加工图如图 4.3.4 所示，图中等值线上的数值代表对应变形条件下的功率耗散率，阴影区域代表流变失稳区。

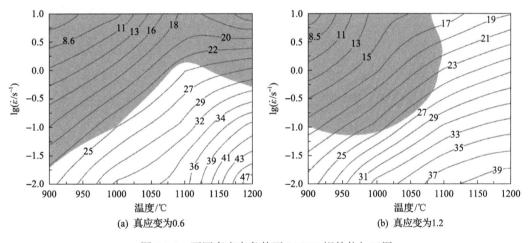

图 4.3.4 不同真应变条件下 316LN 钢的热加工图

(a) 真应变为0.6   (b) 真应变为1.2

显然，在不同真应变量时，316LN 钢的功率耗散情况类似，均随着温度的升高和应变速率的降低而升高，即随着 Z 参数的减小而增大。当真应变为 0.6，变形条件为 1200℃和 0.01s^{-1} 时达到最大值 47% (图 4.3.4(a))。流变失稳区都处在 Z 参数较大的区域，但真应变为 1.2 时，流变失稳区范围较真应变为 0.6 时小。

4.3.5 流变失稳机制与典型组织特征

图 4.3.5 给出了 316LN 钢分别在 900℃和 1000℃时应变速率为 10s^{-1} 的变形条件下对应的流变失稳区的显微组织形貌。可以看出，在 900℃变形时，晶粒被严重压扁，晶界扭折严重，且在一些晶粒内出现了大量的滑移线。在其他很少存在滑移线晶粒的晶界附近，存在很窄的变形带，变形带内几乎没有再结晶晶粒。

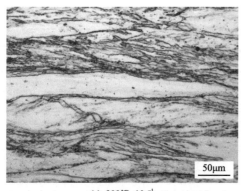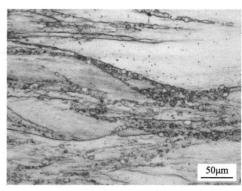

(a) 900℃, 10s⁻¹   (b) 1000℃, 10s⁻¹

图 4.3.5　316LN 钢流变失稳区的典型组织

从图 4.3.5(b)($1000℃$,$10s^{-1}$)可以看出，滑移线的数量明显减少。在晶界附近的变形带内(尤其是三叉晶界区域)出现了新的细小的再结晶晶粒。图 4.3.5(a)和(b)的共同特征是，都存在沿晶界的局部流变，这是一种流变失稳机制，而项链再结晶的出现也意味着晶界附近发生了局部流变，但前者处在稳定区，后者处在失稳区。这是由应变梯度不同造成的，借此也可以解释 316LN 钢的流变失稳区的范围随着应变增大而减小的原因。

SEM 分析结果表明，变形条件为 900℃ 和 $10s^{-1}$ 的试样局部位置出现了少量的微裂纹，并且大都集中在晶界上，但在其他试样中没有观察到微裂纹的存在(图 4.3.6)。因此，低温高应变速率区流变失稳的出现可能是裂纹的作用。

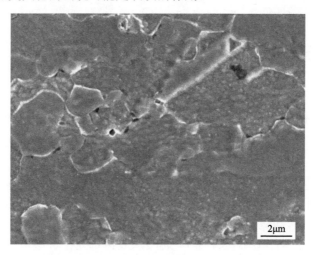

图 4.3.6　真应变为 1.2 时 316LN 钢试样中的微裂纹(900℃，$10s^{-1}$)

4.4　316LN 钢亚动态再结晶行为

316LN 钢在热变形间隙以及变形后的停留阶段，其热变形组织还会发生变化。因此，对 316LN 钢在热变形后的再结晶行为进行研究。试验材料与动态再结晶行为研究相同。

在 Gleeble 3500 热模拟试验机上进行双道次压缩，应变速率为 0.1s⁻¹，第一道次的真应变为 0.3，两个道次间的等温时间为 0.5～1200s，第二道次压缩至真应变 0.6。用线切割方法将水冷试样沿轴向剖开，研磨、抛光后用王水腐蚀 10～30s，观察显微组织。

4.4.1　双道次压缩流变曲线

316LN 不锈钢在 900℃和 1100℃双道次压缩的流变曲线如图 4.4.1 所示。从图中可以看出，第一道次压缩后的等温时间越长，第二道次压缩时的屈服应力就越低，即软化程度就越大，并且变形温度越高，软化速度也越快。这里的软化机制主要包括亚动态再结晶和静态再结晶，统称变形后再结晶。

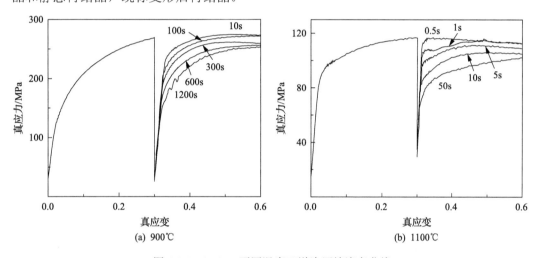

图 4.4.1　316LN 不同温度双道次压缩流变曲线

第一道次压缩后，经不同时间等温后的软化分数 X（或称再结晶体积分数）可用补偿法确定，如式(4.4.1)所示：

$$X = (\sigma_2 - \sigma_3) / (\sigma_2 - \sigma_1) \tag{4.4.1}$$

式中，σ_1 是第一道次压缩时的屈服应力；σ_2 是第一道次结束时的应力；σ_3 是第二道次压缩时的屈服应力。316LN 不锈钢在不同温度变形 0.3 再等温不同时间后的软化分数如图 4.4.2 所示。显然，在温度高于 1000℃时，316LN 不锈钢变形后的软化曲线大体呈 S 形。但是在 900℃，软化曲线出现了一个明显的平台，即在一定时间内 316LN 不锈钢几乎没有发生软化。这可能与 316LN 钢中 Cr_2N 的析出有关，平台的开始和结束通常对应析出的开始和结束。

4.4.2　热变形后再结晶的模型

图 4.4.2 中的 S 形软化曲线，意味着可以将其拟合成 Avrami 方程，形式如下：

$$X = 1 - \exp[-0.693(t / t_{0.5})^n] \tag{4.4.2}$$

式中，t 是等温时间；$t_{0.5}$ 是软化分数达到 0.5 时对应的时间；n 为 Avrami 指数。n 可通过作 $\ln(\ln[1/(1-X)])$ 与 $\ln t$ 的关系图，然后拟合直线并求平均斜率获得。在 1000～1200℃时，n 的平均值为 0.68，即 316LN 不锈钢在 1000～1200℃的后动态再结晶动力学方程为

$$X = 1 - \exp[-0.693(t/t_{0.5})^{0.68}] \tag{4.4.3}$$

可获得 316LN 不锈钢在 1000～1200℃变形后的再结晶激活能 Q_{rex} 为 129kJ/mol，略低于 316 不锈钢的静态再结晶激活能（137kJ/mol）和亚动态再结晶激活能（155kJ/mol）。

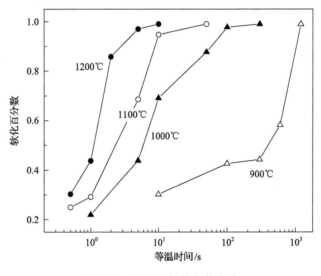

图 4.4.2　316LN 钢的软化曲线

4.5　元素对 316LN 钢热成型性的影响

作为核电工业核心部件的制造材料，316LN 钢及以其为基础发展起来的含 Nb 微合金化 316LN 钢具有优异的使用性能。如何在成分允许的范围内，通过调整材料的元素含量达到组织和性能控制的目的，同样具有重要的理论和现实意义。采用物理模拟、EBSD 和拉伸试验等方法，研究 Nb 添加及 N 含量变化对 316LN 钢热加工性能和力学性能的影响，为优化 316LN 的成分提供依据。

三种试验材料的成分见表 4.5.1～表 4.5.3。

表 4.5.1　Nb 微合金化 316LN 钢的化学成分

（单位：%（质量分数））

元素	C	Cr	Ni	N	Nb
含量	0.023	16.61	11.54	0.16	0.051
元素	Mo	Si	Mn	S	Fe
含量	2.16	0.61	1.81	0.020	余量

表 4.5.2　低 N 含量 316LN 钢的化学成分　　（单位：%（质量分数））

元素	C	Cr	Ni	N	Mo
含量	0.017	16.93	12.28	0.08	2.70
元素	Si	Mn	S	Fe	
含量	0.63	1.76	0.020	余量	

表 4.5.3　高 N 含量 316LN 钢的化学成分　　（单位：%（质量分数））

元素	C	Cr	Ni	N	Mo
含量	0.023	16.61	11.54	0.17	2.81
元素	Si	Mn	S	Fe	
含量	0.60	1.85	0.020	余量	

不同 N 含量 316LN 钢 1000℃热轧 50%后，在 1100℃等温不同时间，以获得相同的晶粒尺寸。然后分别在 1000℃、1100℃和 1200℃以 0.1s^{-1} 压缩变形至真应变 0.8，水冷后进行显微组织观察。采用日立 S3400 型 SEM 自带的 EBSD 系统进行分析。

4.5.1　Nb 添加对 316LN 钢动态再结晶行为的影响

Nb 微合金化 316LN 钢在 900℃以 10s^{-1} 变形，变形后的微观结构如图 4.5.1 所示，

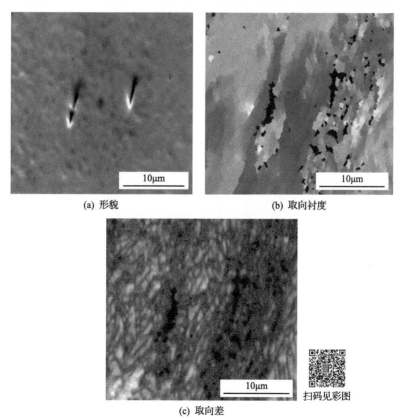

(a) 形貌　　(b) 取向衬度

(c) 取向差

扫码见彩图

图 4.5.1　Nb 微合金化 316LN 钢在 900℃以 10s^{-1} 变形后的微观结构

图(a)、(b)、(c)为同一视场。图 4.5.1(a)中的两个长条形凹坑为电解抛光时析出相脱落留下的。图 4.5.1(b)为取向衬度图，颜色相近的区域取向相近，反之则相反，即颜色变化越剧烈，应变梯度就越大。显然，从图 4.5.1(b)中可以看出，热变形时，两个析出相颗粒周围的应变梯度要远远大于其他区域。大应变梯度是有利于再结晶的。

图 4.5.1(c)为不同区域的取向差，绿色线为小于 5°，红色线为大于 5°且小于 15°，黑色线为>15°(大角晶界)。显然，在析出相颗粒周围已经出现了大角晶界，而其他区域还都是小角晶界。图 4.5.1(c)直接证明了，在 Nb 微合金化 316LN 钢中，大尺寸的析出相可以促进动态再结晶的形核。

Nb 微合金化 316LN 钢在 900℃以 $0.1s^{-1}$ 变形，变形后的微观结构如图 4.5.2 所示，图 4.5.2(a)、(b)、(c)为同一视场。图中的 3 个析出相颗粒，重点分析最上端的。从图 4.5.2(b)和(c)中可知，最上端析出相颗粒所处位置已经发生动态再结晶，应变梯度非常小。在相同的变形条件下，各个动态再结晶晶核的长大速率基本是相同的。因此，未发生完全动态再结晶的试样中，晶粒的大小可代表各个晶粒发生再结晶的早晚。图 4.5.2 中上端析出相颗粒所在位置的晶粒尺寸要显著大于其周围的晶粒，这进一步印证了图 4.5.1 中大尺寸析出相可促进动态再结晶的结论。

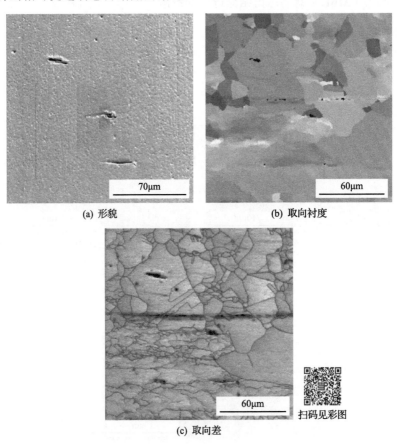

(a) 形貌　　　　　　　(b) 取向衬度

(c) 取向差　　　扫码见彩图

图 4.5.2　Nb 微合金化 316LN 钢在 900℃以 $0.1s^{-1}$ 变形后的微观结构

4.5.2 N 含量对 316LN 钢动态再结晶行为的影响

图 4.5.3 为不同 N 含量的 316LN 钢在 1000℃以 $0.1s^{-1}$ 变形 0.8 后的显微组织。从图中可以看出，N 含量为 0.08%的 316LN 钢中（图 4.5.3（a）），只在局部的三叉晶界处发生了动态再结晶。而当 N 含量提高到 0.17%时（图 4.5.3（b）），不但三叉晶界位置都出现了新晶粒，而且在原晶界附近也都发生了动态再结晶。对于 316LN 钢，N 含量从 0.08%提高到 0.17%，可显著加快动态再结晶的发生。N 含量较高时，其层错能降低，较低层错能时金属全位错容易分解为层错较宽的扩展位错，宽的扩展位错不易束集，很难发生滑移和攀移，易发生再结晶。

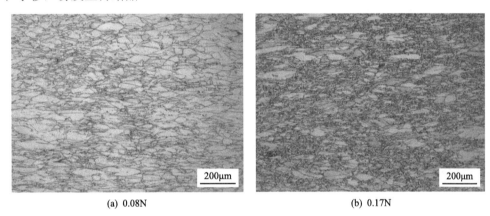

(a) 0.08N   (b) 0.17N

图 4.5.3　不同 N 含量 316LN 钢在 1000℃以 $0.1s^{-1}$ 热变形后显微组织

图 4.5.4 为晶粒尺寸相同但不同 N 含量的 316LN 钢，在 1100℃以 $0.1s^{-1}$ 变形 0.8 后的显微组织。从图中可以看出，两种材料中都已经发生完全动态再结晶。N 含量从 0.08%提高到 0.17%，动态再结晶晶粒尺寸从 18μm 提高到 21μm。显然，N 含量的增加，提高了动态再结晶的晶粒尺寸。

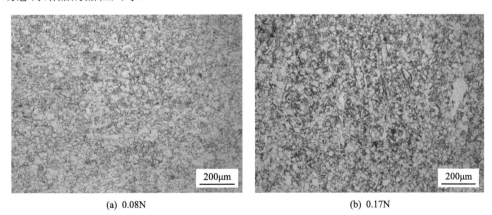

(a) 0.08N   (b) 0.17N

图 4.5.4　不同 N 含量 316LN 钢在 1100℃以 $0.1s^{-1}$ 热变形后显微组织

图 4.5.5 为晶粒尺寸相同但不同 N 含量的 316LN 钢，在 1200℃以 $0.1s^{-1}$ 变形 0.8 后的显微组织。

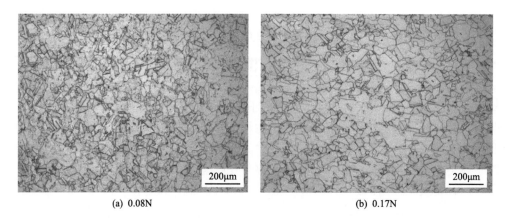

(a) 0.08N   (b) 0.17N

图 4.5.5   不同 N 含量 316LN 钢在 1200℃以 0.1s^{-1} 热变形后显微组织

从图中可以看出，N 含量为 0.18%的 316LN 钢中的动态再结晶晶粒要显著大于 N 含量为 0.09%时。N 含量从 0.09%提高到 0.18%，动态再结晶晶粒尺寸从 39μm 提高到 46μm。而且变形温度更高，N 对动态再结晶晶粒尺寸的影响就更为显著。

(1)在 Nb 微合金化 316LN 钢中，大尺寸的析出相可以促进动态再结晶形核。

(2)N 含量从 0.08%提高到 0.17%，可促进 316LN 钢动态再结晶形核和发展，并使再结晶晶粒尺寸增大，温度越高增大越显著。

第 5 章

堆内构件用钢

5.1 引　言

压水型核电站反应堆的结构基本由以下几部分组成：反应堆堆芯、堆内构件、反应堆压力容器、顶盖及控制棒驱动机构。其中的堆内构件在整个核电站的运行过程中起着很重要的作用，如支承和固定堆芯组件并使驱动线对中、控制棒运动导向，同时又是冷却剂通道，对流量进行合理分配，减少无效流量，为压力容器提供热屏蔽，减少中子 γ 射线照射，还能为堆内测量提供安装和固定条件，为压力容器用材辐照监督试验提供存放试样场所。堆内构件在结构上由堆芯下部支承构件和堆芯上部支承构件组成。堆芯下部支承构件又由吊篮、堆芯支承板、围板和辐板组件、堆芯下栅格板、热屏蔽、辐照样品管及二次支承组件组成。堆芯上部支承构件由导向筒支承板、堆芯上栅格板、控制棒导向筒、支承柱、热电偶和压紧弹簧组成。其中，压紧弹簧位于吊篮法兰和导向筒支撑板之间，是一个马氏体不锈钢的环形锻件，它将下部和上部堆内构件压紧在压力容器支承台上。压紧弹簧可以补偿法兰的加工误差并提供足够的压紧力，同时能补偿堆内构件受压变形及产生的热膨胀量。当压力容器顶盖安装后，压紧弹簧被压缩用以限制上部和下部堆芯支撑组装件的轴向位移，因此压紧弹簧是堆内构件中一个重要的部件。

我国的核电发展经历了从无到有、从低到高的发展历程，通过自主创新与消化吸收国外先进核电技术相结合，目前我国核电技术已经具备了接近世界先进水平的研发能力。我国已经具备了 30 万～60 万 kW 压水堆核电站自主设计能力，基本具备了第二代百万千瓦级核电站设计能力。我国自主创新的二代加压水堆核电技术已经在国内建设开工，2006 年我国引进了目前世界上最先进的美国第三代压水堆核电站 AP1000，该项目的引进，把我国的核电事业推向了一个新的高峰。无论是二代加的 CPR1000 还是第三代的 AP1000，堆内构件中都包括了压紧弹簧这一重要部件。在二代加技术中，压紧弹簧采用 Z12CN13 马氏体不锈钢，在国内引进第三代技术时，压紧弹簧的备选材料为改型 403 钢、403 钢和 F6NM 马氏体耐热不锈钢这 3 种材料。

这 4 种材料都是属于 1Cr13 型马氏体不锈钢，但其中主要的合金元素含量有所差别，Z12CN13 中有一定量的 Ni、Mo 和 N，而改型 403 钢又可以称为 1Cr13Mo，与 Z12CN13 相比，Ni 含量减少很多，同时钢中没有添加 N 元素，但与 403 钢相比，钢中又添加了 0.5%的 Mo。而 F6NM 钢的 C 含量降低了，但增加了 Ni 的含量。对于这 4 种材料的技术指标要求也有所不同，具体见表 5.1.1。从表中可以看出，二代加到三代，压紧弹簧的指标要求也有相应的提高，如改型 403 钢，增加了 350℃拉伸性能要求，同时对塑性的要求也稍有提高，而 403 钢和 F6NM，对于二代加的 Z12CN13 而言，虽然没有高温拉伸性能的要求，但对材料的冲击韧性提出了更高的要求，材料冲断后的侧向膨胀量必须不小于 1mm，对材料的韧性要求更高。

表 5.1.1 四种压紧弹簧材料技术指标

材料	温度	R_m/MPa	$R_{p0.2}$/MPa	A/%	Z/%	A_{kv}/J	硬度 (HB)
Z12CN13	室温	760~900	≥620	≥14	≥50	≥48(三个试样最小平均值)(个别最小 40)	226~277
	350℃	—	≥515	—	—		
改型 403	室温	760~900	≥620	≥16	≥50	平均值≥48 单个值≥40	226~277
	350	≥685	≥510	—	—	—	
403	室温	≥758	≥620	≥16	≥50	—	226~277
F6NM	室温	≥790	≥620	≥15.0	≥45.0	—	≤295

5.2 Z12CN13 钢关键性能研究

5.2.1 Z12CN13 钢成分设计

采用 25 真空感应炉冶炼，锻造开坯后锻成 Φ18mm 棒材，锻后缓冷，化学成分见表 5.2.1，其中的 Mo 均取中限，其他主要元素分别取下限、中限和上限，分析不同成分对组织与性能的影响。

表 5.2.1 试验料的化学成分   (单位：%(质量分数))

材料	C	Si	Mn	P	S	Cr	Ni	Mo	Cu	N	Co
要求	≤0.15	≤0.50	≤1.0	≤0.02	≤0.02	11.5~13.0	1.0~2.0	0.4~0.6	≤0.50	≤0.04	≤0.20
1#	0.073	0.30	0.83	0.014	<0.005	11.80	1.19	0.52	<0.05	0.061	—
2#	0.11	0.31	0.83	0.014	<0.005	12.43	1.52	0.52	<0.05	0.058	—
3#	0.13	0.30	0.83	0.011	<0.005	12.84	2.03	0.51	<0.05	0.062	—

试验料的原始显微组织如图 5.2.1 和图 5.2.2 所示。从图中可以看出，试验料锻后缓冷组织以马氏体为主，钢中有少量的 δ 铁素体，横、纵组织相差不大，比较均匀。3#试验料晶粒略小。

5.2.2 关键性能研究

1. 热处理工艺

试验料的热处理工艺见表 5.2.2 和表 5.2.3，研究了不同淬火温度、回火温度、淬火冷却速度以及回火冷却速度对 Z12CN13 钢组织与性能的影响。

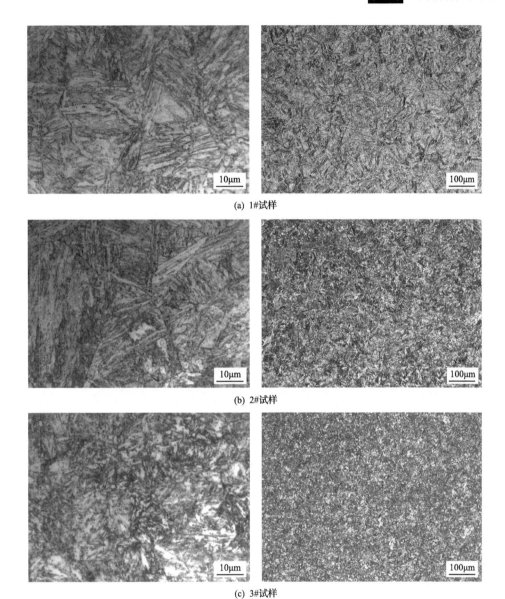

(a) 1#试样

(b) 2#试样

(c) 3#试样

图 5.2.1 试验材料的金相显微组织(横向)

(a) 1#试样

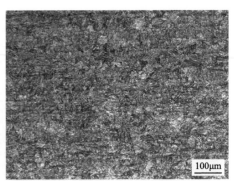

(b) 2#试样

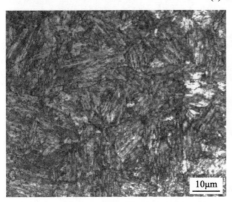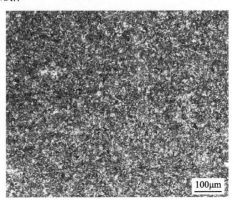

(c) 3#试样

图 5.2.2　试验材料的金相显微组织(纵向)

表 5.2.2　热处理工艺(一)

炉号	淬火工艺	回火工艺	拉伸/个	V 型冲击/个	编号
1#、2#、3#	930℃×1h 油冷	640℃×2h 空冷	2	2	炉号-1
	960℃×1h 油冷	640℃×2h 空冷	2	2	炉号-2
	985℃×1h 油冷	640℃×2h 空冷	2	2	炉号-3
	1010℃×1h 油冷	640℃×2h 空冷	2	2	炉号-4
	1050℃×1h 油冷	640℃×2h 空冷	2	2	炉号-5
	1100℃×1h 油冷	640℃×2h 空冷	2	2	炉号-6

表 5.2.3　热处理工艺(二)

炉号	淬火工艺	回火工艺	拉伸/个	V 型冲击/个	编号
1#、2#、3#	985℃×1h 油冷	610℃×2h 空冷	2	2	炉号-7
		670℃×2h 空冷	2	2	炉号-8
		640℃×4h 空冷	2	2	炉号-9
		640℃×6h 空冷	2	2	炉号-10
		640℃×2h 炉冷	2	2	炉号-11
	985℃×1h 按 5℃/min 炉冷	640℃×2h 空冷	2	2	炉号-13
	985℃×1h 按 1℃/min 炉冷	640℃×2h 空冷	2	2	炉号-15

2. 淬火温度对力学性能的影响

淬火温度对力学性能的影响如图 5.2.3 所示。由图 5.2.3(a)可见，随着淬火温度的提高，抗拉强度变化不大，抗拉强度按 1#、2#、3#试验料增加，1#试验料的抗拉强度在技术条件要求的边缘，因此合金元素含量需取中、上限；由图 5.2.3(b)可见，随着淬火温度的提高，屈服强度变化不大，屈服强度按 1#、2#、3#试验料增加，与技术条件的要求

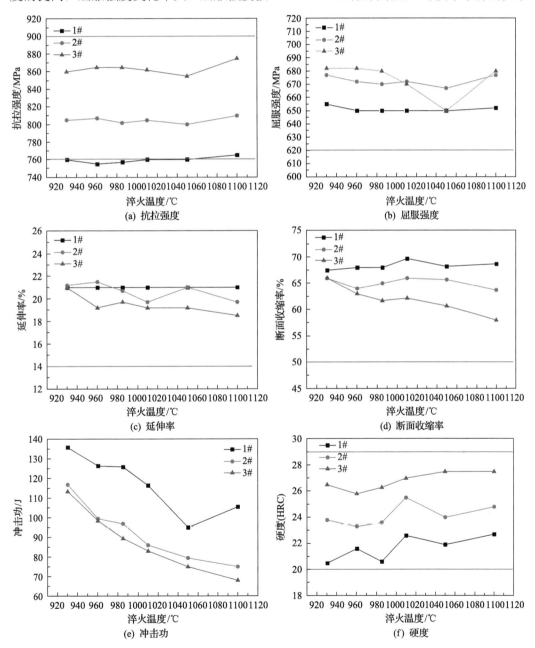

图 5.2.3 淬火温度对力学性能的影响

相比，各试验料均有较大的富裕量；由图 5.2.3(c)可见，随着淬火温度的提高，1#试验料的延伸率变化不大，2#、3#试验料的延伸率略有下降，延伸率按 1#、2#、3#试验料下降，与技术条件的要求相比，各试验料均有较大的富裕量；由图 5.2.3(d)可见，随淬火温度的提高，1#、2#试验料的面缩率变化不大，3#试验料则逐渐下降，与技术条件的要求相比，各试验料均有较大的富裕量；由图 5.2.3(e)可见，随着淬火温度的提高，冲击功逐渐下降，冲击值按 1#、2#、3#试验料下降；由图 5.2.3(f)可见，随淬火温度的提高，各试验料的硬度略有增加，但变化不大，硬度值按 1#、2#、3#试验料逐渐增加，与技术条件的要求相比，各试验料的硬度均在 20～29HRC 范围内。

淬火温度对各试验料的金相显微组织的影响如图 5.2.4～图 5.2.6 所示。由图 5.2.4 可

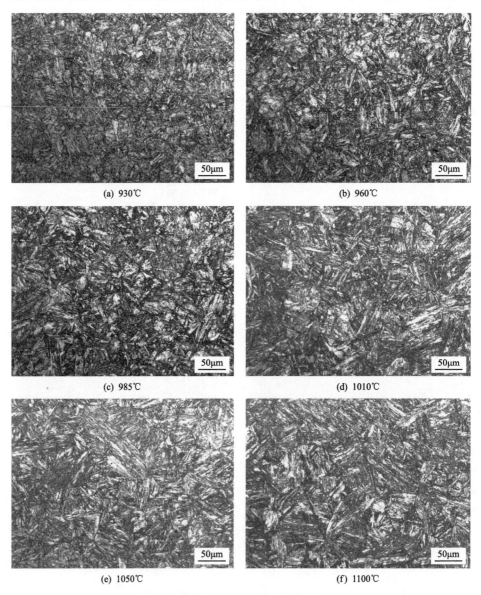

(a) 930℃

(b) 960℃

(c) 985℃

(d) 1010℃

(e) 1050℃

(f) 1100℃

图 5.2.4 淬火温度对金相显微组织的影响(1#试验料)

见，对于 1#试验料，随淬火温度的提高，晶粒尺寸逐渐长大，尤其是高于 1010℃淬火；由图 5.2.5 可见，对于 2#试验料，随着淬火温度的提高，晶粒尺寸逐渐长大，尤其是高于 1050℃淬火；由图 5.2.6 可见，对于 3#试验料，随着淬火温度的提高，晶粒尺寸逐渐长大，尤其是高于 985℃淬火；可见，晶粒尺寸的长大，导致冲击功逐渐下降。

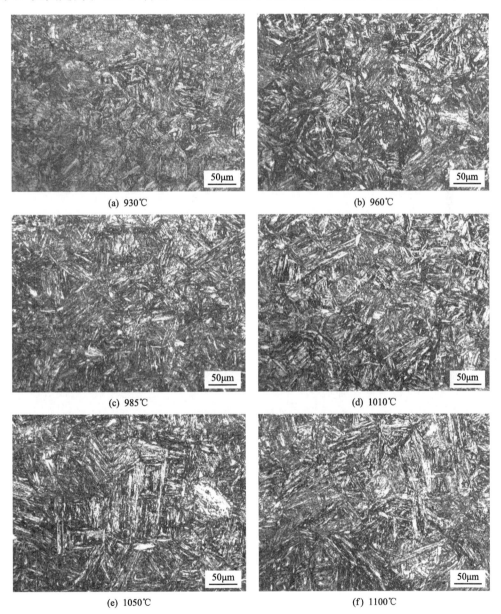

(a) 930℃　　　　　　　　　　　　　(b) 960℃

(c) 985℃　　　　　　　　　　　　　(d) 1010℃

(e) 1050℃　　　　　　　　　　　　(f) 1100℃

图 5.2.5　2#钢淬火温度对金相显微组织的影响

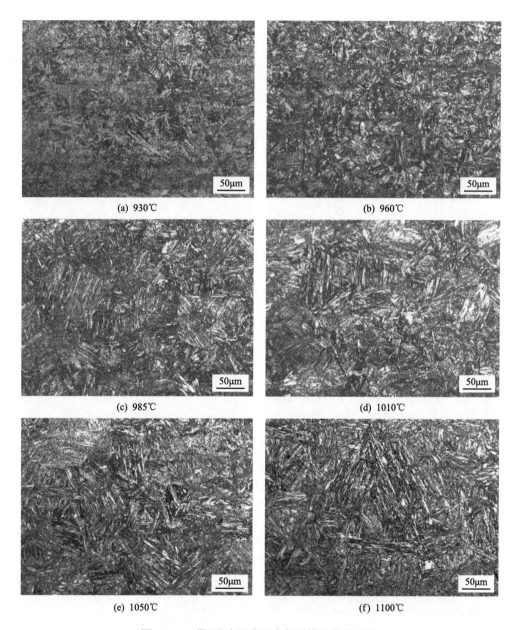

图 5.2.6　3#钢淬火温度对金相显微组织的影响

　　985℃×1h 油冷＋640℃×2h 空冷热处理后的高倍金相显微组织如图 5.2.7 所示。由图可见，热处理后，各试验料析出了大量的碳化物，1#、2#试验料析出的碳化物较粗大，发生了聚集长大，且组织中的马氏体板条发生了显著的回复分解，3#试验料的碳化物析出较细小，马氏体板条形貌较清晰，可能是抗回火能力较强。可见，采用上限的 Ni 含量有益。

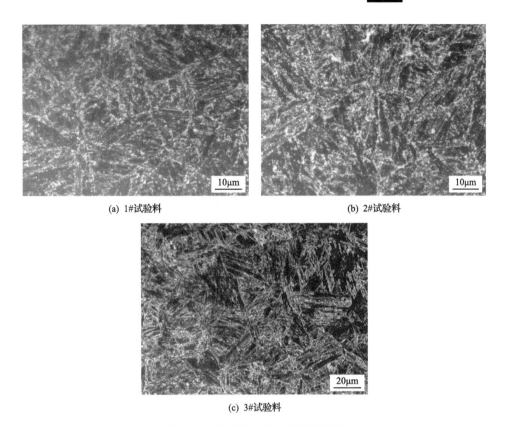

(a) 1#试验料　　　　　　　　　　　　　　(b) 2#试验料

(c) 3#试验料

图 5.2.7　各试验料的金相显微组织

3. 回火温度对力学性能的影响

回火温度对力学性能的影响如图 5.2.8 所示。回火温度对材料的影响表明,随着回火温度的提高抗拉强度呈逐渐下降的趋势。在回火温度范围内,抗拉强度按 1#、2#、3#试验料增加,1#试验料的抗拉强度在高于 640℃回火时低于技术条件要求,热处理的温度范围较窄,因此 C 含量需高于 0.11%;而 3#试验料的抗拉强度在低于 620℃回火时高于技术条件的上限要求,因此,C 含量不宜太高。随着回火温度的提高,冲击值逐渐增加,冲击值按 1#、2#、3#试验料下降;610℃回火时各试验料的冲击值均较低,呈脆化状态,因此,回火温度应高于 640℃;随回火温度的提高,硬度下降,但 670℃回火时,硬度稍有增加;回火温度对各试验料显微组织的影响如图 5.2.9～图 5.2.11 所示。随着回火温度的升高,马氏体分解加剧,组织中碳化物粗化。

4. 回火时间对力学性能的影响

640℃回火不同时间对力学性能的影响如图 5.2.12 所示。随着回火时间的延长,抗拉强度逐渐下降,屈服强度下降。3#试验料的屈服强度下降最快,1#试验料高于 5h 回火,不能达到技术条件的要求。随 640℃回火时间的延长,延伸率变化不大,断面收缩率略有增加,冲击功逐渐增加,硬度稍有下降。640℃回火时间对各试验料显微组织的影响如图 5.2.13～图 5.2.15 所示。

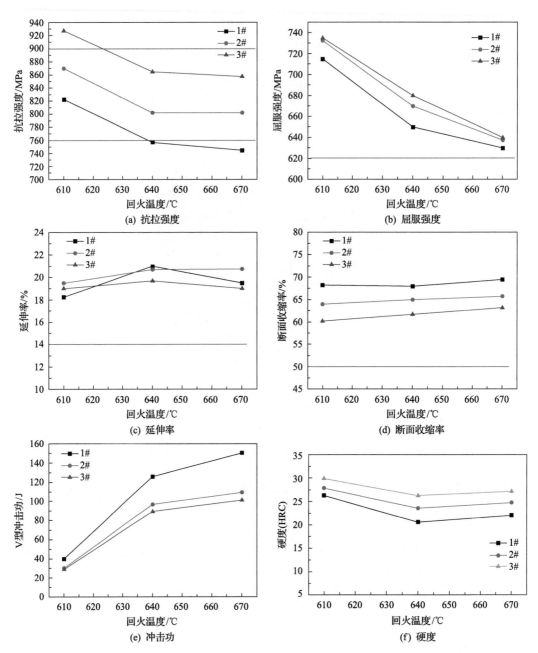

图 5.2.8　回火温度对力学性能的影响

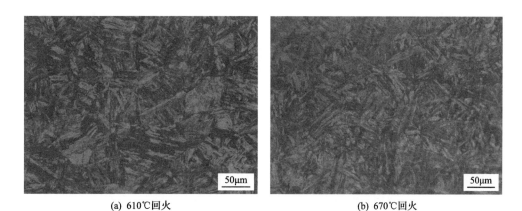

(a) 610℃回火   (b) 670℃回火

图 5.2.9　不同回火温度下 1#试验料的金相显微组织

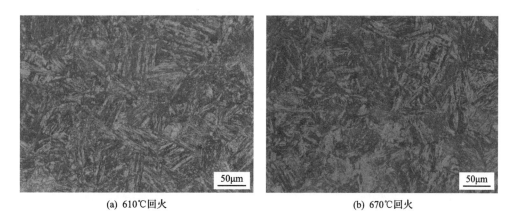

(a) 610℃回火   (b) 670℃回火

图 5.2.10　不同回火温度下 2#试验料的金相显微组织

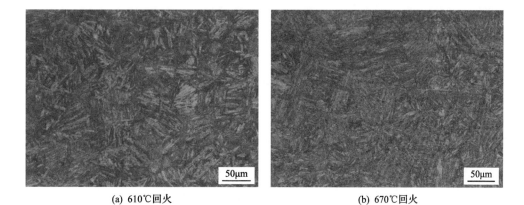

(a) 610℃回火   (b) 670℃回火

图 5.2.11　不同回火温度下 3#试验料的金相显微组织

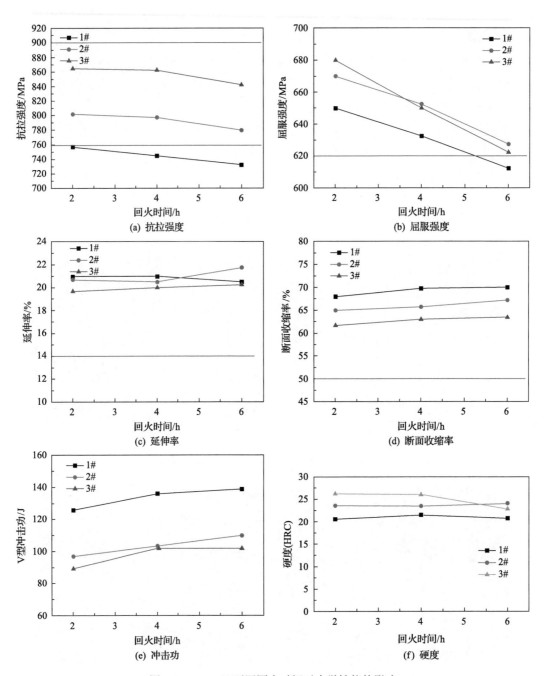

图 5.2.12　640℃不同回火时间对力学性能的影响

(a) 640℃，4h回火　　　　　　　　　　(b) 640℃，6h回火

图 5.2.13　不同回火时间下 1#试验料的金相显微组织

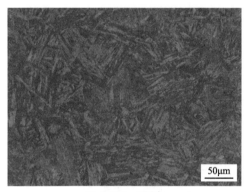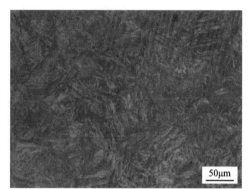

(a) 640℃，4h回火　　　　　　　　　　(b) 640℃，6h回火

图 5.2.14　不同回火时间下 2#试验料的金相显微组织

(a) 640℃，4h回火　　　　　　　　　　(b) 640℃，6h回火

图 5.2.15　不同回火时间下 3#试验料的金相显微组织

5. 淬火冷却速度对力学性能的影响

淬火冷却速度对力学性能的影响如图 5.2.16 所示。随着淬火冷却速度的降低，抗拉强度逐渐增加，屈服强度下降，延伸率略下降。随淬火冷却速度的降低，1#试验料的冲

击功变化不大,而 2#、3#试验料的冲击功下降,尤其是 3#试验料的冲击功下降非常显著。
当淬火冷却速度为 5℃/min 时,3#试验料已经达不到技术条件要求;而当冷速进一步降
低为 1℃/min 时,2#、3#试验料的冲击功都无法达到技术条件要求。由图 5.2.16(f)可见,
随淬火冷却速度的降低,硬度稍有增加。淬火冷却速度对各试验料显微组织的影响如
图 5.2.17~图 5.2.19 所示。在金相显微镜下,组织差别不是太明显。

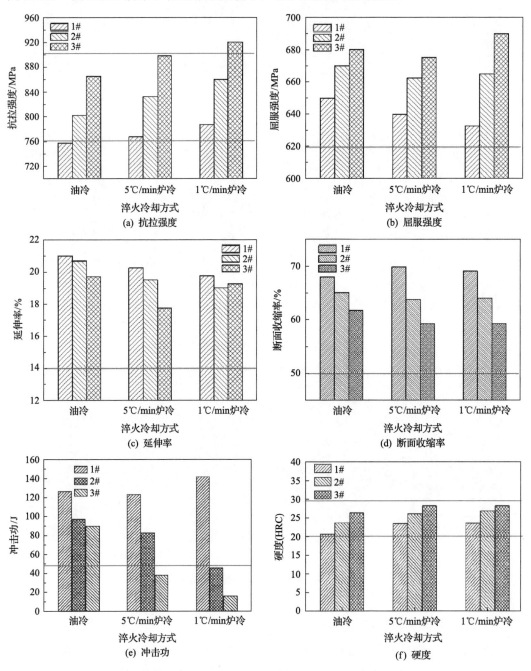

图 5.2.16　淬火冷却速度对力学性能的影响

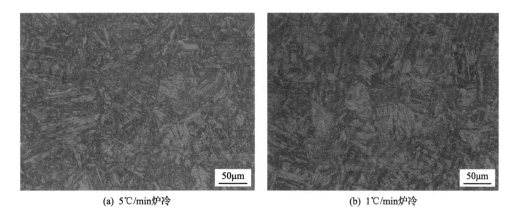

(a) 5℃/min炉冷　　　　　　　　　　(b) 1℃/min炉冷

图 5.2.17　不同淬火冷却速度下 1#钢组织

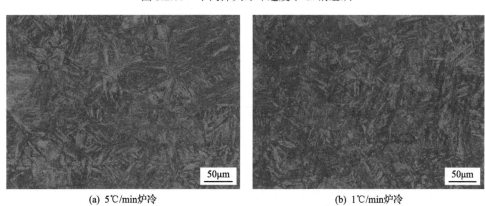

(a) 5℃/min炉冷　　　　　　　　　　(b) 1℃/min炉冷

图 5.2.18　不同淬火冷却速度下 2#钢组织

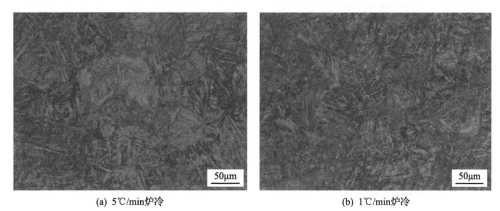

(a) 5℃/min炉冷　　　　　　　　　　(b) 1℃/min炉冷

图 5.2.19　不同淬火冷却速度下 3#钢组织

5.2.3　小结

（1）Z12CN13 钢随着碳含量的增加强度增加，要满足技术条件要求，碳元素必须处于中、上限。

(2)随着回火温度的升高,强度下降,塑性和冲击韧性上升,回火温度超过640℃时,碳含量低的抗拉强度低于技术条件要求。

(3)回火时间延长强度下降,塑性和韧性上升;1#试验料在640℃高于5h回火,屈服强度下降最快,不能达到技术条件的要求。

(4)淬火冷却速度对性能影响较大,随着淬火冷却速度的降低,抗拉强度逐渐增加,1#试验料淬火油冷下的抗拉强度低于技术条件要求,缓冷下达到技术条件要求,当淬火冷却速度为5℃/min时,3#试验料已经达不到技术条件要求;而当冷速进一步降低为1℃/min时,2#、3#试验料的冲击功都无法达到技术条件要求。

5.3 改型403钢成分优化设计

5.3.1 成分设计

采用25kg真空感应炉冶炼5炉试验钢,成分见表5.3.1。从成分来看,1#试验料各元素均处于成分范围的下限,2#试验料各主要元素处于成分范围的中限,3#试验料各元素处于成分范围的上限,4#试验料除C元素处于下限外,其他元素均处于成分范围的中限,5#试验料除Cr处于下限外,其他元素均处于成分范围上限。

表 5.3.1　试验料化学成分　　　　　　　　（单位：%（质量分数））

炉号	C	Si	Mn	S	P	Cr	Ni	Mo	Cu	Co
1#	0.080	0.25	0.39	<0.005	0.014	11.60	0.20	0.47	0.16	—
2#	0.093	0.37	0.50	<0.005	0.013	11.99	0.29	0.50	0.28	—
3#	0.12	0.38	0.67	<0.005	0.013	12.77	0.44	0.56	0.44	—
4#	0.076	0.35	0.36	<0.005	0.013	12.53	0.22	0.55	0.28	—
5#	0.14	0.38	0.72	<0.005	0.0092	11.66	0.46	0.48	0.30	—
技术要求	0.06~0.13	≤0.50	0.25~0.80	≤0.020	≤0.020	11.50~13.00	≤0.50	0.40~0.60	≤0.50	≤0.05

试验料经过开坯,锻造后缓冷,锻成Φ16mm棒材,各炉试验料夹杂物情况见表5.3.2。从结果可以看出,试验料中球状氧化物类夹杂比较多,夹杂物照片如图5.3.1所示,各炉试验料中细系的球状氧化物夹杂较多,这与冶炼过程中真空度控制有关。

5炉试验料锻后缓冷组织如图5.3.2所示,试验料组织均为马氏体、残余奥氏体加δ铁素体。每炉钢横、纵组织都比较均匀,表明锻造过程中变形充分,铸态组织破碎彻底,获得的组织均匀性较好。5炉试验钢中4#试验料的δ铁素体含量最高,在纵向组织中按照变形方向呈条带状分布。4#试验料中铁素体形成元素Cr含量比较高,仅次于3#试验料,但3#试验料中的奥氏体形成元素C含量最高,4#试验料中的C含量是最低的,结果导致4#试验料中的δ铁素体量较多。因为试验料中Cr含量较高,所以3#试验料中的δ铁素体含量居于第二位。1#和2#试验料中δ铁素体含量相差不大,5#试验料中的δ铁素体含量最低。

表 5.3.2　试验料夹杂物情况　　　　　　　（单位：级）

炉号	A（硫化物）		B（氧化物）		C（硅酸盐）		D（球状氧化物）		DS（单颗粒球类）
	粗	细	粗	细	粗	细	粗	细	
1#	0	0	0	1.0	0	0	1.0	2.5	0
2#	0	0	0	0	0	0	0	3.0	0
3#	0	0	0	0	0	0	1.0	1.5	1.0
4#	0	0	0	0	0	0	1.0	1.5	0
5#	0	0	0	2.0	0	0	1.0	2.5	0

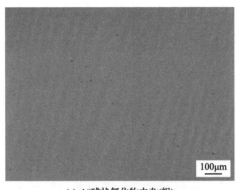

(a) 1#球状氧化物夹杂(粗)　　　　　　(b) 1#球状氧化物夹杂(细)

(c) 5#球状氧化物夹杂(粗)　　　　　　(d) 5#球状氧化物夹杂(细)

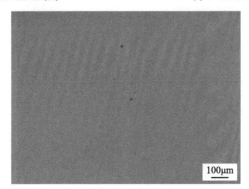

(e) 3#单颗粒球状夹杂(粗)

图 5.3.1　试验料夹杂物照片

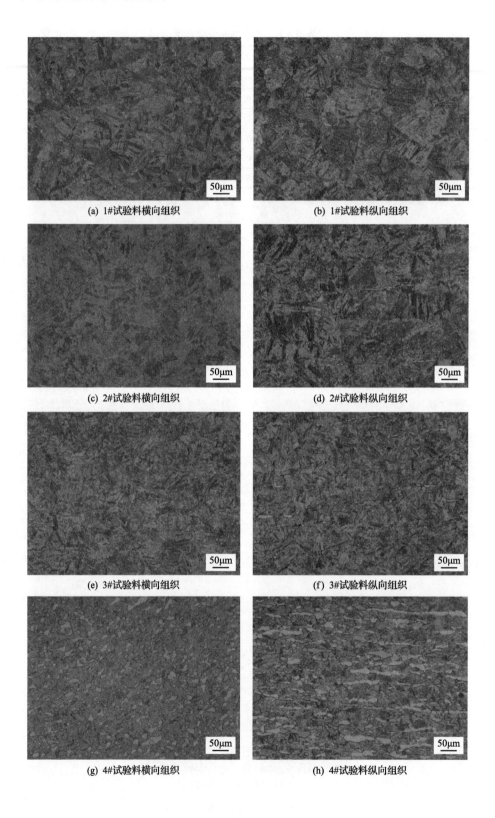

(a) 1#试验料横向组织

(b) 1#试验料纵向组织

(c) 2#试验料横向组织

(d) 2#试验料纵向组织

(e) 3#试验料横向组织

(f) 3#试验料纵向组织

(g) 4#试验料横向组织

(h) 4#试验料纵向组织

(i) 5#试验料横向组织　　　　　　　　　　　(j) 5#试验料纵向组织

图 5.3.2　试验料原始态金相显微组织

5.3.2　关键性能研究

1. 淬火温度对室温力学性能的影响

对 5 炉试验料进行以下热处理制度（590℃回火）的试验（表 5.3.3），主要比较各炉试验料力学性能的差异，以及不同淬火温度对钢力学性能的影响。同时，还对 2#试验料进行了回火制度的摸索，具体制度见表 5.3.4，目的是研究清楚回火温度对试验料力学性能的影响。

表 5.3.3　试验料热处理制度

炉号	淬火制度	回火制度	室温拉伸/个	室温冲击/个	高温拉伸/个	编号
1#、2#、3#、4#、5#	940℃×2h 油冷	590℃×2h 空冷	2	2	2	11
	970℃×2h 油冷		2	2	—	12
	990℃×2h 油冷		2	2	2	13
	1100℃×2h 油冷		2	2	—	14
	1030℃×2h 油冷		2	2	—	15

表 5.3.4　2#试验料回火制度

淬火制度	回火制度	室温拉伸/个	室温冲击/个	高温拉伸/个	编号
990℃×2h 油冷	200℃×2h 空冷	2	2	—	26
	300℃×2h 空冷	2	2	—	27
	400℃×2h 空冷	2	2	—	28
	500℃×2h 空冷	2	2	—	29
	530℃×2h 空冷	2	2	—	210
	550℃×2h 空冷	2	2	2	211
	570℃×2h 空冷	2	2	—	212
	590℃×2h 空冷	2	2	—	23
	620℃×2h 空冷	2	2	2	213

淬火温度对五炉试验料的影响如图5.3.3所示，从图中可以看出，随着淬火温度的升高，试验料的强度和硬度都稍有增加，但塑性和冲击韧性明显下降；在同一淬火温度下，

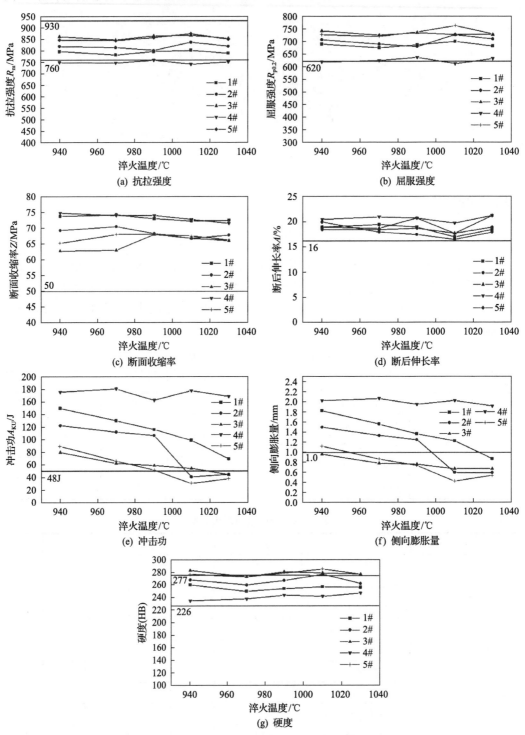

图 5.3.3 淬火温度对试验料室温力学性能的影响

3#试验料具有最高的强度，其次是 5#、2#、1#，最后是 4#，即试验料的强度明显受其中 C 含量影响。而试验料的塑性规律则正好相反，强度最高的 3#塑性也最低，而强度最低的 4#试验料塑性最好，材料的韧性规律与塑性规律相同。对于技术条件中的强度指标，除 4#试验料外，都能满足技术条件要求，5 炉试验料的塑性都能满足技术条件要求；在 960～1010℃进行淬火时，2#、3#和 5#在较低温度淬火时冲击韧性满足要求，但富裕量较小，1#和 4#有较大富裕量。在 960～1010℃淬火时，侧向膨胀量只有 1#、2#和 4#满足技术条件要求。3#和 5#的硬度超出硬度要求的上限，其他试验料满足硬度要求。从室温性能来看，1#和 2#试验料的综合力学性能最佳，3#和 5#韧性较差，4#强度较低。

2. 淬火温度对组织的影响

不同淬火温度下 5 炉试验料的金相组织如图 5.3.4～图 5.3.8 所示。从图可以看出，随着淬火温度的升高，材料的晶粒逐渐长大，尤其是淬火温度超过 990℃后，晶粒长大明显；在不同淬火温度下，4#试验料内的 δ 铁素体含量较多，其他 4 种材料内的 δ 铁素体含量较少。

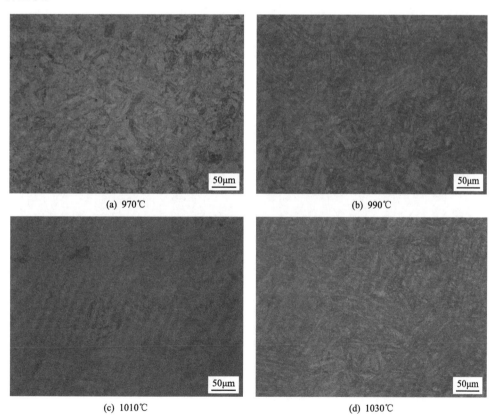

(a) 970℃

(b) 990℃

(c) 1010℃

(d) 1030℃

图 5.3.4 1#试验料不同淬火温度下的显微组织

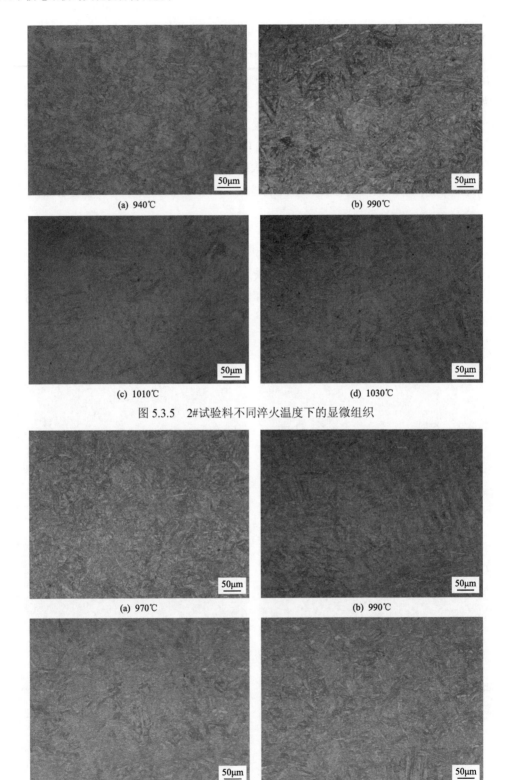

(a) 940℃

(b) 990℃

(c) 1010℃

(d) 1030℃

图 5.3.5　2#试验料不同淬火温度下的显微组织

(a) 970℃

(b) 990℃

(c) 1010℃

(d) 1030℃

图 5.3.6　3#试验料不同淬火温度下的显微组织

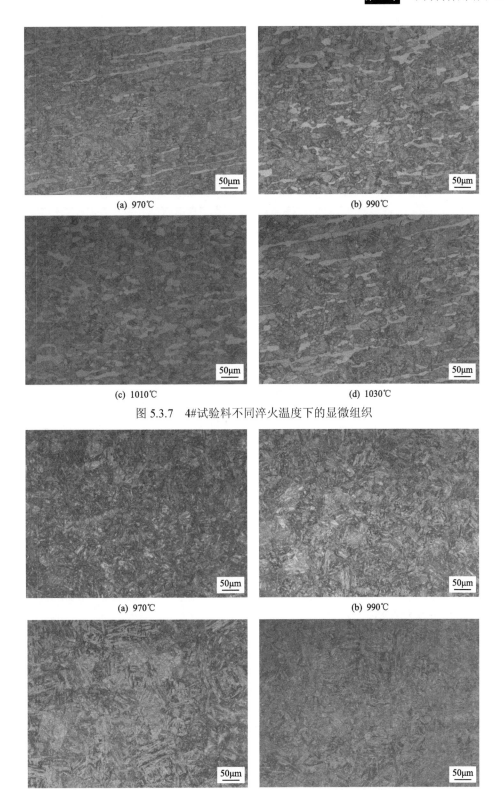

(a) 970℃

(b) 990℃

(c) 1010℃

(d) 1030℃

图 5.3.7 4#试验料不同淬火温度下的显微组织

(a) 970℃

(b) 990℃

(c) 1010℃

(d) 1030℃

图 5.3.8 5#试验料不同淬火温度下的显微组织

3. 回火温度对室温力学性能的影响

2#试验料经过 990℃×2h 油冷淬火后,不同回火温度对其室温力学性能的影响如图 5.3.9 所示。在 200~500℃回火,强度和塑性变化不大,但冲击韧性呈下降趋势。回火温度超过 500℃,强度明显下降,塑性上升,但在 600℃,材料的强度趋于稳定。材料的韧性在 500~550℃之间随回火温度的升高而上升,超过 550℃回火,材料的冲击韧性有所下降。但当回火温度超过 600℃时,冲击韧性又有所升高。从图中可以看出,材料的回火温度应超过 600℃,此时材料具有稳定的强度和比较高的冲击韧性。

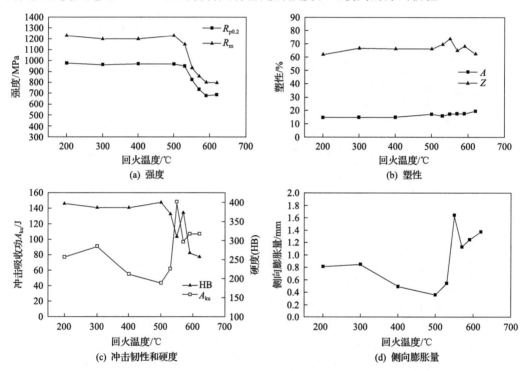

图 5.3.9　回火温度对 2#试验料力学性能的影响

4. 回火温度对组织的影响

2#试验料经过 990℃淬火后,不同回火温度下的组织如图 5.3.10 所示。从图中可以看出,改型 403 钢具有较好的抗回火性,在试验中的各回火温度下组织大部分都为回火马氏体,只不过回火温度较低时,板条状马氏体形态清晰,回火温度较高时,马氏体板条粗化。

试验钢 350℃强度和塑性如图 5.3.11 所示。5 炉试验料在规定的热处理制度下,3#试验料和 5#试验料具有较高的强度,只有这两炉钢的 350℃抗拉强度达到了技术条件的要求,而且富裕量很小,5 炉钢的屈服强度都能满足要求。与室温强度规律类似,4#试验料高温强度也最低,1#试验料和 2#试验料强度处于中间。材料的高温塑性与强度规律相反,3#试验料和 5#试验料的高温塑性较低,4#试验料的塑性最好,1#试验料和 2#试验料的塑性位于中间。

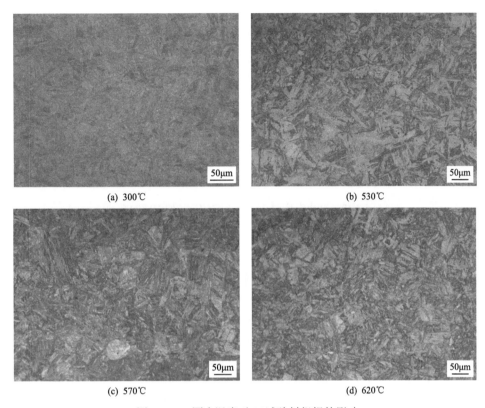

(a) 300℃ (b) 530℃

(c) 570℃ (d) 620℃

图 5.3.10 回火温度对 2#试验料组织的影响

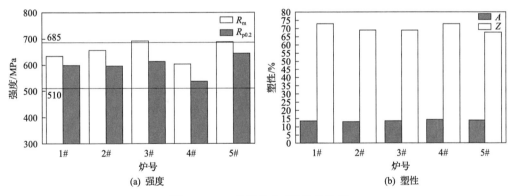

(a) 强度 (b) 塑性

图 5.3.11 5 炉钢的 350℃拉伸性能

2#试验料经过 990℃淬火后，经 550℃、590℃和 620℃回火后 350℃拉伸性能如图 5.3.12 所示。从图中可以看出，随着回火温度的升高，材料的高温强度呈下降趋势，高温塑性变化不大。对 2#试验料而言，在 590℃和 620℃回火的 350℃抗拉强度都不能满足技术条件要求。

5.3.3 小结

(1)改型 403 马氏体不锈钢的强度明显受钢中 C 含量影响，C 含量越高，强度越高，塑性和韧性下降。

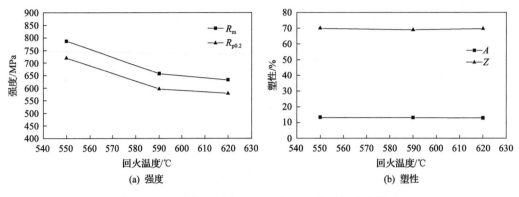

图 5.3.12　回火温度对 2#试验料 350℃拉伸性能的影响

(2)随着淬火温度的升高,试验钢的强度和硬度都稍有增加,但塑性和冲击韧性明显下降。

(3)在 590℃回火时,2#、3#和 5#试验料在较低温度淬火时冲击韧性满足要求,但富裕量较小,1#和 4#试验料有较大富裕量。990℃淬火和 590℃回火时,对于技术条件中的强度指标,除 4#试验料外,都能满足技术条件要求,在 960~1010℃淬火 590℃回火时,侧向膨胀量只有 1#、2#和 4#试验料满足技术条件要求。

(4)在 200~500℃回火时,材料强度和塑性变化不大,但冲击韧性呈下降趋势。回火温度超过 500℃时,强度明显下降,塑性上升,但在 600℃,材料的强度趋于稳定。

(5)试验料经过 590℃回火后,只有 3#钢和 5#钢的 350℃抗拉强度达到了技术条件的要求,而且富裕量很小。

(6)试验料经过 620℃回火时,5 炉钢的室温强度和韧性都满足技术条件要求,但350℃高温拉伸性能都达不到指标要求。

5.4　F6NM 钢成型工艺研究

5.4.1　试验材料及方法

试验所用 F6NM 钢锻造成 $\Phi17mm$ 棒材,线切割为 $\Phi8mm\times12mm$ 圆柱状试样,使用 Gleble1500D 试验机进行单道次热压缩试验。试验钢化学成分见表 5.4.1。

表 5.4.1　F6NM 试验钢化学成分　（单位：%（质量分数））

元素	C	Si	Mn	P	S	Cr	Ni	Mo	Co
含量	0.034	0.38	0.91	0.007	0.004	13.18	5.11	0.86	0.012

试验中,在氩气保护下,在试样两段加放钽片,以减轻摩擦造成的应力不均。将试样以 20℃/s 加热至 1200℃,保温 3min,使奥氏体均匀化;然后以 10℃/s 冷却至变形温度,采用预定的应变速率热压缩,变形量约为 60%。热压缩工艺如图 5.4.1 所示。将变形后的试样沿轴心剖开,打磨抛光截面后,使用高锰酸钾和硫酸水溶液腐蚀,采用 Leica ME4F 金相显微镜观察其微观组织。

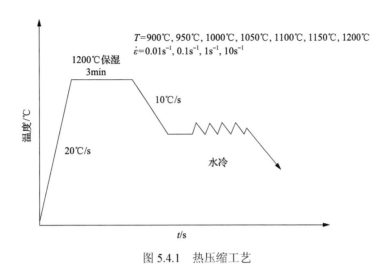

图 5.4.1　热压缩工艺

5.4.2　高温流变行为

热变形真应力-真应变曲线如图 5.4.2 所示。其中 ε 为真应变，σ 为真应力。当应变速率为 $0.01s^{-1}$，如图 5.4.2(a)所示，有明显加工硬化特征的曲线所在变形温度区间为 950～

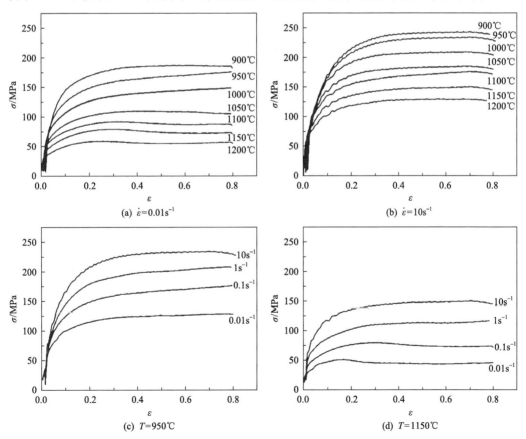

图 5.4.2　F6NM 钢的真应力-真应变曲线

1000℃，此时应力随应变缓慢上升；变形温度为1050℃时，应力随应变到达一个最高点后，变化较为平缓，此条件下有动态回复发生；变形温度为1100～1200℃时，应力-应变曲线有明显峰值出现，有再结晶现象发生。变形速率为10s^{-1}时，所有曲线均无峰值出现，说明在变形温度为900～1200℃时，热压缩过程中无再结晶现象发生。

变形温度为950℃时，如图5.4.2(c)所示，变形速率由0.01s^{-1}增至10s^{-1}，峰值应力由128.51MPa升至234.5MPa。同样，在变形温度为1150℃时，也可观察到峰值应力随变形速率增加而升高的趋势，如图5.4.2(d)所示。曲线的形状方面，变形温度为950℃，所有变形速率下的应力-应变曲线均呈现加工硬化的特征；变形温度为1150℃时，变形速率为0.01s^{-1}和0.1s^{-1}下的曲线出现明显峰值，说明有再结晶的发生，而在较高的变形速率下只有动态回复现象发生。

对比图5.4.3(a)、(b)、(c)可知，应变速率均为0.01s^{-1}时，随着变形温度的升高，发生动态再结晶现象的晶粒在组织中所占的比例逐步增加。微观组织中可观察到明显的演变过程：变形温度为900℃时，只有动态回复发生，组织仍为变形晶粒；变形温度升高至1000℃时，试样发生部分动态再结晶，变形晶粒的边缘有细小的亚晶产生；温度继续升至1100℃时，晶粒趋于细小、等轴，此时再结晶过程已完成。随变形温度的升高，材料的形变储能增加，从而原子扩散、位错对消及晶粒迁移等过程更容易发生，再结晶的形核和长大加速进行，再结晶过程进行得较为完全。对比图5.4.3(c)和(d)可知，变形温度

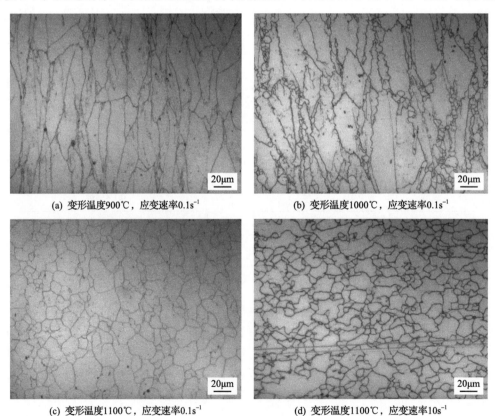

(a) 变形温度900℃，应变速率0.1s^{-1}
(b) 变形温度1000℃，应变速率0.1s^{-1}
(c) 变形温度1100℃，应变速率0.1s^{-1}
(d) 变形温度1100℃，应变速率10s^{-1}

图5.4.3 不同变形条件下的F6NM钢的组织

均为 1100℃时，材料在两种应变速率下均发生了完全再结晶；应变速率为 10s^{-1} 时，晶粒尺寸明显小于应变速率为 0.01s^{-1} 时的晶粒尺寸。应变速率增加，由于变形产生的位错密度增大，流变抗力和形变储能增加，再结晶的驱动力增大，对晶粒长大现象有抑制作用。

5.4.3　热加工图

这里提出多种塑形失稳判据，并以此为基础完善了热加工图的理论与方法，在材料热变形行为的模型化描述方面做出了重要贡献。将材料的真应变设定为 0.6，利用 Prasad 流变失稳判据，绘制了 F6NM 钢的热加工图，如图 5.4.4 所示。图中等值线为能量消耗效率 η，它描述了材料热变形过程中因微观组织的变化而消耗的能量与总能量的比值，其数值越高说明材料的热加工性越好。

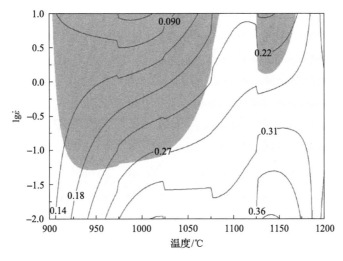

图 5.4.4　F6NM 钢的热加工图

图 5.4.4 中有两个流变失稳区，其所在的热变形条件区间为变形温度 900～1075℃，应变速率 0.056～10s^{-1} 和变形温度 1120～1170℃，应变速率 1.25～10s^{-1}；流变失稳区的能量消耗效率 η 较低，最高不超过 0.27；随着变形温度的升高和应变速率的降低，能量消耗效率呈增大趋势。根据能量耗散效率值的分布规律可以推断，F6NM 马氏体不锈钢锻件最佳热加工温度为 1050～1200℃，变形速率为 0.1～1s^{-1}。

图 5.4.5 为流变失稳区的典型组织，流变失稳区的对应图 5.4.5。从图 5.4.5(a)可知，组织中发生了部分动态再结晶现象，变形后被拉长的晶粒和发生再结晶的晶粒共存；图 5.4.5(b)中再结晶过程已完成，但晶粒尺寸大小不一，出现混晶现象；试验材料在热变形条件均不适宜热加工，其晶粒特征不符合等轴、均一的特性。

5.4.4　小结

(1)F6NM 钢的强度受钢中碳化物形成元素数量影响，C、Cr 和 Mo 元素处于成分范围上限具有较好的强度，经过规定热处理后的各项力学性能满足技术条件要求，其他成分配比的抗拉强度很难达到技术条件要求。

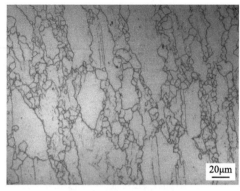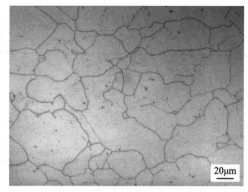

(a) 变形温度1000℃，应变速率1s⁻¹   (b) 变形温度1150℃，应变速率10s⁻¹

图 5.4.5　流变失稳区典型组织

（2）随着淬火温度的升高，强度略有升高，韧性略有下降；在 990～1070℃淬火时，试验钢晶粒长大不明显；随着淬火保温时间的延长，塑形略有增加，其他性能变化不大。

（3）随着回火温度的升高，材料的强度逐渐下降，在 640℃回火时，强度有所增加，断后伸长率在回火温度超过 620℃时下降明显，侧向膨胀量变化不大。

（4）在文中的三种淬火冷却速度下，F6NM 钢的组织和性能变化不大。

（5）F6NM 不锈钢在 1000～1200℃，应变速率在 0.01～0.1s⁻¹ 的条件下，发生了较明显的动态再结晶；当应变速率为 1s⁻¹ 和 10s⁻¹ 时，主要发生动态回复。

（6）根据材料的热加工图可知，F6NM 马氏体不锈钢锻件最佳热加工温度为 1050～1200℃、应变速率为 0.1～1s⁻¹。

第6章

传热管用 Inconel690 合金

6.1 Inconel690 合金超纯净冶炼

6.1.1 Inconel690 合金超纯净冶炼热力学研究

1. C-O 反应浓度积热力学计算

在压力 10^3Pa、1Pa、10^{-3}Pa 和温度 1500℃、1600℃、1700℃下的熔炼，在 Ni 基熔体中，$C_{Ni}+O_{Ni}\Longrightarrow CO(g)$。

$$\Delta_r G_m^{\ominus} = -67742 - 39.75T(\mathrm{J/mol}) \tag{6.1.1}$$

当 C-O 反应处于化学平衡时，$\Delta_r G_m^{\ominus} = 0$，可得 3 个温度下的平衡常数 K 值，见表 6.1.1。

表 6.1.1　不同温度下 Fe 基合金中碳氧反应平衡常数 K

温度/℃	温度/K	K
1500	1773	11809.51
1600	1873	9240.045
1700	1973	7411.699

1）C、O 活度系数估算方法一

Ni 合金液中 1600℃下元素的相互作用系数如下：

$$e_O^{Cr} = -0.231, \quad e_O^{Al} = -1.06, \quad e_O^{Co} = -0.004, \quad e_O^{C} = -21.6$$

由于 Ni 基合金中的元素活度系数很缺乏，故其他用到活度相互作用系数的值参考 Fe 基溶液中的值，如下：

$$e_O^{Mn} = -0.021, \quad e_O^{Si} = -0.131, \quad e_O^{Cu} = -0.013$$

$$e_C^{C} = 0.14, \quad e_C^{Cr} = -0.024, \quad e_C^{Mn} = -0.012, \quad e_C^{Si} = 0.08$$

$$e_C^{Mo} = -0.0083, \quad e_C^{Al} = 0.043, \quad e_C^{Co} = 0.0076, \quad e_C^{Cu} = 0.016$$

另外，由于 Fe 对 C、O 的活度相互作用系数未知，故 C、O 活度系数估算如下：

$$\lg f_C = e_C^C [\%C] + e_C^{Cr} [\%Cr] + e_C^{Mn} [\%Mn] + e_C^{Si} [\%Si] + e_C^{Al} [\%Al] + e_C^{Co} [\%Co] + e_C^{Cu} [\%Cu]$$

$$\lg f_O = e_O^C [\%C] + e_O^{Cr} [\%Cr] + e_O^{Mn} [\%Mn] + e_O^{Si} [\%Si] + e_O^{Al} [\%Al] + e_O^{Co} [\%Co] + e_O^{Cu} [\%Cu]$$

得

$$f_C = 0.4984 , \quad f_O = 0.0006 \tag{6.1.2}$$

式中，f_O、f_C 分别为 O 和 C 的活度系数。可得[C]×[O]浓度积，见表 6.1.2。

表 6.1.2　Inconel690 合金 C-O 反应浓度积的计算

温度/℃	压力/Pa	[C]×[O]
1500	10^3	2.731×10^{-3}
	1	2.73×10^{-6}
	10^{-3}	2.73×10^{-9}
1600	10^3	3.491×10^{-3}
	1	3.49×10^{-6}
	10^{-3}	3.49×10^{-9}
1700	10^3	4.352×10^{-3}
	1	4.35×10^{-6}
	10^{-3}	4.35×10^{-9}

2）C、O 活度系数估算方法二

将 C、O 在 Ni 基合金中的行为按理想溶液来处理，则

$$f_C = 1 , \quad f_O = 1$$

结合表 6.1.1，可得[C]×[O]浓度积，见表 6.1.3。

表 6.1.3　Inconel690 合金 C-O 反应浓度积的计算

温度/℃	压力/Pa	[C]×[O]
1500	10^3	8.36×10^{-7}
	1	8.36×10^{-10}
	10^{-3}	8.36×10^{-13}
1600	10^3	1.07×10^{-6}
	1	1.07×10^{-9}
	10^{-3}	1.07×10^{-12}
1700	10^3	1.33×10^{-6}
	1	1.33×10^{-9}
	10^{-3}	1.33×10^{-12}

2. Ca-O 反应浓度积热力学计算

在压力（10^3Pa、1Pa、10^{-3}Pa）和温度（1600℃、1800℃、2000℃）下的熔炼，在 Ni 基熔体中，$CaO{=\!=}Ca_{Ni}+O_{Ni}$

$$\Delta_r G_m^{\ominus} = 560560 - 144.06T(\text{J/mol}) \tag{6.1.3}$$

当 Ca-O 反应处于化学平衡时，$\Delta_r G_m^{\ominus} = 0$，可得 3 个温度下的平衡常数 K 值，见表 6.1.4。

表 6.1.4　不同温度下 Ni 基合金中 Ca-O 反应平衡常数 K

温度/℃	温度/K	K
1600	1873	7.7913×10^{-9}
1800	2073	2.5114×10^{-7}
2000	2273	4.3933×10^{-6}

$$K = \frac{f_{Ca}[Ca] \cdot f_O[O]}{a_{CaO}} \tag{6.1.4}$$

在 Ni 基合金中，由于各元素对 Ca、O 活度相互作用系数的缺乏，将 Ca、O 在 Ni 基合金中的行为按理想溶液来处理，则

$$f_{Ca} = 1 , \quad f_O = 1$$

结合表 6.1.4，可得[Ca]×[O]，见表 6.1.5。

表 6.1.5　Inconel690 合金 Ca-O 反应浓度积的计算

温度/℃	[Ca]×[O]
1600	7.7913×10^{-9}
1800	2.5114×10^{-7}
2000	4.3933×10^{-6}

6.1.2　Inconel690 合金超纯净冶炼动力学研究

1. Inconel690 合金熔体 C-O 反应动力学

使用 CaO 坩埚对 Inconel690 合金进行熔炼，在不同温度下保温进行碳脱氧冶金反应，多次取样并分析结果，计算得到碳脱氧能力与反应温度的对应关系和碳脱氧反应进行程度的时间效应，完成了 Inconel690 合金进行 CaO 坩埚脱硫与强活性元素脱硫试验。

采用新 CaO 坩埚，22kg 容量，炉料 20kg，不添加 Al、Ti 等活性元素；到温后通过控制功率保温，每隔一定时间取熔体样品分析含量；实验过程监测熔体温度、熔体上方真空度、熔体取样重量情况；分析样品中含量变化随熔炼时间的变化。图 6.1.1 给出熔炼过程中熔体温度和真空度随熔炼时间的变化，图 6.1.2 给出熔炼过程中熔体重量和面积 A/体积 V 比值随熔炼时间的变化。

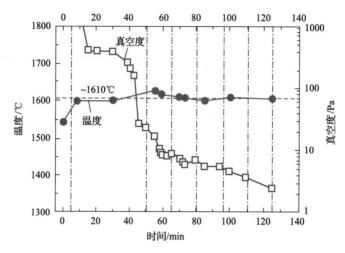

图 6.1.1　熔炼过程中熔体温度和真空度随熔炼时间的变化

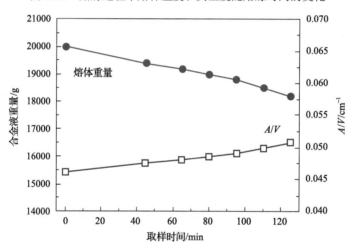

图 6.1.2　熔炼过程中熔体重量和面积/体积比值随熔炼时间变化

试验获得的不同温度、不同时间熔炼 Inconel690 合金的 C 和 O 含量见表 6.1.6。

表 6.1.6　不同温度、不同时间熔炼的 Inconel690 合金 C 和 O 含量

时间/min	O 含量/ppm			C 含量/ppm		
	1550℃	1600℃	1650℃	1550℃	1600℃	1650℃
0	150	210	250	590	570	540
10	120	180	190	470	420	360
20	110	160	160	400	300	290
40	100	140	120	330	260	220
60	85	100	70	300	230	180
80	65	60	33	260	180	100
100	45	35	28	200	140	90

图 6.1.3 给出不同温度 O、S、C 含量随熔炼时间的变化曲线，可明显地看出 C 含量降低幅度大于 O 含量降低幅度。

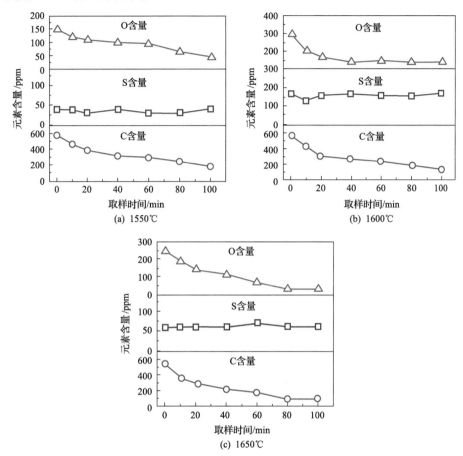

图 6.1.3　不同温度熔体中 O、S、C 含量随熔炼时间变化

图 6.1.4 给出不同温度熔体中 C、O 含量随时间的变化，通过拟合直线可知在不同温度碳含量变化与氧含量变化呈线性关系，具体如下：

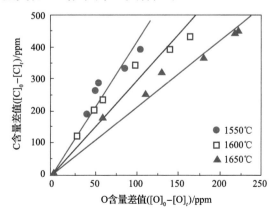

图 6.1.4　熔体 O、C 含量随熔炼时间的变化

$$1550℃: \Delta[C] \approx 4\Delta[O]$$

$$1600℃: \Delta[C] \approx 3\Delta[O]$$

$$1650℃: \Delta[C] \approx 2.5\Delta[O]$$

当 $t=0$，$[O]=[O]_0$、$[C]=[C]_0$。

当 $t=t$，$[O]=[O]_t$、$[C]=[C]_0-3([O]_0-[O]_t)$

2. Inconel690 合金熔体脱氧反应关键参数

反应级数 n、速率常数 k，若 $n=2$，为二级反应，则有

$$1/[C]_0 - 3[O]_0 \times \ln\frac{[O]_0[C]}{[O]_t[C]_0} = k\left(\frac{A}{V}\right)t \tag{6.1.5}$$

依据式 (6.1.5) 和实际测得的数据绘制不同温度下的脱氧反应曲线，如图 6.1.5 所示。

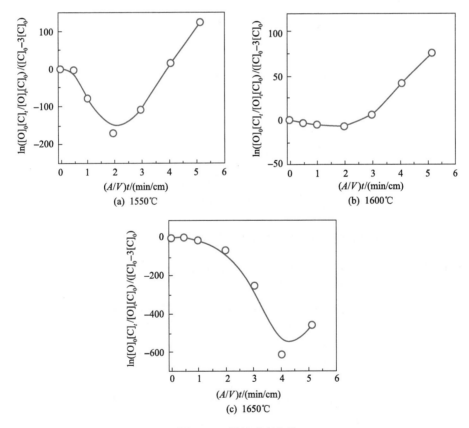

图 6.1.5 脱氧反应曲线

若 $n=1$，为一级反应，则有

$$\ln\frac{[O]_0}{[O]_t} = k\left(\frac{A}{V}\right)t \tag{6.1.6}$$

依据式(6.1.6)和测定的实际数据绘制不同温度下的脱氧反应曲线如图 6.1.6 所示。计算的反应速率常数如下：1150℃时为 0.497，1620℃时为 0.3105，1650℃时为 0.4449。

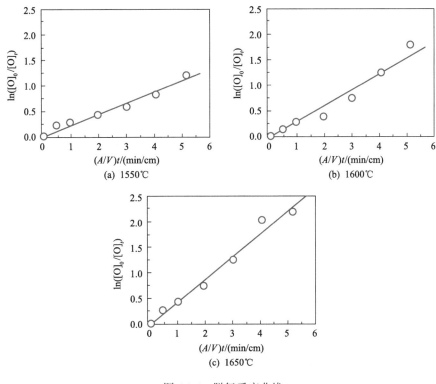

图 6.1.6 脱氧反应曲线

3. Inconel690 合金熔体 C-O 反应规律

反应激活能 E 与反应速率常数 k 可以表示为

$$\ln k = -\frac{E}{8.314T} + \ln A \tag{6.1.7}$$

根据式(6.1.7)和实际测得的数据，获得反应激活能 E 与反应速率常数 k 的关系曲线如图 6.1.7 所示。

熔体气液界面反应控制步骤常为：反应物从液相边界层向界面扩散，熔体中扩散能通常为 40~150kJ/mol。界面化学反应 $C+1/2O_2\!=\!=\!=\!CO$ 的反应热 $\Delta H=203.47$kJ/mol。E 值为 83.96kJ/mol，所以此反应以碳原子在液相边界层中扩散占主导。

6.1.3 Inconel690 合金超纯净冶炼实践

开发出的 500kg 容量新型 CaO 坩埚捣打、烧结技术，成功用于真空感应熔炼(vacuum induction melting，VIM)超纯净 Inconel690 合金。该技术已用于熔炼制备 1t 电渣重熔电极棒，即将推广于 5t、8.5t 容量真空感应熔炼炉，用以熔炼超纯净 Inconel690 合金。通

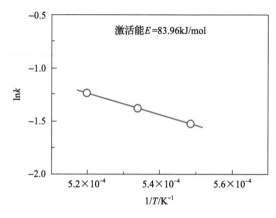

图 6.1.7　温度与反应速率常数的关系

过熔炼工艺的创新，使真空感应熔炼 Inconel690 合金的 O 含量小于 5ppm，S 含量低于 10ppm，合金锭成分见表 6.1.7。

表 6.1.7　真空感应熔炼制备的 Inconel690 合金的化学成分

（单位：%（质量分数））

炉号	Al	Ti	Si	Mn	Cu	Co	Fe	Cr	C	S	O	Ni
505	0.19	0.22	0.07	0.03	痕量	0.009	9.69	29.64	0.024	0.0007	0.0004	余量
506	0.22	0.22	0.06	0.007	—	0.013	9.52	29.42	0.024	0.0010	0.0004	余量
508	0.18	0.21	0.06	0.007	—	0.009	9.28	29.53	0.024	0.0007	0.0005	余量
509	0.23	0.22	0.05	0.008	痕量	0.009	9.56	29.61	0.022	0.0010	0.0003	余量

设计出 3 种渣系（编号分别为 A、B、C）进行研究，成分配比如下：

A：$[CaF_2]:[Al_2O_3]:[CaO]:[MgO]:[TiO_2]=71:15:5:5:4$

B：$[CaF_2]:[Al_2O_3]:[CaO]:[MgO]:[TiO_2]=56:20:10:10:4$

C：$[CaF_2]:[Al_2O_3]:[CaO]:[MgO]:[TiO_2]=40:35:10:10:5$

测量上述渣系的熔点、黏度、表面张力和电导率等参数，结果见表 6.1.8、表 6.1.9 和图 6.1.8。参考上述结果，选择 A 渣和 C 渣作为 Inconel690 合金电渣重熔渣系。

表 6.1.8　三种渣系的熔点

渣系	降温速度 /(℃/min)	半球点温度/℃			完全熔化温度/℃		
		1	2	平均值	1	2	平均值
A	3	1330	1324	1327	1400	1380	1390
B	3	1312	1309	1310	1350	1350	1350
C	3	—	—	1324	—	—	—

表 6.1.9　三种渣系的表面张力测量结果

渣系	温度/℃	表面张力/(N/m)			
		1	2	3	平均值
A	1400	0.3203	0.3896	0.3948	0.3922
B	1400	0.4273	0.4315	0.4181	0.4256
C	1430	0.3417	0.357	0.3073	0.3353

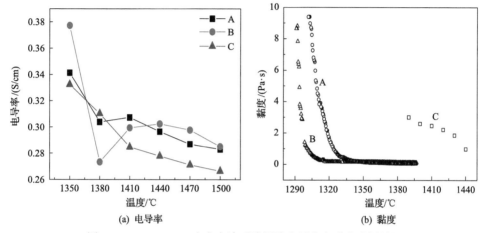

图 6.1.8　Inconel690 合金电渣重熔用渣电导率和黏度分析结果

目前，采用 A 渣系进行电渣重熔试验，获得溶渣成分及其热物性参数对合金 O、S 等元素含量的影响规律。表 6.1.10 结果显示，高 CaF_2 含量的渣系使电渣重熔锭的 O 含量增加，S 含量基本保持不变。

表 6.1.10　电渣重熔制备的 Inconel690 合金的化学成分

（单位：%（质量分数））

炉号	Al	Ti	Fe	Cr	C	S	O	Ni
VIM	0.21	0.20	10.3	29.48	0.018	0.0009	0.0006	Bal.
A	0.17	0.25	10.3	29.48	0.020	0.0008	0.0030	Bal.

Inconel690 合金热力学计算和实际熔炼发现，理论计算 C、Ca 脱氧得到约 0.1ppm 的超低氧，实际氧含量 10～20ppm，受炉体残余空气和耐火材料影响很大。

熔体中实际 C-O 反应氧动力学规律：C-O 反应级数 $n=1$；在 1500～1650℃，C-O 反应速率常数 k 为 0.19～0.44cm/min；C-O 反应激活能 E 为 72～92kJ/mol；Fe 基熔体 C 元素过量，反应受边界层中 O 扩散控制；Inconel690 中反应受 C 扩散控制。

6.2　Inconel690 合金凝固特性研究

6.2.1　Inconel690 合金凝固特性

Inconel690 合金中含有一定量的 P、S 等杂质元素以及少量的 Al、Ti、C 等合金元素，凝固过程中易产生微观偏析,导致一些有害相析出,影响合金的热加工性能和耐蚀性能。为了进一步优化 Inconel690 合金的成分,采用 OM、电子探针显微分析仪(electron probe micro analysis,EPMA)、SEM、TEM 系统研究了 Inconel690 合金凝固特征、凝固偏析及相的析出行为。

采用真空感应和电渣重熔熔炼制备 Inconel690 合金。重熔锭锻造后,再经热轧工艺成为直径 16mm 的棒材,用于凝固实验。合金化学成分见表 6.2.1。

表 6.2.1　Inconel690 合金化学成分　　　　（单位：%（质量分数）)

编号	N	C	Ti	Cr	S	Al	Fe	Ni
690-1	0.001	0.020	0.18	29.85	0.0007	0.19	10.2	余量
690-2	0.011	0.024	0.18	29.60	0.0003	0.17	10.8	余量
690-3	0.020	0.023	0.18	29.91	0.0004	0.18	10.0	余量

合金凝固偏析程度首先取决于合金固、液相线的相对位置,固、液相线间的温度区间越大,偏析越严重。为了获得元素含量对 Inconel690 合金固、液相线温度的影响,每个合金均做一系列从高温到低温的凝固试验,试验过程如图 6.2.1 所示。

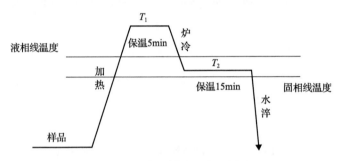

图 6.2.1　等温凝固试验示意图

等温凝固样品于 1450℃完全熔化后,保温 5min,随炉冷却至 1390℃,并在此温度下保温 15min 后快速淬火。690-1 和 690-3 样品微观组织由细小的枝晶组成,而 1385℃淬火组织由细小的枝晶和大块椭圆状或树枝状固相组成,如图 6.2.2 所示。显然,690-1 和 690-3 的液相线温度都在 1385℃和 1390℃之间。对比 1385℃淬火组织发现,690-1 和 690-3 具有相近的固相体积分数,因此 N 含量不影响 Inconel690 合金的液相线温度。根据试验结果确定试验采用的 Inconel690 合金的液相线温度为 1390℃。

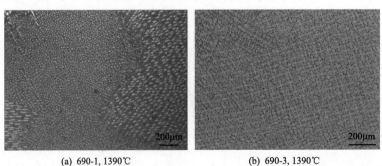

(a)　690-1,1390℃　　　　　　　　(b)　690-3,1390℃

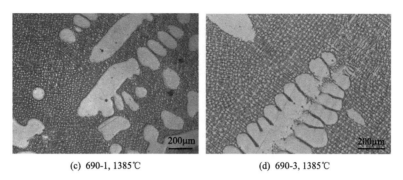

(c) 690-1, 1385℃   (d) 690-3, 1385℃

图 6.2.2　690-1 和 690-3 合金凝固金相组织

图 6.2.3～图 6.2.5 显示了 Inconel690 合金凝固过程金相组织。从不同 N 含量 Inconel690 合金固相线温度所对应的金相组织可以看到，固相线温度下晶界上还存有极少量的残余液

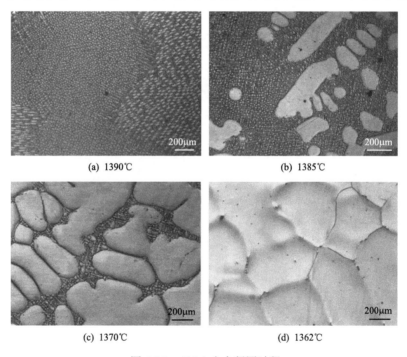

(a) 1390℃   (b) 1385℃

(c) 1370℃   (d) 1362℃

图 6.2.3　690-1 合金凝固过程

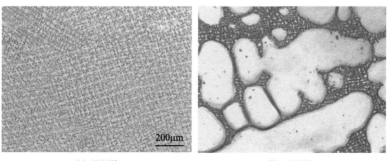

(a) 1390℃   (b) 1385℃

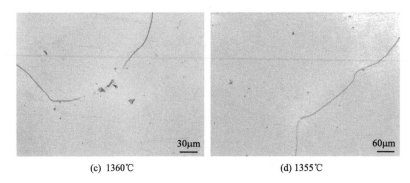

(c) 1360℃　　　　　　　　　　(d) 1355℃

图 6.2.4　690-2 合金凝固过程

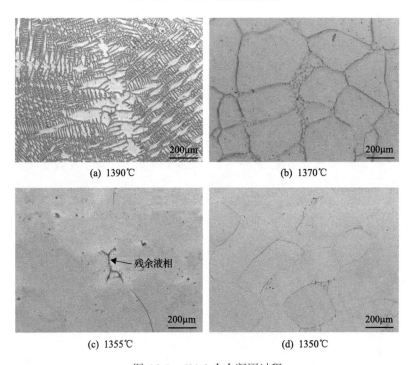

(a) 1390℃　　　　　　　　　　(b) 1370℃

残余液相

(c) 1355℃　　　　　　　　　　(d) 1350℃

图 6.2.5　690-3 合金凝固过程

相。由图可见，当 N 含量从 10ppm 增加到 200ppm 时，Inconel690 合金的固相线温度从 1362℃降低到 1350℃。

6.2.2　Inconel690 合金凝固中元素偏析

采用等温凝固淬火法研究了 Inconel690 合金凝固偏析行为。1370℃凝固水淬组织如图 6.2.6 所示。由图可见，该温度下已有较多的固相(图中的块状区域)，固相周围是剩余液相经水淬形成的细小枝晶。随着 N 含量增加，残余液相增多。图 6.2.7 为 Inconel690 合金凝固至 1355℃保温 15min 后的水淬组织。由图可见，当 Inconel690 合金 N 含量为 10~200ppm 时，凝固样品仅在晶界上残存少量液相；随着 N 含量增加，残余液相增多。对不同 N 含量 Inconel690 合金的残余液相进行统计，计算结果见表 6.2.2。从表中可以清楚地看到,残余液相的体积分数随着 N 含量的增加而显著增加。

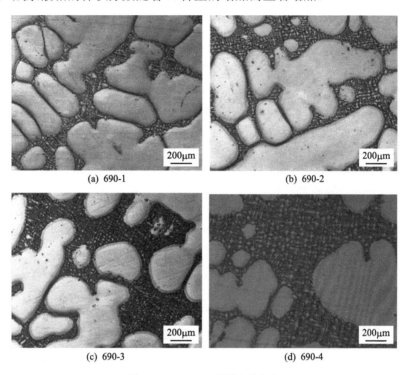

(a) 690-1 (b) 690-2

(c) 690-3 (d) 690-4

图 6.2.6 1370℃凝固水淬组织

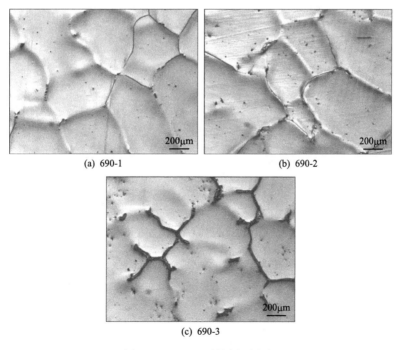

(a) 690-1 (b) 690-2

(c) 690-3

图 6.2.7 1355℃凝固水淬组织

表 6.2.2　Inconel690 合金残余液相体积分数　　　　　　(单位：%)

等温温度	690-1	690-2	690-3
1370℃	23.9	31.3	35.6
1355℃	1.6	1.9	3.1

Inconel690 合金在 1370℃淬火后 Cr、Ti、S、C、N 在固相和残余液相中的分布示于图 6.2.8。图中的颜色可以定性地表示合金元素的含量，而颜色衬度的差异则表示合金元素偏析的程度。可以看出，Cr 明显地富集在残余液相中，且随着 N 含量的增加，残余液相及其周围的 Cr 含量有所增加。N 含量为 10~200ppm 的样品中还存在强烈的 Ti 偏聚，具有与 Cr 元素相似的偏析规律。此外，在残余液相中还存在非常轻微的 S 和 C 偏析，而 N 则均匀地分布在固相和液相中。

当凝固到 1355℃时，残余液相中 S、C、N 的偏析加剧，如图 6.2.9 所示。从图中可以看出，690-1 样品中 S 主要与 Ti 富集在一起，出现 Ti、S、C 的共偏析，而 Cr 元素的偏析不明显。随 N 含量增加，N 亦在残余液相中富集，与 Ti 呈现相同的偏析规律。同时 Cr 偏析变得严重，局部区域形成 Cr、Ti、S、C 共偏析。

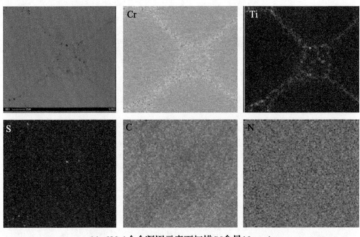

(a) 690-1合金凝固元素面扫描(N含量10ppm)

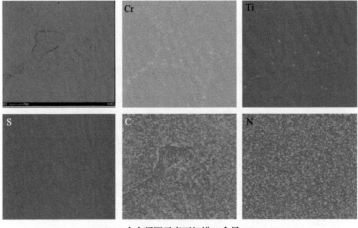

(b) 690-2合金凝固元素面扫描(N含量110ppm)

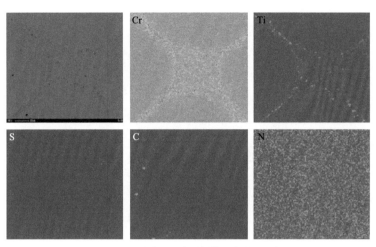

扫码见彩图

(c) 690-3合金凝固元素面扫描(N含量200ppm)

图 6.2.8　不同 Inconel690 合金在 1370℃时的凝固偏析特征

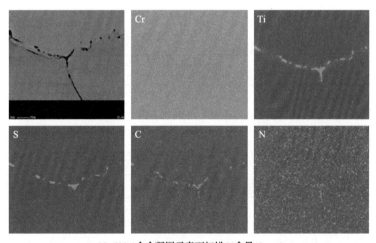

(a) 690-1合金凝固元素面扫描(N含量10ppm)

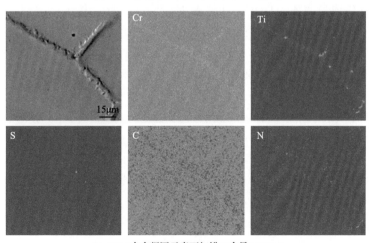

(b) 690-2合金凝固元素面扫描(N含量110ppm)

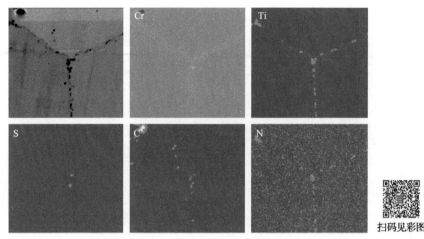

扫码见彩图

(c) 690-3合金凝固元素面扫描(N含量200ppm)

图 6.2.9　Inconel690 合金 1355℃凝固过程中元素偏析特征

　　为了定量表征 N 含量对 Inconel690 合金凝固偏析的影响，采用 EPMA 点分析来测定残余液相中 Cr、Ti、Ni 和 Fe 的浓度，测定结果示于表 6.2.3。

表 6.2.3　Inconel690 合金中 Cr、Ti、Ni、Fe 的名义偏析度

编号	1370℃				1355℃				1350℃			
	Cr	Ti	Ni	Fe	Cr	Ti	Ni	Fe	Cr	Ti	Ni	Fe
690-1	1.09	2.17	0.98	0.89	1.18	5.54	0.94	0.78	1.20	6.37	0.93	0.77
690-2	1.17	1.94	0.94	0.86	1.24	3.78	0.90	0.83	1.27	5.21	0.89	0.76
690-3	1.18	2.17	0.93	0.90	1.24	2.55	0.89	0.84	1.32	3.93	0.87	0.76

　　表 6.2.3 清楚显示出 Cr 和 Ti 是正偏析元素，随着温度的降低在残余液相富集。N 含量对 Cr、Ti 的偏析有明显的影响。随着 N 含量的增加，残余液相中的 Cr 浓度显著增加；而由于 TiN 的生成量增加，Ti 浓度却随着 N 含量的增加而降低。显然，残余液相中的 Ti 浓度与 TiN 的析出密切相关。从表 6.2.3 中可以看到，当等温凝固温度为 1370℃时，由于 N 含量在 10～300ppm 范围内的 Inconel690 合金样品均无 TiN 析出，故其残余液相中的 Ti 浓度也大致相同，在 0.35%（质量分数）左右波动。随着凝固温度降低，TiN 开始析出，且析出量随着 N 含量的增大而增加，使残余液相中 Ti 浓度降低。Ni、Fe 均为负偏析元素，其在残余液相中的含量均低于其名义成分，且随着温度的降低而减少。N 对残余液相中 Ni 浓度的影响也相当明显。N 含量越高，Ni 在残余液相中越贫乏。残余液相中的 Fe 浓度受 N 含量的影响不明显。

　　综上所述，Inconel690 合金的凝固过程中 Cr、Ti 等合金元素存在明显的微观偏析。随着 N 含量增大，Inconel690 合金的凝固温度区间增大，残余液相中 Cr 浓度增加，而 Ti 浓度降低。Ti 与 N 有极强的亲和力，当 Ti 富集到一定程度时便有 TiN 析出，N 含量越高，TiN 的析出量越多。TiN 的析出减轻了固液界面上 Ti 的富集，破坏了固液界面上

Cr、Ti 原有的平衡，从而促进 Cr 的偏析。同时，N 在残余液相的富集，在一定程度上也促进了 Cr 向残余液相偏聚，因为 Cr 与 N 之间也有较大的亲和力。

6.2.3　Inconel690 合金凝固中析出相

根据凝固过程中的元素偏析结果可知，Inconel690 合金中添加 N 元素之后，Cr、Ti、S、C、N 等元素在终凝区内形成富集，可能引起有害相的析出。为此，本章采用 OM、SEM 和 TEM 分析不同 N 含量 Inconel690 合金淬火样品，以明确合金的凝固偏析和 N 含量对析出相形成的影响。

采用软件对 1150℃ 水淬样品中氮化物尺寸和数量进行统计分析，结果如图 6.2.10 和表 6.2.4 所示。图 6.2.10 示出不同 N 含量 Inconel690 合金凝固样品中氮化物的尺寸分布，表 6.2.4 给出氮化物的体积分数及平均尺寸。从图 6.2.10 中可以看出，随 N 含量增加，氮化物尺寸增大，部分颗粒达到 10μm。从表 6.2.4 可以看到随着 N 含量增加，氮化物体积分数和平均尺寸均显著增加。

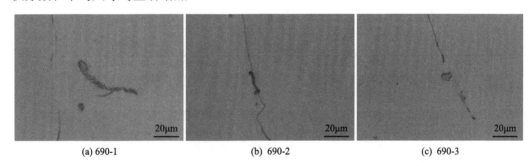

| | (a) 690-1 | (b) 690-2 | (c) 690-3 |

图 6.2.10　Inconel690 凝固样品中氮化物的形态和分布

表 6.2.4　Inconel690 合金中氮化物体积分数和平均尺寸

参数	690-1	690-2	690-3
体积分数/%	0.08	0.13	0.3
平均尺寸/μm	2.92	2.8	3.61

采用 TEM 分析 Inconel690 合金凝固析出相，结果显示亚微米尺度 Ti(C,N) 在凝固过程中析出。Ti(C,N) 类氮化物呈球状或颗粒状，由选区电子衍射花样可知点阵常数为 0.43nm，介于 TiN(0.424nm) 和 TiC(0.434nm) 的点阵常数之间。EDS 分析结果表明，碳氮化钛颗粒中的 C 含量较高。当 N 含量增加到 1100ppm 时，Inconel690 合金中有长条状 (Cr,Ti)N 析出，点阵常数为 0.419nm，介于 CrN(0.415nm) 和 TiN 之间，如图 6.1.11 所示。

图 6.2.12 为 690-1 中观察到的颗粒状的 $Ti_4C_2S_2$，即高温合金中常见的 Y 相或 Z 相。通过标定其选区电子衍射花样表明该相具有简单六方晶体结构，点阵常数为 a=0.325nm，c=1.196nm，与 XRD 测得高温合金 690-2 中 $Ti_4C_2S_2$ 的点阵常数相似。

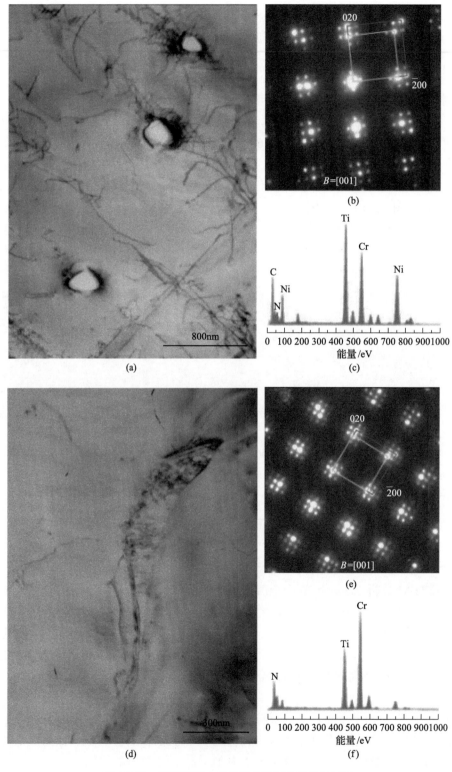

图 6.2.11　凝固过程中析出的 Ti(C,N) 和 (Ti,Cr)N

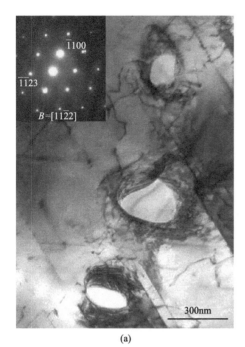

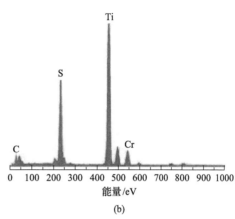

(b)

(a)

图 6.2.12 690-1 合金中 $Ti_4C_2S_2$ 的形貌和 EDS 谱

为了研究 Inconel690 合金组织的转变,采用真空感应熔炼和电渣重熔工艺制备出不同元素含量的合金铸锭。合金铸锭经锻造、热轧成直径为 16mm 的棒材,具体的化学成分见表 6.2.5。为了研究冷轧变形合金固溶处理过程中的组织转变,选取 No.01、No.02、No.03 合金棒材热轧至 3mm 厚板材,之后板材再冷轧至约 1mm 板材。冷轧板材分别在 1050~1100℃固溶处理后,统计晶粒尺寸。

表 6.2.5 Inconel690 合金化学成分 （单位：%（质量分数））

合金	Cr	Fe	C	Al	Ti	Ni
No. 01	29.85	10.2	0.022	0.19	0.18	余量
No. 02	29.60	10.8	0.016	0.17	0.18	余量
No. 03	29.91	10.0	0.023	0.18	0.18	余量
No. 04	29.76	10.0	0.020	0.18	0.19	余量
No. 05	29.69	10.0	0.027	0.18	0.18	余量
No. 06	29.57	10.0	0.023	0.18	0.17	余量

固溶态合金组织中还含有一定数量的 TiN,主要分布于晶界及其附近,多为金黄色的规则方形或三角形,如图 6.2.13 所示。合金中的 TiN 的体积分数随着 N 含量的增加而增加。在 No.01 合金中没有观察到 TiN 的存在。No.02 合金中 TiN 的体积分数约为 0.06%。图 6.2.14 给出了合金中 TiN 尺寸分布随 N 含量的变化情况,N06 合金中小尺寸 TiN 所占比例最高。

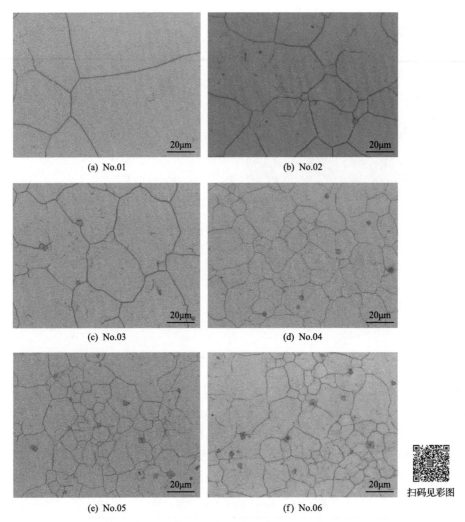

扫码见彩图

图 6.2.13　固溶处理后的 Inconel690 合金中的 TiN 分布状态

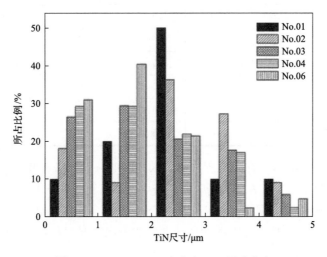

图 6.2.14　Inconel690 合金中 TiN 尺寸分布

在金相观察时发现有的 TiN 颗粒中间存在一个黑色的核心，采用 SEM 观察时也可以发现。用 EDS 分析核心部分与边缘部分元素，结果如图 6.2.15 和图 6.2.16 所示。

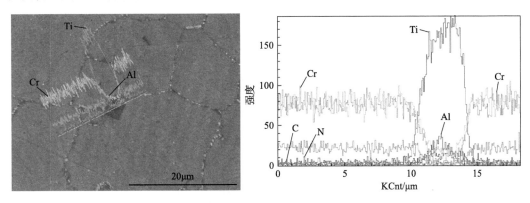

图 6.2.15　含氧化物核心的 TiN 的 EDS 线扫描图

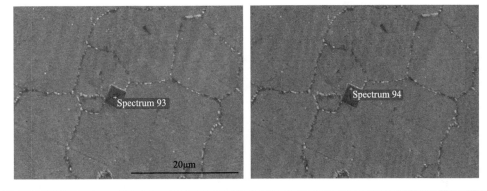

位置	元素质量分数/%								
	C	N	O	Al	Ti	Cr	Fe	Ni	总量
TiN的核心	8.49	—	40.58	10.3	35.43	3.79	—	1.41	100
TiN的边缘	9.63	22.04	—	0.72	46.53	10.07	1.81	9.20	100

图 6.2.16　含氧化物核心的 TiN 的 EDS 分析结果

6.2.4　小结

Inconel690 合金液相线温度为 1390℃。随着合金元素含量变化，固相线温度位于 1350～1360℃。

Inconel690 合金凝固过程中，Cr、C、Ti、N 是正偏析元素，在终凝区产生富集，其偏析程度随凝固温度降低而增大。残余液相内的 Ni 和 Fe 浓度较名义成分降低，属于负偏析元素。伴随着凝固元素偏析，固、液相界面析出 TiN 或 Ti(C,N) 类型的氮化物。该氮化物具有面心立方结构，多呈不规则外形。

6.3　Inconel690 合金冷/热加工性能研究

6.3.1　Inconel690 合金冷加工性能

图 6.3.1 研究了三种不同变形量、不同固溶处理温度的样品随时间延长其晶粒长大倾向性。变形量越大晶粒长大倾向性越小，温度越高晶粒长大倾向性越大。

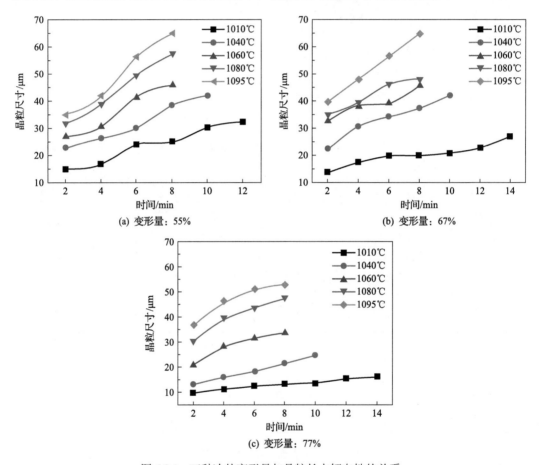

(a) 变形量：55%

(b) 变形量：67%

(c) 变形量：77%

图 6.3.1　三种冷轧变形量与晶粒长大倾向性的关系

图 6.3.2 给出三种变形量冷轧后经 1080℃×5min 处理后的晶粒度照片，图 6.3.3 给出三种变形量冷轧后经不同温度处理 8min 后晶粒尺寸变化曲线。从这两个图可知，冷轧变形量越大，晶粒越细小。

研究不同固溶处理温度下冷轧变形量对晶粒均匀性影响，如图 6.3.4 和图 6.3.5 所示。可见固溶处理时间、处理温度和变形量对晶粒均匀性有重要影响，在实际处理和轧制过程中应选择匹配的变形量、固溶处理温度和时间。

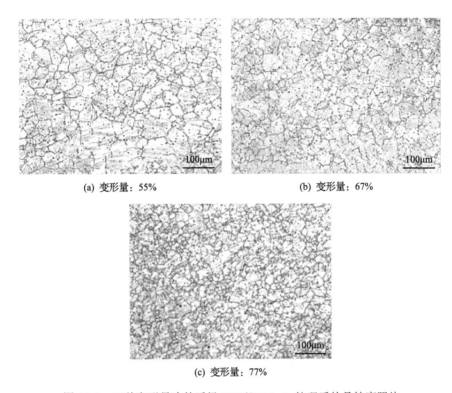

(a) 变形量: 55%　　　　　　　(b) 变形量: 67%

(c) 变形量: 77%

图 6.3.2　三种变形量冷轧后经 1080℃×5min 处理后的晶粒度照片

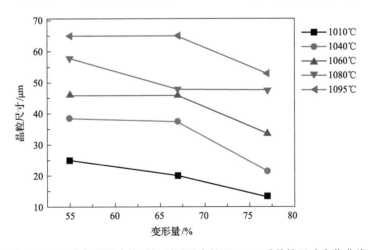

图 6.3.3　三种变形量冷轧后经不同温度处理 8min 后晶粒尺寸变化曲线

6.3.2　Inconel690 合金的热加工性能

获得 Inconel690 合金热挤压坯料高温下强度和塑性数据，是制定该合金管坯合理挤压温度的重要依据。为此，分别选取 500kg 电渣锭锻造坯料，热轧成 Φ16mm 棒材，并从 1t 电渣锭锻造坯料横向取样，加工成拉伸试棒，在 Gleeble-1500 拉伸试验机进行高温拉伸试验，测试拟热挤压坯料的高温力学性能。试验选择的温度范围为 950~1200℃，

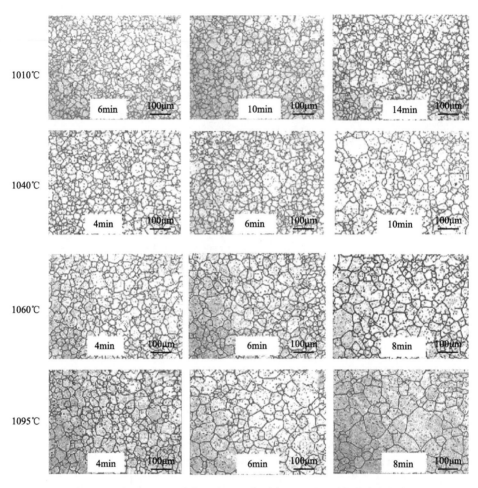

图 6.3.4　变形量 55%冷轧后不同温度固溶处理不同时间的金相组织

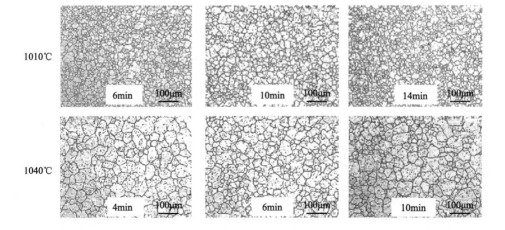

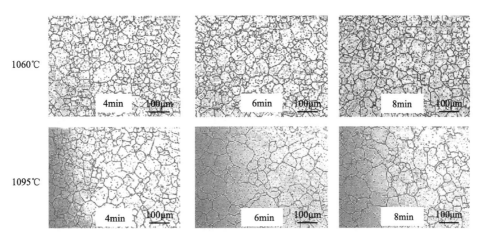

图 6.3.5　变形量 67%冷轧后不同温度固溶处理不同时间的金相组织

在相应的测试温度保温 2min，以拉伸速率为 2.5mm/min 将试样拉断，结果如图 6.3.6 所示。可见，随着拉伸温度由 950℃增加到 1250℃，用于热挤压 Inconel690 合金热轧棒高温强度由 96.79MPa 降至 24.46MPa，而塑性在 950～1200℃范围内逐渐增加；1100～1200℃温度范围内，Inconel690 合金的面缩率均大于 90%，1250℃时重新降低至 78.0%。

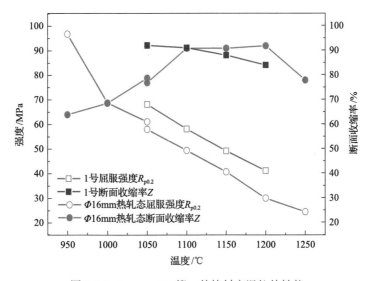

图 6.3.6　Inconel690 锻、轧棒材高温拉伸性能

同时，1050～1200℃温度范围横向拉伸性能显示，其强度和塑性与热轧棒基本相当。因此，考虑热挤压时坯料截面约有 90%大变形，良好塑性是必备的，热加工温度应选择在 1100～1200℃的温度范围，锻造稳定选择 1150℃。锻造棒材照片如图 6.3.7 所示。

至于在此温度范围，选择何种热挤压温度区间，施加多大的热挤压力，应参考高温拉伸强度测试数据。因此考虑强度和塑性良好匹配以及施加挤压力，选择 1200℃±10℃进行挤压试验。热挤压过程如图 6.3.8 所示。

图 6.3.7　锻造棒材照片

图 6.3.8　Inconel690 合金热挤压工艺过程

　　同时对 Inconel690 合金热挤压成品管坯金相组织进行观察(图 6.3.9),对力学性能进行测试,发现成品管坯晶粒尺寸均匀、细小;室温强度和塑性也均达到 Inconel690 合金标准要求(表 6.3.1);另对热挤压修磨后管材进行超声波探伤检查未发现缺陷。通过上述研究,确定锻造加工温度为 1060~1150℃,热挤压温度为 1200℃。确定冷轧变形量控制在 75%左右为宜。

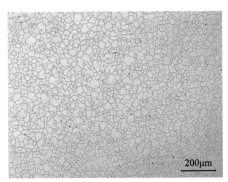 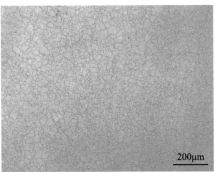

(a) 纵向　　　　　　　　　　　　(b) 横向

图 6.3.9　热挤压管金相组织照片

表 6.3.1　热挤压管的室温力学性能数据

拉伸性能	挤压态	1050℃×10min 水冷态
R_m /MPa	665	648
$R_{p0.2}$ /MPa	265	275
A/%	48	51
Z/%	74	72

6.4　Inconel690 合金热处理工艺研究

6.4.1　固溶处理与晶粒长大倾向

图 6.4.1 为冷轧态 Inconel690 合金纵向和横向组织。冷轧管材组织为沿变形方向伸长的条带状晶粒，晶粒内包含较多的变形滑移线。合金组织中包含一定数量的 TiN，多具有明黄色泽(图 6.4.1(b))，具有较为规则的外形，弥散分布在奥氏体基体中。

 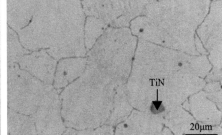

(a) 纵向　　　　　　　　　　　　(b) 横向

图 6.4.1　冷轧态 Inconel690 合金纵向(a)和横向(b)组织

在熔炼及加工后的冷却过程中，Inconel690 合金中的间隙元素 C 的溶解度降低，倾向于偏聚在晶界区，在冷却到一定温度下结合 Cr 形成碳化物，其形貌多呈短片状，如图 6.4.2 所示。采用 TEM 分析该类碳化物结构。结果表明，冷轧态组织中的碳化物为 $M_{23}C_6$，与特殊热处理(TT 处理)后的碳化物具有相同结构，其形貌和结构分析结果示于图 6.4.3。

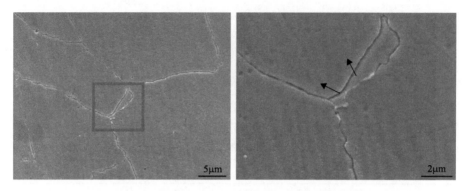

图 6.4.2　冷轧态 Inconel690 合金组织中碳化物形貌

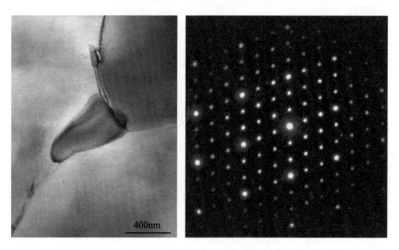

图 6.4.3　Inconel690 合金冷轧态组织中碳化物形貌及 SADP 结构分析

　　图 6.4.4 示出管材组织晶粒分布与固溶处理时间的关系。1020℃低温固溶过程中管材晶粒长大倾向较小，保温时间小于 11min 均可使合金晶粒度满足 ASTM 5-9 级要求(参照 RCCM 标准)。当固溶温度增加到 1050℃时，管材保温时间小于等于 6min 才能获得适宜的晶粒尺寸。而 1095℃固溶组织仅在保温时间小于等于 4min 的条件下才能满足晶粒度标准要求。

　　当保温时间相同时，固溶温度对管材室温力学性能的影响如图 6.4.5 所示。对比分析图 6.4.4 和图 6.4.5 试验结果可知，晶粒尺寸和室温强度、塑性有较为明显的对应关系。低温固溶使管材具有较高的抗拉强度和屈服强度，相应地其断面收缩率较小；随固溶温度升高到 1050℃，管材晶粒尺寸增加，使 Inconel690 合金室温强度逐渐下降，塑性趋于提高。

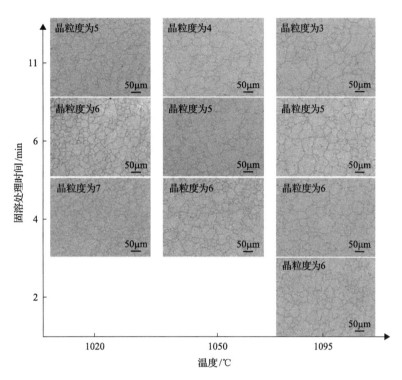

图 6.4.4　冷轧管材晶粒度与固溶处理时间的关系

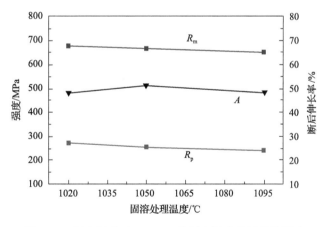

图 6.4.5　退火温度对 Φ19mm 管材室温力学性能的影响

经 1010～1095℃/4min 热处理后，管材室温力学性能如图 6.4.6 所示。1080℃和 1095℃固溶态管材具有相近的晶粒尺寸。随着固溶处理温度升高和晶粒尺寸增加，室温抗拉强度逐渐降低，而断后伸长率由约 40%增加到 47.5%，增加趋势不明显。

6.4.2　退火处理与碳化物析出

Inconel690 合金管材组织中碳化物形貌与退火温度的关系如图 6.4.7 所示。从图中可以看出，管材碳化物析出行为与退火温度关系密切，与棒材组织具有相同的规律性。1010℃退火组织中晶界碳化物离散分布，数量较少，而晶内碳化物数量较多。随退火温度增加到1030℃，局部晶界处析出的碳化物呈半连续分布，且碳化物数量较热轧棒材组织明显增加。1060℃退火样品包含半连续状晶界碳化物，而1090℃退火样品包含连续状晶界碳化物。

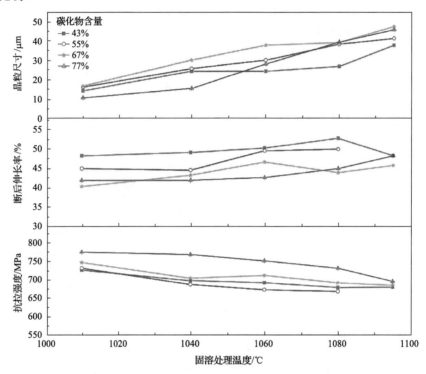

图 6.4.6　退火温度对管材室温力学性能的影响

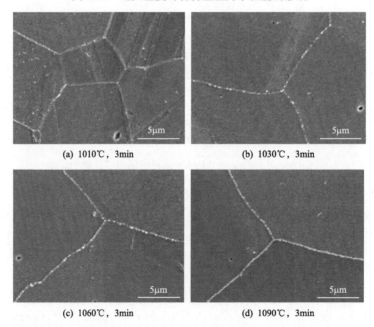

图 6.4.7　退火温度对后续特殊热处理(715℃/15h)过程中管材碳化物析出行为的影响

6.4.3　特殊热处理对微观组织的影响

1. 特殊热处理对晶粒尺寸的影响

采用金相软件统计了不同特殊热处理(TT)处理状态时的晶粒尺寸，结果如图 6.4.8 和图 6.4.9 所示。从图中可以看出，TT 处理不影响 Inconel690 合金晶粒尺寸，经退火和 600～800℃不同时间 TT 处理后，管材晶粒尺寸在 33～35μm 范围。

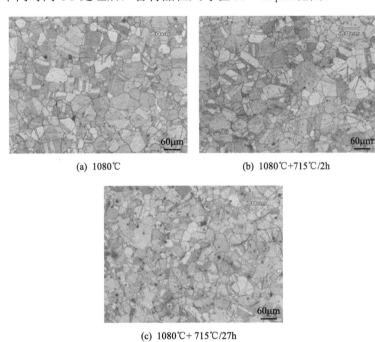

(a) 1080℃

(b) 1080℃+715℃/2h

(c) 1080℃+715℃/27h

图 6.4.8　TT 处理对 Inconel690 合金晶粒尺寸的影响

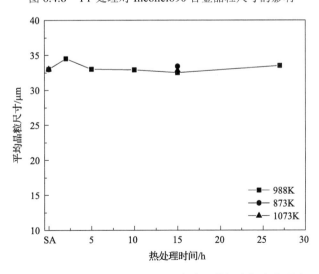

图 6.4.9　TT 处理对 Inconel690 合金晶粒长大倾向的影响

Inconel690 合金的再结晶温度约为 960℃,此温度为奥氏体晶粒开始长大的临界温度。该试验研究采用的 TT 处理温度为 600～800℃。该温度范围比 Inconel690 合金的再结晶温度低,因此合金难以发生明显的晶粒长大。同时,有关退火处理的研究结果显示,Inconel690 合金在小于 1050℃温度范围内晶粒长大倾向明显减小,由于 TT 处理温度远小于 1050℃,这也说明 TT 处理对晶粒度的影响较小。

2. 特殊热处理温度对碳化物的影响

图 6.4.10 为 TT 处理温度对碳化物析出行为的影响。由图可知,温度显著影响晶界碳化物形貌,随着 TT 处理温度升高,碳化物颗粒尺寸增加较为显著,其形貌逐渐向半连续、不连续状转变。

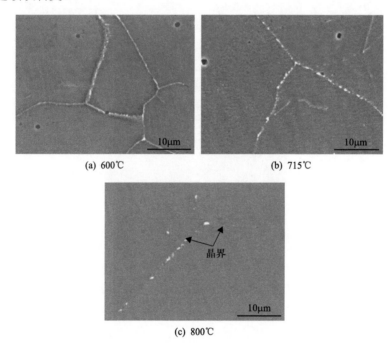

(a) 600℃   (b) 715℃

(c) 800℃

图 6.4.10 经 600℃、715℃、800℃ TT 处理 15h 后 Inconel690 合金组织中碳化物形貌及分布

600℃处理后,晶界处析出细小的碳化物,但分布较不均匀。多数晶界存在连续的碳化物,而少数晶界处碳化物呈离散分布。如图 6.4.10(b)所示,715℃处理态组织中分布着均匀的晶界碳化物,其形貌为典型的半连续状。当热处理温度为 800℃时,颗粒尺寸较大的晶界碳化物呈离散分布,少数晶粒内部存在离散分布的碳化物颗粒,如图 6.4.10(c)所示。

国内外有关试验研究表明,沿晶界呈连续或半连续状形貌分布的碳化物可使 Inconel690 合金在高温、高压水环境中的耐晶间应力腐蚀能力显著改善。本书工作证实碳化物形貌演变与 TT 处理温度具有较为密切的关系。为了获得连续或半连续分布的晶界碳化物,且使碳化物在晶界处均匀分布,应采用的 TT 处理温度为 715℃。

3. 特殊热处理时间对碳化物的影响

在 715℃保温 2～27h 后，Inconel690 合金晶界逐渐析出 $M_{23}C_6$ 结构的碳化物。该碳化物主要分布在晶界上，其形貌变化如图 6.4.11 所示。

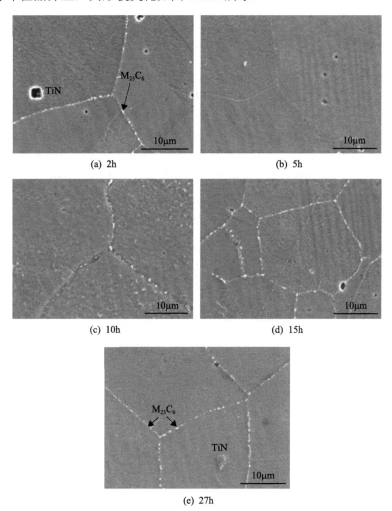

(a) 2h

(b) 5h

(c) 10h

(d) 15h

(e) 27h

图 6.4.11　715℃保温 2h、5h、10h、15h 和 27h 时 Inconel690 合金晶界碳化物形貌变化

经 2h TT 处理后，碳化物分布不均匀，部分晶界处的碳化物呈连续分布，少数晶界处碳化物析出数量较少、离散分布(图 6.4.11)。随着保温时间延长至 5h，碳化物在晶界处析出量增加，呈半连续分布，但碳化物颗粒尺寸及其均匀性与 10～27h 相比较差。当保温时间增加到 10～27h 后，碳化物颗粒尺寸增加，其形貌均为半连续性，不发生明显变化。晶界碳化物随退火温度增加而逐渐溶解，其完全溶解温度为 1060℃；晶内颗粒状碳化物溶解温度为 1080℃。TT 处理温度为 715℃，处理保温时间应大于等于 10h。

第7章

核岛其他关键设备材料

7.1 引 言

核电站核岛是一个庞大的系统，本书前面分别介绍了反应堆压裂容器、蒸汽发生器壳体、主管道及传热管用材料。本章将主要介绍核岛中主泵轴用材料和控制棒用材料。主泵轴是核电站中最重要的传动部件，长期在高温高压、强中子辐照及交变载荷的水腐蚀环境中服役，对其强韧性能、耐腐蚀性能、组织均匀性、抗疲劳载荷性能等综合性能提出了很高的要求，以确保60年的设计寿命，是核一级设备。主泵轴金属材料的国产化是设备国产化的基础，只有实现了关键部件材料的自主化，才能真正实现核电设备设计、制造的自主化。主泵轴国产化研制的难点是实现强韧性和磁性能同时达标。依托国家科技重大专项，我国2013年实现了转子轴锻件的国产化试制，目前已成功应用于屏蔽核主泵电机样机产品[1]。

控制棒在反应堆正常工作时用于调节反应堆功率，在事故工况下可使反应堆紧急停止，保证核安全，其特点是中子吸收截面积大，对反应堆的正反应性有抑制、释放和调节作用。控制棒对核反应堆速率的控制功能取决于其在核裂变链式反应中对中子的吸收能力。在选择控制棒材料时，除了中子吸收截面，还有许多需要考虑的因素；力学性能和成本是最重要的两个因素。最常用的控制棒材料有铪、银、铟、镉及硼元素[2, 3]。

7.2 主泵轴材料

7.2.1 主泵轴材料的性能要求

主泵轴材料的化学成分应满足表 7.2.1 的性能要求。被禁止材料一般是铝、镁、砷、锌、铜、铅、汞、镉、锡、锑、磷、铋、硫、氯化物、氟化物和低熔点金属以及它们的合金和化合物。二硫化钼（MoS_2）润滑剂、接触性防腐剂和卤化材料也不应用于任何锻件。

表 7.2.1 主泵轴材料化学成分区间 （单位：%（质量分数））

元素	C	Mn	P	S	Si	Cr	Ni
ASTM	0.06~0.13	0.25~0.80	≤0.015	≤0.030	≤0.50	11.5~13.0	≤0.50
元素	Sn	Al	Mo	Co	Al+Cu+P	S	Hg
ASTM	≤0.05	≤0.05	0.20~0.60	≤0.05	≤0.025	≤0.025	≤0.0001

注：Cd、Mg、Sn、Zn、Sb、As、Bi 质量分数之和小于等于 0.01%。

采用热处理工艺：淬火 940～1010℃空冷或水冷、回火 720～760℃快冷后的力学性能应满足表 7.2.2 的要求。

表 7.2.2　主泵轴材料力学性能要求

屈服强度/MPa	抗拉强度/MPa	断面收缩率/%	断后伸长率/%	A_{kv}/J
≥276	≥483	≥22	≥50	平均值≥41，最小值≥34

7.2.2　微观组织对力学性能的影响

使用 200kg 真空感应炉，冶炼了 3 炉试验钢，通过对合金元素(Cr 当量与 Ni 当量比)的控制，得到马氏体和铁素体相比例不同的材料，主要化学成分见表 7.2.3。采用不同热处理工艺冷获得了试验钢的微观组织，具体工艺见表 7.2.4。

表 7.2.3　试验钢化学成分　　　　　　　(单位：%(质量分数))

试验钢	C	Mn	Si	Cr	Ni	Mo	N
1#	0.11	0.44	0.32	12.3	0.15	0.50	0.0043
2#	0.11	0.45	0.33	12.32	0.40	0.31	0.0043
3#	0.11	0.58	0.31	12.27	0.16	0.30	0.033

表 7.2.4　试验钢经热处理后的金相组织

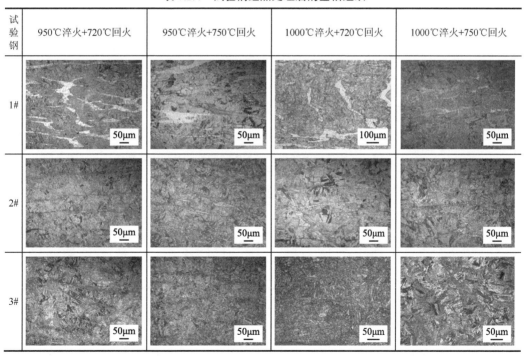

采用不同合金成分设计的 1#～3#试验钢热处理后的金相组织见表 7.2.4。试验钢的基体为马氏体+少量奥氏体+不同含量的 δ 铁素体。经测定，三种试验钢的 δ 铁素体含量分别为 24%、9.5%、3.4%。

试验钢经 1000℃淬火+750℃回火热处理后的微观组织如图 7.2.1 所示。随着淬火温度和回火温度的升高，钢中的颗粒状碳氮化物的数量逐渐增多，经 TEM 测定其结构为 $M_{23}C_6$ 型。图 7.2.1 列出了碳化物含量较多的 1000℃淬火+750℃回火热处理后的 SEM 形貌和碳化物的 TEM 形貌。

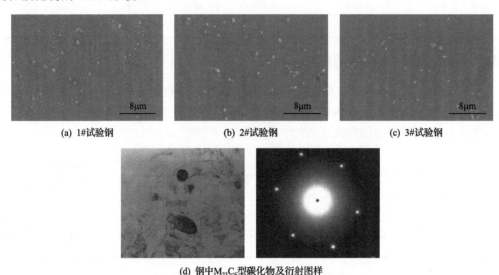

(a) 1#试验钢   (b) 2#试验钢   (c) 3#试验钢

(d) 钢中$M_{23}C_6$型碳化物及衍射图样

图 7.2.1   试验钢经 1000℃淬火+750℃回火热处理后的微观组织

试验钢的力学性能见表 7.2.5。相对于 1#试验钢，Ni 含量较高的 2#试验钢经淬火、回火后的强度更高，断后伸长率、断面收缩率、冲击功等塑韧性指标更高，并且钢中的奥氏体含量较少。而 Ni 含量与 1#试验钢相似、N 含量较高的 3#试验钢经回火后，强度比 1#试验钢要高，比 2#试验钢低，但其塑韧性指标远高于 2#试验钢；同时，其钢中的奥氏体含量是最低的。

表 7.2.5   三种试验钢经热处理后的力学性能及奥氏体含量

试验钢	淬火温度/℃	回火温度/℃	抗拉强度 R_m/MPa	屈服强度 $R_{p0.2}$/MPa	断后伸长率 A/%	断面收缩率 Z/%	冲击功 A_{kv}/J	奥氏体体积/%
1#	950	720	687	511	23.7	73.3	188	0.31
		750	632	441	26.5	74.3	212	0.42
	1000	720	678	514	21.7	72.0	221	0.46
		750	646	464	25.5	71.3	243	0.44
2#	950	720	686	525	23.5	72.0	192	0.38
		750	653	476	26.8	74.7	232	0.32
	1000	720	696	539	22.8	73.3	226	0.38
		750	663	493	24.5	72.7	230	0.47
3#	950	720	669	490	24.5	74.3	245	0.33
		750	641	453	26.8	75.3	269	0.33
	1000	720	666	493	25.2	74.7	237	0.28
		750	643	456	26.8	74.7	242	0.29

7.2.3 磁性能的影响因素

按照 ASTM A336 的相关要求,测试试验钢在磁场强度分别为 1181、3931、15748A/m 时的磁感应强度,结果见表 7.2.6。可见,回火温度越高,磁感应强度越高;在各种磁场强度下,2#、3#试验钢的磁感应强度均高于 1#试验钢;在低磁场强度下,添加 N 元素的 3#试验钢的磁感应强度较高,而在高磁场强度(15748A/m)下,Ni 含量较高的 2#试验钢的磁感应强度较高。

表 7.2.6 三种试验钢经热处理后的磁性能

试验钢	淬火温度/℃	回火温度/℃	B_{1181} /T	B_{3931} /T	B_{15748} /T
1#	950	720	1.086	1.429	1.662
		750	1.098	1.421	1.661
	1000	720	1.024	1.420	1.676
		750	1.055	1.412	1.665
2#	950	720	1.119	1.451	1.684
		750	1.136	1.446	1.679
	1000	720	1.068	1.446	1.689
		750	1.104	1.427	1.668
3#	950	720	1.125	1.446	1.677
		750	1.134	1.438	1.669
	1000	720	1.116	1.436	1.668
		750	1.122	1.438	1.667

由试验结果可见,1#~3#试验钢在铁素体含量、力学性能及磁性能等方面表现出不同的特性,这主要是由钢中化学元素含量与热处理制度的变化引起的。

热处理的影响在于,淬火温度越高,合金元素溶入基体越多,固溶强化越显著,而回火温度越高,却降低了强度,增加了塑韧性,减小了磁感应强度。三种试验钢化学元素含量的区别主要在于 Ni 和 N 元素含量的不同造成了不同的影响,因此重点进行分析。

众所周知,δ 铁素体含量与钢中的铬、镍当量比 Cr_{eq}/Ni_{eq} 以及最高加热温度有关。在相同的锻造温度下,Cr_{eq}/Ni_{eq} 成为 δ 铁素体含量的决定因素。按照 Sheffier 图中铬、镍当量计算。可得 1#、2#、3#三种试验钢的 Cr_{eq}/Ni_{eq} 依次为 3.4、2.7、2.4。符合 Cr_{eq}/Ni_{eq} 的变化规律。

在此类 Cr13 系马氏体不锈钢中,Ni 元素的主要作用是降低 C 在基体中的固溶度从而增加马氏体和碳化物的含量,因此可以轻微增加强度;N 元素主要作用主要是固溶强化,并在回火时与 C 一起生成碳、氮化物。在高于 700℃回火时,N 迅速产生脱溶沉淀,加速了钢的软化,但可以提高钢的持久强度,降低蠕变量。因此 N 元素虽然可以起到一定的强化作用,经高温回火后的脱溶沉淀使强化作用有所降低,基体中的 N 元素减少,因此奥氏体含量较少;但其塑韧性指标,尤其是冲击功得到了显著提高。

冲击功受奥氏体(包括残余奥氏体和逆转变奥氏体)含量的影响较大,一般奥氏体含量越高,冲击功也越高。但除了奥氏体含量对冲击功的提高作用,还应注意到 δ 铁素体的削弱作用。1#试验钢虽然奥氏体含量较高,但其 δ 铁素体含量也很高,两者的综合作用下其冲击功并不高;相反,3#试验钢由于 δ 铁素体含量较少,虽然其奥氏体含量也比较少,但其冲击功较高。

作为转子用钢应高度注重其导磁性能。钢处于强度一定的磁场中,导磁性能主要是由钢中的马氏体含量及马氏体中溶解的合金元素决定的。Ni 和 N 元素均能提高导磁性能,原理在于它们都可以降低 C 在基体中的固溶度;但 N 元素可以导致磁时效,当磁场强度较高时,会逐渐增加磁滞损失。因此,在所处的磁场强度较低时,添加 N 元素的3#试验钢可以强化铁磁性能,增加磁感应强度;磁场强度较高时,由于本身固有的磁滞效应,3#试验钢却不如添加少量的 Ni 元素的2#试验钢磁场强度高。

通过上述研究,可认为在主泵轴材料不锈钢的成分区间内进行成分控制,提高 Ni 含量或添加一定量 N 元素,可以有效地提高不锈钢的力学性能,增加塑韧性,提高在磁场中的磁感应强度。Ni 元素与 N 元素对力学性能、磁性能的提高机理和作用有所不同,针对不同的使用要求可以有侧重地选用 Ni 和 N 元素进行合金化,以期达到最佳的使用效果。

7.2.4 主泵轴材料性能测试

使用真空感应+电渣重熔的工艺冶炼并锻造了 Φ240mm 主泵轴材料,并进行热处理及相关力学性能、磁性能、高温力学性能、蠕变、持久、疲劳性能、物理性能等多方面的检测,并对主轴材料进行评估。

主轴成分见表 7.2.7。由表可知,合金元素成分完全满足技术条件要求。采用 1000℃× 1h AC+730℃×3h AC 的工艺进行热处理,力学性能见表 7.2.8。

表 7.2.7 Φ240mm 棒材合金元素成分

元素	C	Mn	Si	P	S	Cr	Ni	Mo
实测	0.10	0.35	0.22	<0.005	0.0015	12.20	0.43	0.33
元素	Cu	Al	As	Bi	Cd	Co	Hg	Sb
实测	0.012	<0.005	0.0023	<0.00005	<0.0005	0.0065	<0.0001	<0.0005
元素	Sn	Zn	Mg	Pb	H	O	N	
实测	0.0006	0.0011	<0.0005	<0.0001	0.00013	0.0081	0.031	

注:C、Mn、Si、P、S、Cr、Ni、Mo 的 ASTM 建议值分别为 0.06~0.13、0.25~0.80、≤0.50、≤0.015、≤0.030、11.5~13.0、≤0.50、0.20~0.60。

表 7.2.8　Φ240mm 棒材力学性能

试样		R_m/MPa	$R_{p0.2}$/MPa	A/%	Z/%	A_{kv2}/J
要求		≥483	≥276	≥22	≥50	最小值≥34，平均值≥41
纵向		638	467	27.0	75	206
		642	475	26.0	75	213
横向		638	467	26.5	75	157
		640	469	26.0	73	141
边部		643	476	26.0	76	213
		647	479	27.0	75	218
中心		644	478	25.5	75	189
		651	487	26.0	74	200

　　从力学性能测试结果来看，Φ240mm 主泵轴材料的力学性能非常均匀稳定，除横向冲击功略低于纵向冲击功外，棒材的边部、1/2 半径、心部的力学性能差别不大，并且高于力学性能指标要求。不同部位的微观组织如图 7.2.2 所示，由金相组织照片可见，经热

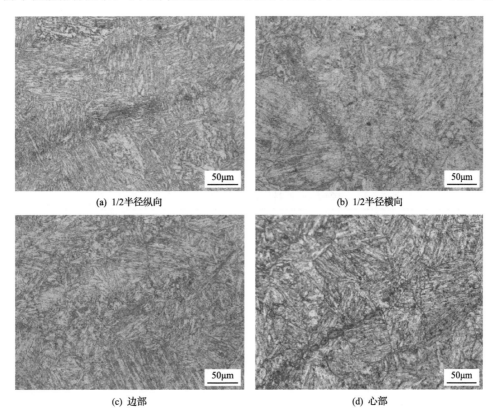

(a) 1/2半径纵向　　　　　　　　　　(b) 1/2半径横向

(c) 边部　　　　　　　　　　　　　(d) 心部

图 7.2.2　试验钢不同部位微观组织

处理后棒材组织为回火马氏体+少量 δ 铁素体,组织均匀稳定,棒材中心与外部无明显组织差异。

对试验钢进行磁性能检测,由表 7.2.9 可知,磁性能满足技术要求。

表 7.2.9 Φ240mm 棒材热处理后磁性能

类型	B_{1181} /T	B_{3937} /T	B_{15748} /T
技术条件	≥0.88	≥1.32	≥1.55
Φ240mm 棒材	1.602	1.335	1.557

同时对试验钢进行疲劳性能检测,结果见表 7.2.10 和表 7.2.11,性能满足使用要求。

表 7.2.10 Φ240mm 棒材拉压疲劳性能(应力集中系数 K_t=1)

试样原号	试验温度/℃	试样直径/mm	最大应力/MPa	最小应力/MPa	循环次数
1	25	5.005	320	−320	10000000
2	25	5.009	360	−360	29500
3	25	5.000	340	−340	10000000
4	25	5.014	360	−360	2576400
5	25	4.980	340	−340	10000000
6	25	5.001	360	−360	547200
7	25	5.003	340	−340	10000000
8	25	5.001	360	−360	5782500
9	25	5.020	340	−340	10000000
10	25	5.014	360	−360	41300
11	25	5.016	340	−340	10000000
12	25	5.008	360	−360	652100
13	25	4.992	340	−340	4266700

注:中值疲劳强度 σ_{50}=347MPa。

表 7.2.11 Φ240mm 棒材旋弯疲劳性能(应力集中系数 K_t=1)

试样原号	试验温度/℃	试样直径/mm	循环应力/MPa	循环次数
1	20	7.50	333	1318400
2	20	7.50	314	>10048600
3	20	7.50	333	>10048000
4	20	7.50	353	2322200
5	20	7.50	333	>10082400
6	20	7.50	353	2114100
7	20	7.50	333	>10082300
8	20	7.50	353	851700
9	20	7.50	333	>10081600
10	20	7.50	353	1254200
11	20	7.50	333	5896100
12	20	7.50	314	>10080000

注:中值疲劳强度 σ_{-1}=337MPa。

对试验钢的高温力学性能、持久蠕变性能及基础物理性能进行测试,结果见表 7.2.12～表 7.2.14,均满足使用要求。

表 7.2.12 Φ240mm 棒材热处理后的高温力学性能

温度/℃	R_m/MPa	$R_{p0.2}$/MPa	A/%	Z/%
300	525	415	20.0	74.0
	510	405	21.5	75.0
350	515	410	19.5	73.5
	510	410	19.5	74.0
400	495	395	19.5	72.5
	490	390	18.5	73.5
450	465	380	20.5	74.0
	465	380	20.5	75.0
500	420	365	26.0	80.5
	415	355	27.0	81.5
550	355	305	34.0	86.5
	355	310	33.5	86.5
600	295	245	41.5	90.0
	300	235	46.0	90.5
650	235	174	53.5	94.0
	235	169	62.5	94.0

表 7.2.13 Φ240mm 棒材热处理后的蠕变性能

试样号	规格/mm	温度/℃	应力/MPa	试验时间/h	总伸长率/%	塑性伸长率/%	弹性伸长率/%
1	Φ10	400	300	100	0.268	0.136	0.132
2	Φ10	400	400	100	1.266	1.031	0.235

表 7.2.14 Φ240mm 棒材热处理后的物理性能

检测项目	测试值	检测项目	测试值
剪切模量/GPa	82	电导率/(mS/m)	1.57
弹性模量/GPa	208	密度/(g/cm³)	7.694
泊松比	0.27	热导率/(W/(m·K))	29.02
热扩散系数/(mm²/s)	7.751	比热/(J/(g·K))	0.487
A_{c1}/℃	725	27～350℃热膨胀系数/℃⁻¹	10.9×10⁻⁶
A_{c3}/℃	832		

7.2.5 小结

综上可见,Φ240mm 主泵轴材料成分、热处理后的力学性能、磁性能等完全满足 ASTM A336 技术条件要求;其他相关的疲劳性能、高温力学性能、持久、蠕变性能、物理性能等的测试结果也表明，该轴材料满足 AP1000 主泵轴的设计要求，满足主泵轴的服役条件。

7.3 控制棒材料

7.3.1 Ag-In-Cd 控制棒

迄今为止，含 Ag-In-Cd 的控制棒几乎用于所有运行及建造的压水反应堆中。Ag-In-Cd 控制棒的肿胀速率是控制棒设计和运行管理中必不可少的重要数据，目前也取得了一些经验估计数据，如大亚湾核电站 2 号机组的 HARMONI 型棒束控制棒的辐照肿胀速率预计值为 4μm/1000h。一般引起控制棒肿胀的物理过程主要有两个：一是控制棒中 Ag-In-Cd 芯体的辐照肿胀，二是 Ag-In-Cd 芯体的蠕变和镦粗。究竟哪个物理过程在控制棒的肿胀失效中起主要作用，不同的反应堆以及不同的控制棒操作方式其情况会不相同。

Ag-In-Cd 芯体的辐照肿胀取决于控制棒在堆内的实际辐照量(中子注量)，由于各个电站的容量因子、比功率、中子谱和中子通量以及控制棒的操作方式不同，应用相同时间的控制棒其经历的实际辐照量不一定相同。应用较长时间的控制棒其经受的辐照剂量未必最大，而在功率密度高的电厂，应用时间较短也有可能积累了较高的辐照剂量。因此，控制棒的实际肿胀量随运行时间的变化可能会有较大差别。

国外通过对 Ag-In-Cd 材料的辐照试验得出了一些 Ag-In-Cd 材料的辐照肿胀数据。由于样品的中子注量是估算的，而且所有试验不在同一条件下进行，得到的辐照肿胀随中子注量的变化有较大的离散性。KAPL 数据表明：175℃下辐照，在估算的总中子注量为 $2 \times 10^{21} \text{n/cm}^2$ 时，具有 0.5%(长度)和 1.5%(体积)的各向同性增长。按一般压水堆电站堆芯中的中子通量水平估计，运行 10 年后，Ag-In-Cd 材料的体积肿胀约为 10%，其径向肿胀为 3.3%(按各向同性肿胀)，对于直径为 8.53mm 的芯体，绝对肿胀为 0.28mm，略低于按 4μm/1000h 的肿胀速率估计的 0.345mm。这样，Ag-In-Cd 控制棒的使用寿命也就是 10 年左右。但法国 Cruas 电站 2 号机组的 F06 棒束在 2007 年 7 月由于控制棒的肿胀而发生了卡棒的事实又说明，Ag-In-Cd 控制棒经历了一定量的辐照后，其后的肿胀可能会发生加速。

大亚湾核电站 2 号机组 R 控制棒所采用的 Ag-In-Cd 合金成分为 80%Ag、15%In 和 5%Cd(质量分数)。该合金为面心立方结构，由于 In 和 Cd 与 Ag 的原子半径相近，Ag-In-Cd 合金为置换型固溶体。合金的熔点约为 800℃，再结晶温度为 275℃。在中子辐照下，金属材料的肿胀有三个原因：一是气体嬗变产物在材料内形成气孔；二是快中子引起的移位损伤形成空位团和孔洞；三是合金元素发生嬗变引起材料成分和组织变化。

对于 Ag-In-Cd 合金材料，在轻水堆中由快中子引起的移位损伤并不重要，因为反应堆的运行温度高于材料的再结晶温度，点阵缺陷会发生快速退火。事实上，目前在大多情况下对控制棒进行的检验结果表明，肿胀与快中子通量无关。Ag-In-Cd 合金材料在堆内的辐照过程中不存在(n, α)反应，(除非含有杂质 B)，因此也不会有气体嬗变产物在材料内产生气孔。

Ag-In-Cd 合金的肿胀应源自 Ag 和 In 的嬗变，材料中主要的中子俘获过程如下：

$$^{107}Ag(n, \gamma) \rightarrow {}^{108}Cd(稳定)$$

$$^{109}Ag(n, \gamma)、{}^{110}Ag \rightarrow {}^{110}Cd(稳定)$$

$$^{115}In(n, \gamma) \rightarrow {}^{116}Sn(稳定)$$

$$^{113}Cd(n, \gamma) \rightarrow {}^{114}Cd(稳定)$$

Ag 通过 (n, γ) 反应生成 Cd，In 通过 (n, γ) 反应生成 Sn，材料由 Ag-In-Cd 三元合金向 Ag-In-Cd-Sn 四元合金转变，合金的成分和组织变化，引起体积增大，即辐照肿胀。研究表明，经历了 8 个燃料循环和 4 个燃料循环后的控制棒，在下部中子最大注量区，合金的组织由 fcc 单相变成了 fcc + hcp 双相。hcp 相与 ζ 相的银合金相似。金相观察，由单纯的白色相变成了白色加灰色两相，灰色相在 Ag-In-Cd 芯体的边缘区几乎为 100%，在中心达 50%。

如果 Ag-In-Cd 材料的肿胀源自 Cd 和 Sn 含量的增加引起的材料组织变化，那么当 Cd 和 Sn 的含量没有达到其在 Ag 中的固溶度之前，材料有一较低的辐照肿胀速率。当 Sn 和 Cd 的含量超过在 Ag 中的固溶度时，材料组织发生转变，肿胀速率将有显著增大。由此可以理解 Ag-In-Cd 控制棒的加速肿胀现象。

目前尚没有 Ag-In-Cd 的三元相图，在 Ag-Cd、Ag-In 和 Ag-Sn 的二元系中，300℃时，Cd、In 和 Sn 在 Ag 中的固溶度分别为 40%、20% 和 10%（质量分数）。Sn 和 Cd 在控制棒芯体边缘部位的最大含量分别不超过 9% 和 16%（原子分数），虽低于二元相图中的固溶度，但材料的组织发生了变化，因此不能根据二元相图的固溶度来判断材料何时会发生何种组织转变。

大亚湾核电站 2 号机组 F10 棒束中控制棒的径向最大肿胀量达到 0.596mm，可以按照以上机制估计出 Ag 嬗变为 Cd 和 In 嬗变为 Sn 的最小量。为此，设控制棒芯体的肿胀被限定为径向肿胀，则肿胀后控制棒芯体的密度下降 12.6%，由初始的 $10.18g/cm^3$ 下降到为 $8.9g/cm^3$。组织转变后将合金的体积做 Ag、In、Cd、Sn 四相单纯的混合处理，那么辐照后控制棒芯体中 Cd 的含量（质量分数，下同）需达到 37% 以上、Sn 的含量需达到 6% 以上；或者 Cd 的含量达到 30% 以上而 Sn 的含量达到 10% 以上，才能使控制棒芯体的密度下降到 $8.9g/cm^3$ 的水平。Ag 和 In 要发生这么多的嬗变实际上是不可能的，因此控制棒的肿胀不会只是由控制棒芯体的成分和组织变化引起的。

Ag-In-Cd 的蠕变强度较低，在堆内，控制棒下部的 Ag-In-Cd 芯在弹簧的压应力及上面芯体的重力作用下，可能发生辐照加速蠕变。在控制棒的下落过程中，同样由于 Ag-In-Cd 材料的强度较低，控制棒下部的 Ag-In-Cd 芯体会发生镦粗。蠕变和镦粗将使 Ag-In-Cd 芯体直径增大以致完全充填芯体与包壳之间的间隙，而且镦粗还有可能使包壳向外鼓出变形。这样芯体的肿胀顶多只是包壳外径增大的部分，即 0.366mm。按此肿胀机制来估计，芯体的密度只需要降低 8% 就能使芯体发生 0.366mm 的肿胀。芯体中 Cd 和 Sn 的含量相应地需达到 19% 和 4% 以上，也即需要 17.5% 以上的 Ag 嬗变为 Cd 和 26.7% 以上的 In 嬗变成 Sn。控制棒发生肿胀失效应该是 Ag-In-Cd 芯体的辐照肿胀和蠕变镦粗的共同作用所致。由于这两个作用的机制和发生条件完全不同，对控制棒使用寿命的影响因素也将不同。如辐照肿胀的影响因素主要是中子注入量，而蠕变镦粗的影响因素主要是控制棒的起落次数、落下速度、芯体上的载荷等力学参数。

在大亚湾核电站 2 号机组的两个 R 棒束(F10 和 K10)中,只有 2 根棒(F10 的第 15 棒、K10 的第 22 棒)的肿胀特别严重。从钝粗的角度看,这两根棒与其他的棒束不应该有显著差别。虽然存在这两根棒的中子注量比其他棒高,从而肿胀比其他棒大的可能性,但如果这两根棒的包壳和芯块存在某些意外的工艺缺陷,也可能使它们的肿胀显著不同。如果是后者,则控制棒寿命的预测和运行管理将又不同。

综上所述,Ag-In-Cd 控制棒的肿胀失效可能由 Ag-In-Cd 芯体的辐照肿胀、芯块的蠕变和镦粗的单独作用或共同作用引起。Ag-In-Cd 合金在堆内辐照过程中的肿胀源自 Ag 和 In 的嬗变,[107]Ag 吸收中子后嬗变为稳定的 [108]Cd,[109]Ag 吸收中子后嬗变为稳定的 [110]Cd,使密度从 $10.5g/cm^3$ 下降到 $8.64g/cm^3$;[115]In 吸收中子后嬗变为稳定的 [116]Sn,使密度从 $7.3g/cm^3$ 下降到 $7.28g/cm^3$。同时由于 In 通过 (n, γ) 反应生成 Sn 后使得 Ag-In-Cd 三元合金向 Ag-In-Cd-Sn 四元合金转变,合金的组织发生变化,引起体积增大,即辐照肿胀。基于以上分析认为,可由 Ag-In-Cd-Sn 四元合金的热物理及力学性能来认识和预测 Ag-In-Cd 控制棒材料的堆内辐照行为,研究结果将为 Ag-In-Cd 控制棒的运行操作管理和使用寿命的预测提供依据[4]。

7.3.2 Ag-In-Cd-Sn 合金样品的制备

目前,在市场上仅可以购买到 Ag-In-Cd 三元合金材料,而无 Ag-In-Cd-Sn 四元合金材料,因此需要自行熔炼。Ag-In-Cd-Sn 四元合金熔炼的难点主要有:①Ag 与 In 和 Cd 的熔点、沸点和密度差异较大(表 7.3.1),在金属 Ag 已经熔化的情况下金属 Cd 已转变为蒸气,而且 Ag、In、Cd、Sn 四种元素的密度差异较大,因此 Ag-In-Cd-Sn 四元合金的成分难以控制;②金属 Cd 蒸气有剧毒,这给熔炼过程中 Cd 蒸气挥发的控制操作带来了困难。

表 7.3.1 Ag、In、Cd、Sn 的熔点、沸点和密度对比

金属	熔点/℃	沸点/℃	密度/(g/cm³)
Ag	962	2207	10.5
In	157	2080	7.30
Cd	267	765	8.64
Sn	232	2270	7.28

经过充分研究,试验过程中采用核级纯的 Ag(99.99%)、In(99.95%)、Cd(99.95%) 和 Sn(99.95%) 四种金属锭,设计了一种针对有毒蒸气合金的真空封装熔炼法。采用耐高温不锈钢材料加工出两端开口的不锈钢管状容器,以及与管状容器相匹配的两个端塞,并在其中一个端塞上加工出一小孔;将合金组元按照合金所需质量分数进行配比,将配比好后的合金组元封装至不锈钢管状容器中,并将端塞与不锈钢管状容器焊接牢固;从加工有小孔的端塞处对不锈钢管状容器内部进行抽真空处理,随后进行堵口焊接;将封装好的待熔炼样品放置于箱式加热炉中进行加热,待加热温度升至合金组元中熔点最高的组元对应的熔点,保持该温度使合金组元全部熔化,在保温过程中不断摇匀不锈钢管

状容器，使待熔炼合金组元混合均匀；最后将装有待熔炼合金样品的不锈钢管状容器在空气中冷却，取下端塞，得到熔炼好的合金样品(图 7.3.1)。该方法比较成功地解决了熔炼过程中金属 Cd 的挥发和合金成分控制问题，同时防止了熔炼过程中金属 In 和 Cd 的氧化。目前，设计的这种针对有毒蒸气合金的真空封装熔炼方法已经申请了国家专利。

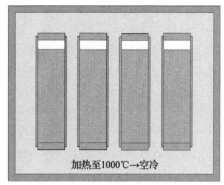

图 7.3.1　Ag-In-Cd-Sn 四元合金真空封装熔炼装置及熔炼示意图

辐照前的 Ag-In-Cd 合金控制棒的名义成分为 80% Ag、15% In 和 5% Cd(质量分数)，堆内辐照过程中材料吸收中子发生嬗变反应导致 Ag-In-Cd 合金的化学组成转变为 76%～80% Ag、12%～15% In、3%～5% Cd 和 1%～3% Sn(质量分数)，因此在试验过程中分 3 批次共制备了 7 种不同 Sn 含量的 Ag-In-Cd-Sn 四元合金样品，其名义组成见表 7.3.2。熔炼出的 Ag-In-Cd-Sn 四元合金锭部分实物如图 7.3.2 所示。

表 7.3.2　Ag-In-Cd-Sn 合金的名义成分　　(单位：%(质量分数))

合金编号	Ag	In	Cd	Sn
No.1	80.0	15.0	5.0	0.0
No.2	77.5	13.5	7.5	1.5
No.3	74.0	12.0	11.0	3.0
No.4	61.0	6.5	24.0	8.5
No.5	55.0	5.0	30.0	10.0
No.6	49.0	3.0	36.0	12.0
No.7	71.0	10.5	14.0	4.5
No.8	70.0	10.0	15.0	5.0

7.3.3　Ag-In-Cd-Sn 合金的密度及热物性能分析

试验基于阿基米德原理测量了熔炼后获得不同成分 Ag-In-Cd-Sn 合金样品的密度。测得的 Ag-In-Cd-Sn 合金样品密度见表 7.3.3。随着合金成分中 Ag 含量的减少和 Sn 含量的增加，合金的密度有较为明显的下降，这可能是 Ag-In-Cd 控制棒材料在堆内辐照过程中随着辐照时间的延长体积发生膨胀的主要原因之一。

图 7.3.2　Ag-In-Cd-Sn 四元合金样品实物图

表 7.3.3　试验测得 Ag-In-Cd-Sn 合金密度值

合金编号	名义成分(质量分数)	密度/(g/cm³)
No.1	80%Ag-15%In-5%Cd	10.175
No.2	77.5%Ag-13.5%In-7.5%Cd-1.5%Sn	10.030
No.3	74%Ag-12%In-11%Cd-3%Sn	9.956
No.4	61%Ag-6.5%In-24%Cd-8.5%Sn	9.641
No.5	55%Ag-5%In-30%Cd-10%Sn	9.521
No.6	49%Ag-3%In-36%Cd-12%Sn	9.391
No.7	71%Ag-10.5%In-14%Cd-4.5%Sn	9.834
No.8	70%Ag-10%In-15%Cd-5%Sn	9.814

　　根据《固体材料高温热扩散率试验方法　激光脉冲法》(GJB 1201.1—1991)标准，Ag-In-Cd 合金热扩散率的测量采用激光脉冲法完成。激光脉冲法的基本原理是，由激光器产生高能量密度的热扩散率和换热系数光脉冲，被试样正面吸收，从记录仪器观测作为时间函数的试样背面温度变化。试样的环境温度用热电偶或光学高温计测量。热扩散率(D)由下式计算：

$$D = \frac{W_{1/2}\delta^2}{\pi^2 t_{1/2}} \tag{7.3.1}$$

式中，$W_{1/2}$ 为与试样热损失和脉冲宽度有关的参数，不需要修正时为 1.37，当不满足绝热边界条件时，需进行在线修正；δ 为试样的厚度(cm)，其值由热导率大小和测试要求确定，一般在 0.1~0.5cm 变动；$t_{1/2}$ 为试样背面(不受激光照射面)最大温度升高一半时所需的时间(s)。

　　Ag-In-Cd 合金和 Ag-In-Cd-Sn 合金定压比热的测量采用示差扫描量热法(differential

scanning calorimetry，DSC）。测量基本原理是，将试样和参比物以一定的速度升温或降温，在保证两者的温差恒为零的条件下，记录两者所需的功率差。根据功率差-时间(或温度)曲线及试样升温(或降温)过程中吸收(或放出)的热量，材料的比热即可由下式计算：

$$c_p = \frac{dH}{d\tau} \bigg/ \left(\frac{mdT}{d\tau} \right) \tag{7.3.2}$$

式中，$dH/d\tau$ 为进入试样的热流速率(J/s)；m 为试样的质量(kg)；$dT/d\tau$ 为升温速度($°C/s^{-1}$)。采用 DSC 测量比热时，必须精确标定 $dH/d\tau$ 和 $dT/d\tau$，但热电偶的非线性将使 $dT/d\tau$ 值有较大的测量误差。为了提高测量精度，采用比较法，即用已知比热的标准物质，避免直接用上述参数计算比热。

Ag-In-Cd 合金材料的热导率(λ)可根据下列公式计算：

$$\lambda = D\rho c_p \tag{7.3.3}$$

式中，D 为材料的热扩散率(m^2/s)；ρ 为材料的密度(kg/m^3)；c_p 为材料的定压比热($J/(kg\cdot°C)$)。

根据《潜艇核动力装置建造安全规定板型燃料元件测试方法》（GJB 1554.5—1995）标准，Ag-In-Cd 合金及 Ag-In-Cd-Sn 合金材料热膨胀率的测量采用示差法进行。该方法的基本原理是，当试样受热发生膨胀时，石英顶杆把试样的变形量传递给数字位移计(其准确度为±1mm)，用热电偶和数字温度计对其进行温度测量(其准确度为±0.3%)。试验方法是采用电阻炉加热样品，数字控制仪自动控温，升温速度一般为 1°C/min。测量前用 Al_2O_3 标准试样对膨胀计进行校验。

图 7.3.3 显示了不同 Sn 含量的 Ag-In-Cd-Sn 合金的热扩散率在 25～700°C 范围内随温度的变化曲线。除样品 No.4 可能是由于取样问题外，所有样品在 25～600°C 温度范围内的热扩散率均随着温度的升高而增加，然而，增加的速率会随着温度的升高而逐渐减小。

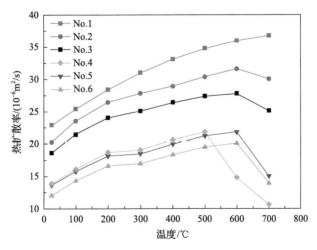

图 7.3.3　不同 Sn 含量的 Ag-In-Cd-Sn 合金热扩散率随温度的变化

随着温度的继续升高，在600~700℃范围内，除不含Sn的样品No.1外，所有样品的热扩散率随温度的升高反而有一定的下降，并且随着样品中Ag含量的减少和Sn含量的增加，热扩散率随温度升高而下降的趋势更加明显。根据Ag-In-Cd-Sn合金样品的微观结构和DSC分析结果，认为合金在600~700℃范围内存在第二相的溶解是热扩散率随温度出现下降的主要原因。

同时，在相同温度条件下，随着样品中Ag含量的减少和Sn含量的增加，合金的热扩散率明显下降，其主要原因是金属Ag的热扩散率较高，而金属Sn的热扩散率较低。

采用最小二乘法对试验测量得到的数据进行拟合，得到Ag-In-Cd合金热扩散率D与温度之间的关系多项式为

$$D=(-2.221\times10^{-5}T^2+3.66T+22.0)\times10^{-6} \tag{7.3.4}$$

式中，T为温度(℃)。

图7.3.4显示了不同Sn含量的Ag-In-Cd-Sn合金的比热在25~700℃范围内随温度的变化曲线。可以看出，随着温度升高，所有合金的比热均有升高的趋势，并且在相同温度条件下，随着合金中Ag含量的减少和Sn含量的增加，比热也有升高的趋势。同时，在温度超过500℃时，Sn含量较高的样品No.4、No.5和No.6的比热随温度的升高有显著增加。结合本章Ag-In-Cd-Sn合金样品的微观结构和DSC分析认为，合金在500~700℃范围内有第二相粒子的溶解，导致比热显著增加。

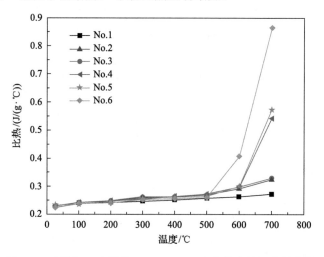

图7.3.4 不同Sn含量的Ag-In-Cd-Sn合金比热随温度的变化

采用最小二乘法对实验测量得到的数据进行拟合，得到Ag-In-Cd合金比热c_p与温度之间的关系多项式为

$$c_p=5.307\times10^{-8}T^2+1.129\times10^{-5}T+0.2376 \tag{7.3.5}$$

式中，T为温度(℃)。

图 7.3.5 显示了 6 种不同 Sn 含量的 Ag-In-Cd-Sn 合金的热导率在 25～700℃ 范围内随温度的变化曲线。不含 Sn 的 Ag-In-Cd 合金样品(No.1)的热导率在 25～700℃ 范围内随温度的升高明显增加，并且在温度高于 400℃ 以上时有增速加快的趋势。含 Sn 的 Ag-In-Cd-Sn 合金样品热导率在 25～600℃ 范围内随温度的升高而增加，增速较为缓慢。但当温度升高至 600℃ 以上时，Sn 含量较高的样品 No.4、No.5 和 No.6 的热导率随温度升高快速上升。

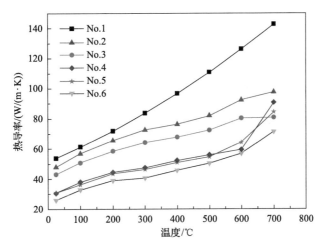

图 7.3.5　不同 Sn 含量的 Ag-In-Cd-Sn 合金热导率随温度的变化

同时，在相同温度条件下，随着合金中 Ag 含量的下降和 Sn 含量的上升，合金的热导率发生了明显下降，并且随着温度的升高，热导率下降更加明显，其主要原因是金属 Ag 的热导率较高，而金属 Sn 的热导率较低。

采用最小二乘法对实验测量得到的数据进行拟合，得到 Ag-In-Cd 合金热导率 λ 与温度之间的关系多项式为

$$\lambda = 5.82 \times 10^{-5} T^2 + 8.95 \times 10^{-2} T + 51.6 \tag{7.3.6}$$

图 7.3.6 显示了不同 Sn 含量的 Ag-In-Cd-Sn 合金热膨胀率在 25～650℃ 范围内随温度的变化曲线。可以看出，所有样品在 25～650℃ 范围内的热膨胀率都随着温度的升高近似呈线性增加；然而，在温度超过 400℃ 时，随着 Sn 含量的升高，合金的热膨胀率有不断增大的趋势，并且随着温度的升高，热膨胀率增大的趋势更加明显。但整体而言，随着 Sn 含量的不断变化，合金样品的热膨胀率变化并不十分明显。

采用最小二乘法对试验测量得到的数据进行拟合，得到 Ag-In-Cd 合金热膨胀率 $\Delta L/L_0$ 与温度之间的关系多项式为

$$\frac{\Delta L}{L_0} = 4.356 \times 10^{-9} T^2 + 2.174 \times 10^{-5} T - 4.24 \times 10^{-4} \tag{7.3.7}$$

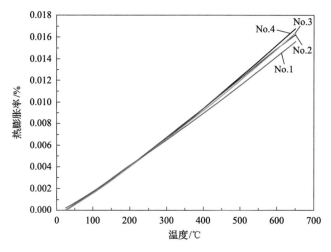

图 7.3.6　不同 Sn 含量的 Ag-In-Cd-Sn 合金热膨胀率随温度的变化

7.3.4　Ag-In-Cd-Sn 合金微观组织及相变分析

　　图 7.3.7 显示了铸态 Ag-In-Cd-Sn 合金经过抛光和化学试剂蚀刻后的光学显微结构图。从图 7.3.7(a)可以看出，Ag-In-Cd 三元合金为单相结构，与先前研究的 Ag-In-Cd 合金

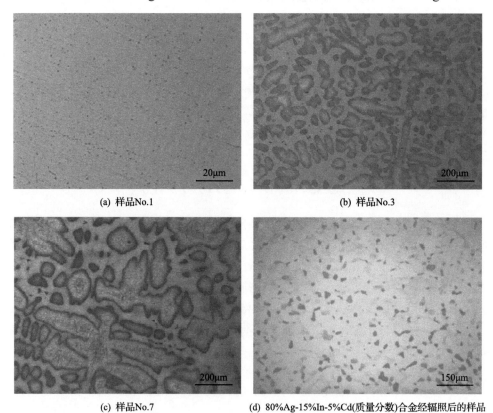

(a) 样品No.1　　　　　　　　　　　　　(b) 样品No.3

(c) 样品No.7　　　　　(d) 80%Ag-15%In-5%Cd(质量分数)合金经辐照后的样品

图 7.3.7　Ag-In-Cd-Sn 合金的金相图

辐照前为单相面心立方(fcc)结构一致。当 Ag-In-Cd 合金中有 Sn 加入时，合金中将会有明显的第二相出现，如图 7.3.7(b)、(c)所示。同时，随着 Sn 含量的增加，合金的晶粒尺寸逐渐变大，并且第二相所占体积分数也有所增加。Bourgoin 曾观察到由于堆内的中子辐照损伤导致 Ag-In-Cd 合金的微观结构发生明显改变，在原始晶粒的晶界上出现第二相结构，如图 7.3.7(d)所示。

为了进一步确定 Ag-In-Cd-Sn 合金中的第二相结构组成，采用 SEM 结合 EDS 对样品 No.3 微观区域进行进一步分析，结果如图 7.3.8、图 7.3.9 和表 7.3.4 所示。根据 SEM 观察与 Bourgoin 的研究结果初步推测,认为 Ag-In-Cd-Sn 合金中的第二相为类似于 Ag-In 或 Ag-Sn 二元合金 ξ 相结构的密排六方(hcp)结构。分析结果表明，样品中局部 Sn 的成分偏析比较明显，见表 7.3.4。

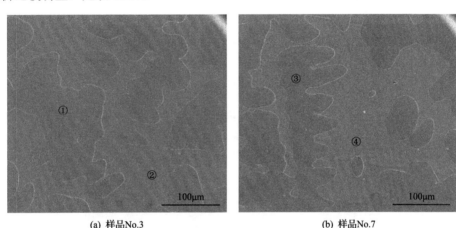

(a) 样品No.3　　　　　　　　(b) 样品No.7

图 7.3.8　样品 No.3 和样品 No.7 的微观组织

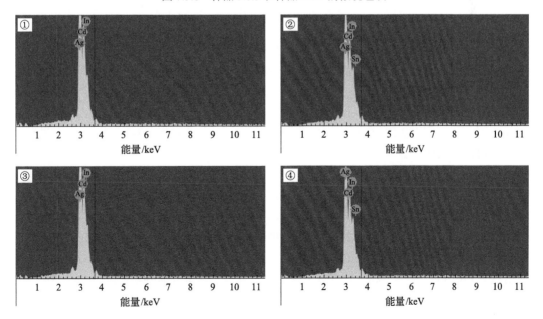

图 7.3.9　样品 No.3 和样品 No.7 在图 7.3.8 中对应位置的 EDS 分析图

表7.3.4　样品No.3和样品No.7在图7.3.8中对应位置微区分析结果

（单位：%（质量分数））

位置	Ag	In	Cd	Sn
①	78.42	8.80	12.78	0
②	68.35	14.72	11.48	5.45
③	78.41	10.54	11.06	0
④	69.44	15.40	11.61	3.55

经过 720℃×2h 淬火处理后的 Ag-In-Cd-Sn 四元合金样品 No.7 的微观组织结构如图 7.3.10 所示。淬火处理过程中的晶粒发生了明显长大，并且合金中的第二相粒子（hcp 结构）部分发生了溶解，仅可见少量的第二相粒子存在。

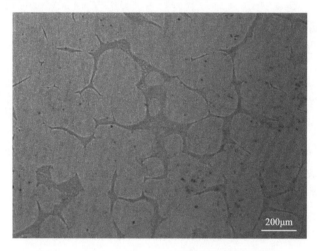

图 7.3.10　720℃×2h 淬火后的样品 No.7 金相图

为了确定 Ag-In-Cd-Sn 合金中第二相粒子的结构，进一步对不同 Sn 含量的 Ag-In-Cd-Sn 合金样品进行 XRD 分析。Ag-In-Cd 合金为具有面心立方（fcc）结构的单相，与金属 Ag 单质的结构相同（空间群为Fm-3m（225））。晶格常数与金属 Ag 单质（a=4.0862Å）大致相同，a=4.0996Å。Ag-In-Cd-Sn 合金中的第二相粒子为具有密排六方（hcp）结构的 Ag_3In 相，其空间群为 P63/mmc（194），与 Bourgoin 在辐照后的 Ag-In-Cd 合金中观察到的第二相粒子结构一致。

分析了不同 Sn 含量的 Ag-In-Cd-Sn 合金DSC放热在25～900℃范围内随温度的变化情况。名义成分为 80%Ag-15%In-5%Cd 三元合金的固液两相区为 758.4～853.1℃，合金熔点为 758.4℃。名义成分为 74%Ag-12%In-11%Cd-3%Sn 的四元合金固液两相区为 673.8～828.7℃，合金熔点为 673.8℃，较 80%Ag-15%In-5%Cd 的三元合金有所下降。名义成分为 71%Ag-10.5%In-14%Cd-4.5%Sn 的四元合金固液两相区为 668.3～781.8℃，合金熔点为 668.3℃，较 80%Ag-15%In-5%Cd 的三元合金下降更明显。因此，由于 Sn 的加入，Ag 的相对含量降低，则合金的熔点下降，并且随着 Ag 含量的降低、Sn 含量的升高，合金的熔点会持续下降。

7.3.5 Ag-In-Cd 合金与 Ag-In-Cd-Sn 合金的压缩蠕变行为

由于反应堆控制棒用 Ag-In-Cd 合金材料在使用过程中始终受到控制棒两端压紧弹簧的压应力作用，并且其使用温度为 300～400℃，因此 Ag-In-Cd 合金控制棒在堆内的使用过程中会发生压缩蠕变行为，严重时甚至会导致堆内出现卡棒现象。因此，研究 Ag-In-Cd 合金以及 Ag-In-Cd-Sn 合金的压缩蠕变行为对于评价 Ag-In-Cd 合金控制棒材料的堆内力学性能具有十分重要的意义。

国内在材料各种温度条件下的拉伸蠕变试验上已有成熟的试验方法并已制定了相应的国家标准，但材料的压缩蠕变试验没有统一的试验方法，也没有相应的国家标准或行业标准，同时也未见有专门的压缩蠕变试验设备。为了进行 Ag-In-Cd 合金与 Ag-In-Cd-Sn 参比合金的压缩蠕变试验，设计出一套能够结合现有 RDL-50 型持久拉伸蠕变试验机经改装后的试验装置。采用拉伸的方法进行压缩试验，采用拉伸蠕变试验控制软件进行参数设定，所用参数设置与拉伸蠕变试验方法相同。

根据 Ag-In-Cd 合金控制棒在堆内的服役环境和样品的力学性能以及实际尺寸，选择压缩蠕变试验温度分别为 300℃、350℃和 400℃，试验过程中温度波动不超过±1℃。Ag-In-Cd 合金的压应力分别选择了 12MPa、18MPa 和 24MPa，而 Ag-In-Cd-Sn 合金（名义成分 74%Ag-12%In-11%Cd-3%Sn）的压应力则分别选择了 18MPa、24MPa 和 30MPa，试验过程中载荷波动不超过±1N。压缩蠕变后样品的显微组织观察用透射电镜型号为 JEM-2100F。压缩蠕变试验用样品如图 7.3.11 所示。

图 7.3.11 压缩蠕变试验用样品

下面研究，Ag-In-Cd 合金分别在 300℃、350℃和 400℃、压应力分别为 12MPa、18MPa 和 24MPa 时和 Ag-In-Cd-Sn 合金分别在 300℃、350℃和 400℃、压应力分别为 18MPa、24MPa 和 30MPa 时的压缩蠕变曲线。Ag-In-Cd 合金和参比合金都随着温度和压应力水平的升高，压缩蠕变量不断增大。在较低的 12MPa 应力条件下，蠕变过程较为缓慢，以较低的速率持续很长时间，当应力增加到 24MPa 及以上时，蠕变速率明显增加，合金的抗蠕变性能明显下降，同时对于在相同应力条件下的情况，温度的升高也使合金的抗蠕变性能降低，Ag-In-Cd 合金和参比合金在 400℃的抗蠕变性能都很差。在相同温度和应力水平下，Ag-In-Cd-Sn 合金的压缩蠕变量比 Ag-In-Cd 合金要小，说明 Ag-In-Cd-Sn 合金的抗蠕变性能比 Ag-In-Cd 合金稍好。

在整个蠕变过程中，大部分金属及合金的变形发生在稳态蠕变阶段，因此蠕变过程最重要的参数是稳态压缩蠕变速率$\dot{\varepsilon}$。由压缩蠕变曲线的线性部分可以得到 Ag-In-Cd 合金与参比合金的稳态压缩蠕变速率$\dot{\varepsilon}$，结果见表 7.3.5。

表 7.3.5   Ag-In-Cd 合金和 Ag-In-Cd-Sn 合金在不同温度和应力下的稳态压缩蠕变速率

温度/℃	压应力/MPa	稳态蠕变速率/$10^{-5}h^{-1}$	
		Ag-In-Cd 合金	Ag-In-Cd-Sn 合金
300	12	3.06	—
	18	8.62	0.495
	24	23.3	8.15
	30	—	59.9
350	12	9.27	—
	18	44.6	6.83
	24	160	32.9
	30	—	449
400	12	25.6	—
	18	220	49.7
	24	1430	445
	30	—	6620

从表 7.3.5 可以看出，与常用核材料中的其他结构材料相比，Ag-In-Cd 合金与参比合金在 300～400℃及 12～30MPa 压应力范围内的稳态压缩蠕变速率都比较高，表明该类合金具有较差的抗压缩蠕变性能。同时，根据相同温度和应力水平下的稳态蠕变速率比较发现，Ag-In-Cd-Sn 合金的稳态蠕变速率比 Ag-In-Cd 合金明显要低，说明 Ag-In-Cd-Sn 合金在 300～400℃及 12～30MPa 压应力范围内的抗压缩蠕变性能比 Ag-In-Cd 合金要好。此外，随着温度的升高，原子和空位的迁移加快，因而出现了稳态压缩蠕变速率随温度的升高而明显增加的趋势。

考虑到蠕变同回复再结晶等过程一样也是热激活过程，因此采用下列 Power-Law 方程来表示合金稳态压缩蠕变速率与压应力和温度之间的关系。根据压缩蠕变试验数据采用最小二乘法拟合计算出 Ag-In-Cd 合金在 300℃、350℃和 400℃条件下的表观应力指数分别为 2.90、4.09 和 5.77；在 12MPa、18MPa 和 24MPa 时，表观蠕变激活能分别为 68.1kJ/mol、103.7kJ/mol 和 131.6kJ/mol。计算 Ag-In-Cd-Sn 合金在 300℃、350℃和 400℃条件下的表观应力指数分别为 9.41、8.07 和 9.48；在 18MPa、24MPa 和 30MPa 时，表观蠕变激活能分别为 147.936kJ/mol、126.876kJ/mol 和 149.878kJ/mol。通过对比发现，Ag-In-Cd-Sn 合金压缩蠕变的表观应力指数和表观蠕变激活能都比 Ag-In-Cd 合金要高，说明 Ag-In-Cd-Sn 合金的压缩蠕变对压应力和温度的敏感度明显更高。

一般情况下，在金属与合金材料中，当表观应力指数 n=1 时，蠕变行为主要受晶界扩散控制；当 n=3 时，蠕变行为主要受位错滑移控制；当 n=4～6 时，蠕变行为主要受位错攀移控制。对于 Ag-In-Cd 合金和 Ag-In-Cd-Sn 合金，目前还未见有其蠕变性能和蠕变机制方面相关文献的报道，而根据本试验得到的这两种合金的压缩蠕变数据，Ag-In-Cd 合金在 350℃和 24MPa 条件下，50h 后的变形量已达到 9%以上；400℃和 24MPa 条件下，50h 后的变形量已达到 25%以上，根据压缩蠕变后试样横截面增加的情况可以估计出 50h 后加载在试样上的应力已经低于 24MPa。因此，材料的实际 n 值比本书计算的值要高，而 Ag-In-Cd-Sn 合金在 400℃和 30MPa 条件下的压缩蠕变就更加明显。通过分析压缩蠕变试验过程中样品的尺寸变化，重新计算 Ag-In-Cd 合金材料的实际表观应力指数 n，得出 350℃下 n 为 4.09～4.46；400℃下 n 为 5.77～6.84。400℃条件下的实际表观应力指数 n 已超出文献中所述根据表观应力指数来推断金属或合金材料的蠕变机制的范围，而 Ag-In-Cd-Sn 合金的表观应力指数 n 更是远大于 6，对于探讨金属或合金材料的拉伸蠕变机制比较准确，而金属或合金材料的压缩蠕变机制是否完全符合上述理论还不十分明确，因此仅根据本节计算的表观应力指数推测 Ag-In-Cd 合金和 Ag-In-Cd-Sn 合金在 300℃、350℃和 400℃下的压缩蠕变机制并不合理，应结合压缩蠕变后的微观组织结构进行判断。

图 7.3.12 为 Ag-In-Cd 合金与 Ag-In-Cd-Sn 合金发生压缩蠕变后的微观组织。可以看出，基体中存在大量的层错和位错交织在一起，且以层错现象更为明显。分析其原因认

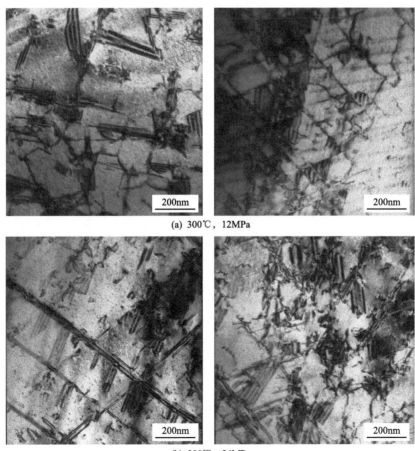

(a) 300℃，12MPa

(b) 300℃，24MPa

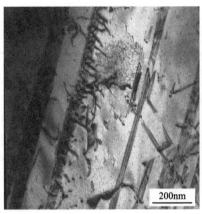

(c) 400℃，24MPa

图 7.3.12　Ag-In-Cd 合金压缩蠕变后的微观组织

为，由于 Ag-In-Cd 合金为面心立方(fcc)的单相固溶体结构，该结构中的位错滑移方向较多，因此该结构对其内部位错运动的钉扎作用较小，位错的运动易形成大量的层错；此外，Ag-In-Cd 合金中 Ag 的含量高(质量分数为 80%左右)，而 Ag 金属单质的层错能较低，因此以 Ag 为主的 Ag-In-Cd 合金层错能也较低，在压缩蠕变过程中容易形成大量层错。

通过分析可以得出，位错的运动形成大量层错是 Ag-In-Cd 合金与参比合金在 300～400℃和 12～30MPa 压应力条件下的压缩蠕变控制机制；而对于 Ag-In-Cd-Sn 合金，其压缩蠕变速率相对于 Ag-In-Cd 合金有所降低，根据其微观组织分析结果，其原因可能为合金中第二相粒子对位错有一定的钉扎作用，但从图 7.3.13 中未能见到第二相粒子与位错的相互作用的相关佐证，因此上述观点有待进一步确定。

7.3.6　Ag-In-Cd 堆内辐照行为的综合评价

Ag-In-Cd 作为控制材料，起吸收中子的作用，要求在堆内使用过程中，希望 Ag-In-Cd 芯块的尺寸变化越小越好。Ag-In-Cd 芯块在堆内受高温(约 350℃)、强辐照(热中子通量约 $10^{13}/cm^2$)、持久压缩载荷(约 1MPa)的作用，芯块的化学成分、微观结构、宏观尺寸必定要发生变化。认识 Ag-In-Cd 芯块的成分、微观结构及宏观尺寸的变化规律，对于评价 Ag-In-Cd 材料的使用寿命具有重要意义。

1. 辐照中的成分变化预测

在辐照过程中 Ag-In-Cd 芯块化学成分发生变化的原因是 Ag 和 In 吸收中子后发生嬗变，分别形成了 Cd 和 Sn，由 Ag-In-Cd 三元合金变成了 Ag-In-Cd-Sn 四元合金，微观组织由单一的 fcc 相变成了 fcc+hcp 的两相。因此，需掌握辐照过程芯块的化学成分变化规律。

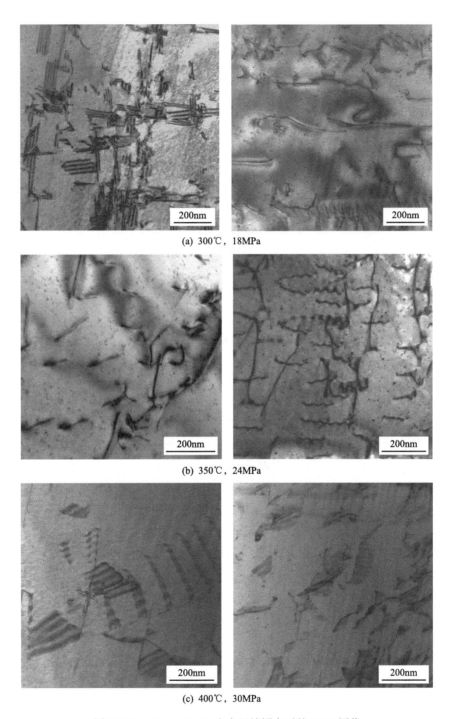

(a) 300℃，18MPa

(b) 350℃，24MPa

(c) 400℃，30MPa

图 7.3.13　Ag-In-Cd-Sn 合金压缩蠕变后的 TEM 图像

　　表 7.3.6 是天然 Ag-In-Cd 体系中所含的稳定核素及经辐照后会产生的新的稳定核素（Sn 和 Pd）的核素。辐照前各核素的含量如表 7.3.6 中初始含量一列所示，可以根据各核

素的嬗变或产生方式来计算辐照到某一中子注量后各核素的含量。

表 7.3.6 Ag-In-Cd 芯块辐照后会存在的核素

元素	同位素	天然丰度/%	初始含量/%	来源
Ag	^{107}Ag	51.8	41.44	天然
	^{109}Ag	48.2	38.56	天然
Cd	^{106}Cd	1.2	0.06	天然
	^{108}Cd	0.9	0.045	天然 + ^{107}Ag (n,γ)
	^{110}Cd	12.4	0.62	天然 + ^{109}Ag (n,γ)
	^{111}Cd	12.8	0.64	天然 + ^{110}Cd (n,γ)
	^{112}Cd	24.1	1.205	天然 + ^{111}Cd (n,γ)
	^{113}Cd	12.3	0.615	天然 + ^{112}Cd (n,γ)
	^{114}Cd	28.9	1.445	天然 + ^{113}Cd (n,γ)
	^{116}Cd	7.4	0.37	天然
In	^{113}In	4.3	0.645	天然
	^{115}In	95.7	14.355	天然
Sn	^{114}Sn	0.7	0.0	^{113}In (n,γ)
	^{116}Sn	14.5	0.0	^{115}In (n,γ)
Pd	^{108}Pd	26.46	0.0	^{108}Ag(β$^+$)

中子辐照过程中,^{108}Cd 的 (n,γ) 截面只有 1.1,^{114}Cd 的 (n,γ) 反应截面只有 0.3,^{116}Cd 的 (n,γ) 反应截面只有 0.05,^{114}Sn 的 (n,γ) 反应截面只有 0.6,^{116}Sn 的 (n,γ) 反应截面只有 0.006。这些核素的中子吸收截面很小,可以认为在辐照过程不发生 (n,γ) 反应,为最终稳定的核素。

由于 Ag-In-Cd 芯块内不产生中子,可以将 Ag-In-Cd 看成浸没在热中子气体中,中子由芯块表面进入内层时,由于外层核素对中子的吸收,进入内存的中子通量逐步减少。由于 Ag-In-Cd-Sn 四元素的质量比中子的质量大很多,可以不考虑中子在芯块内扩散时的能量变化。中子在 Ag-In-Cd-Sn 芯块内的迁移和反应可以进行轴对称处理。最终可计算得到 Ag-In-Cd 芯块的成分随中子注量的变化。

图 7.3.14~图 7.3.16 为中子注量分别是 3.1×10^{21}/cm^2(堆内约 10 年)、4.65×10^{21}/cm^2(堆内约 15 年)、6.2×10^{21}/cm^2(堆内约 20 年)时 Ag-In-Cd 芯块中的成分变化。中子自外向内迁移时发生吸收,因此芯块外围的成分变化比中心要快得多,越靠近外表面,成分变化越大。当中子注量达到 6.2×10^{21}/cm^2 时,边缘区的 Cd 含量将由 5% 增大到 30.6%,Sn 的含量将由 0% 增加到 10.5%。相应的,Ag 的含量将由 80% 减少到 54%,In 的含量由 15% 减少到 4.6%。

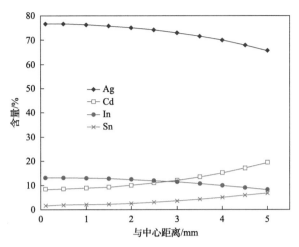

图 7.3.14　中子注量为 3.1×10^{21}/cm 时，Ag-In-Cd 芯块中各元素的含量(堆内约 10 年)

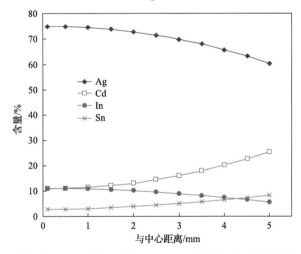

图 7.3.15　中子注量为 4.65×10^{21}/cm 时，Ag-In-Cd 芯块中各元素的含量(堆内约 15 年)

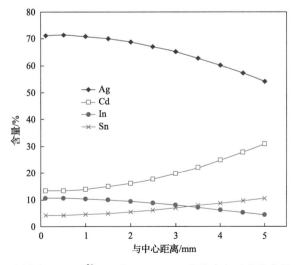

图 7.3.16　中子注量为 6.2×10^{21}/cm 时，Ag-In-Cd 芯块中各元素的含量(堆内约 20 年)

图 7.3.17 和图 7.3.18 是芯块中各元素含量的平均值随中子注量的变化。在当中子注量在 $6.2 \times 10^{21}/cm^2$ 水平以内，各元素的含量与中子注量之间呈较好的线性关系。可计算拟合出芯块中 Ag、Cd、In、Sn 的平均含量随中子注量的变化，如式(7.3.8)～式(7.3.11)所示。

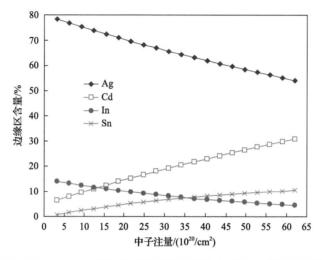

图 7.3.17 Ag-In-Cd 芯块边缘各元素的平均含量随中子注量的变化

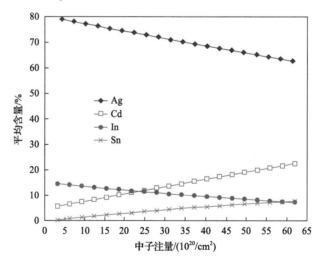

图 7.3.18 Ag-In-Cd 芯块各元素的平均含量随中子注量的变化

$$C_{Ag}=80.145-0.2858\Phi \tag{7.3.8}$$

$$C_{Cd}=4.8486+0.2854\Phi \tag{7.3.9}$$

$$C_{In}=14.677-0.1254\Phi \tag{7.3.10}$$

$$C_{Sn}=0.3266+0.1259\Phi \tag{7.3.11}$$

式中，Φ 为中子通量。

2. 结构及密度变化

由于 Ag-In-Cd 的再结晶温度低,中子辐照引起的点阵缺陷可以很快发生退化恢复,因此辐照后 Ag-In-Cd 芯块的组织结构和密度的变化主要由化学成分的变化引起。相对于未辐照芯块,主要的成分变化是由 Ag-In-Cd 三元合金变为 Ag-In-Cd-Sn 四元合金。图 7.3.19 是 Ag-In-Cd 芯块辐照后的金相照片,显示出由灰色和白色两相组成。如前所述,对配置熔炼的 Ag-In-Cd-Sn 进行 XRD 分析,确定出在 Ag-In-Cd 中加入 Sn,将使固溶的 fcc 单相分解为 fcc 固溶相和 hcp 结构的 Ag_3In 固溶相。

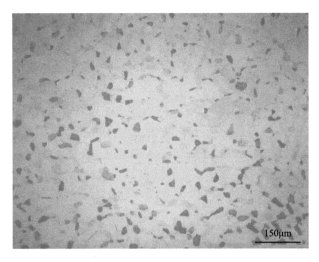

图 7.3.19　辐照后 Ag-In-Cd 芯块中形成的二相结构

由于合金的成分和结构发生变化,合金的密度也发生变化。密度变化是芯块辐照后发生肿胀的主要原因之一。欲预测芯块的辐照肿胀,必须掌握 Ag-In-Cd-Sn 四元合金的密度与成分的关系。根据作者通过实测得到的不同成分下 Ag-In-Cd-Sn 四元合金的密度,采用多元回归方法,得到 Ag-In-Cd-Sn 四元合金的密度与成分的关系。表 7.3.7 是密度实测值与回归方程计算值的比较,可以看出回归方程的准确性很高。

表 7.3.7　Ag-In-Cd-Sn 四元合金密度的实测值与回归方程的计算值

合金成分(质量分数)/%				实测密度/(g/cm³)	计算密度/(g/cm³)
Ag	Cd	In	Sn		
55.0	30.0	5.0	10.0	9.521	9.521
61.0	24.0	6.5	8.5	9.641	9.645
71.0	14.0	10.5	4.5	9.834	9.858
78.0	7.5	13.5	1.5	10.030	10.052
80.0	5.0	15.0	0.0	10.175	10.172

3. 堆内蠕变行为

在堆内漫长的使用过程中，由于热、快中子辐照、持久压缩载荷的作用，Ag-In-Cd 芯块会发生蠕变，蠕变虽不改变芯块材料的密度，但会使外形尺寸发生变化。在蠕变产生的外形尺寸变化和芯块成分变化引起的密度降低的共同作用下，有可能使 Ag-In-Cd 控制棒的外径发生显著变化，这是控制棒发生卡棒的材料物理原因之一(还可能有工艺缺陷原因)。

Ag-In-Cd 芯块的堆内蠕变 $\dot{\varepsilon}$ 实际上包括热蠕变 $\dot{\varepsilon}_{th}$ 和辐照蠕变 $\dot{\varepsilon}_{irr}$ 两部分。一般由于快中子的辐照，堆内蠕变速率比单纯的热蠕变速率要快。式(7.3.12)为堆内中子辐照下，合金发生辐照蠕变的一般关系式：

$$\dot{\varepsilon} = \frac{A}{T^l} \Phi^m \sigma^n \exp\left(\frac{-Q_a}{RT}\right) \tag{7.3.12}$$

式中，A、l、m、n 为与材料有关的常数。Φ 和 Q_a 分别为中子通量和激活能。要获得这些参数是非常困难的，对于锆合金，通过多年的堆内辐照和辐照后试验的数据积累，拟合出了这些参数。对于 Ag-In-Cd 材料，缺乏这些数据的报道。

通过压缩蠕变试验，得到了 Ag-In-Cd 和 Ag-In-Cd-Sn 合金的压缩蠕变数据。只能根据得到的压缩蠕变试验数据来估计单纯的热蠕变下，芯块的蠕变对控制棒肿胀的最大贡献。根据前述蠕变的试验数据，不考虑中子辐照时，Ag-In-Cd 堆内的热蠕变速率可近似表示为

$$\dot{\varepsilon} = 1.8 \times 10^{-3} \sigma^{4.1} \exp\left(\frac{-68000}{RT}\right) \tag{7.3.13}$$

对于 Ag-In-Cd 芯块，$\sigma \approx 0.5\text{MPa}$，$T = 623\text{K}$，其在堆内的压缩蠕变速率约为 $2 \times 10^{-10}/\text{h}$。控制棒底部最严重处芯块的半径变化为

$$\Delta R_{creep} = R[(1 + \dot{\varepsilon}_{th}t)^{1/2} - 1] \tag{7.3.14}$$

若 Ag-In-Cd 芯块的初始半径 $R = 4.33\text{mm}$，则在堆内运行 20 年后，芯块的半径增加不超过 1μm。由此可见，纯粹的热蠕变作用，对芯块肿胀的贡献很小。

4. 辐照后芯块的肿胀估计

辐照后芯块的肿胀(芯块的半径增加)包括堆内蠕变引起的半径增加以及芯块密度变化引起的半径增加两部分。通过程序计算出的芯块密度随中子注量的变化。式(7.3.15)为用程序计算得到的芯块密度随中子注量变化的拟合关系：

$$\rho = 10.175 - 0.0143\Phi + 0.0002\Phi^2 - 10^{-6}\Phi^3 \tag{7.3.15}$$

不考虑堆内蠕变的影响，可以用式(7.3.15)来估计纯粹由化学成分及密度变化引起的 Ag-In-Cd 芯块的肿胀。图 7.3.20 为辐照过程中芯块半径变化的计算结果。

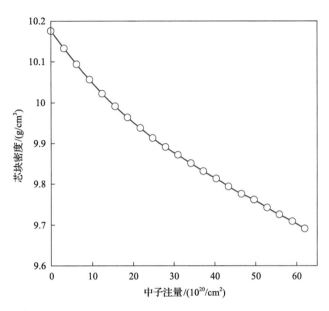

图 7.3.20　辐照后 Ag-In-Cd 芯块的密度随中子注量的变化

电站运行的 Ag-In-Cd 控制棒芯块肿胀的实测结果是很离散的。某电站处于堆芯对称位置的四个控制棒组件,运行 13 年后,棒的肿胀(直径增加)从 0.033mm 到 0.36mm 不等。芯块肿胀的计算结果位于实测结果的中间区域, 说明建立的芯块成分、密度及半径的计算方法有较好的准确性。

实测值离散度大的原因有两方面:其一是在堆芯的不同位置,中子能谱及中子通量有很大变化,不同的棒受到的实际中子注量是不同的,芯块的成分和密度变化是不同的,不能简单地用堆内时间长短来衡量;其二是中子能谱和中子通量不同,Ag-In-Sn 芯块的辐照蠕变也会不同。从图 7.3.21 的计算结果来看, 单独的化学成分变化引起的芯块密度

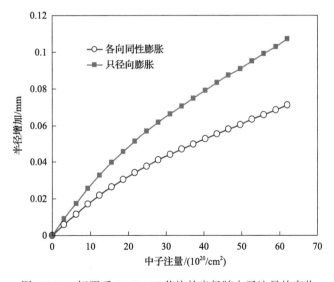

图 7.3.21　辐照后 Ag-In-Cd 芯块的半径随中子注量的变化

下降，难以造成控制控制棒的肿胀卡涩。控制棒的肿胀卡涩是芯块密度下降和堆内辐照蠕变的共同作用所致。

7.3.7 小结

通过对 Ag-In-Cd 三元合金和不同 Sn 含量的 Ag-In-Cd-Sn 参比合金的微观组织、热物理性能、压缩蠕变行为以及堆内辐照行为预测等研究，得到如下重要结果：

(1)由于合金组元的熔、沸点和密度相差较大以及金属 Cd 蒸气的有毒，传统的熔炼方法不适合 Ag-In-Cd-Sn 合金样品的制备，通过研究试验，探索出一种较为合适的熔炼方法。

(2)Sn 组元的添加，使得 Ag-In-Cd 三元合金转变为 Ag-In-Cd-Sn 四元合金的同时，其微观结构由原来的单相结构转变为双相结构，第二相粒子为 Ag_3In，经过 720℃×2h 淬火处理后第二相粒子发生了明显的长大并有部分发生溶解。

(3)Ag-In-Cd 合金与 Ag-In-Cd-Sn 参比合金的热导率、比热、热扩散率和热膨胀率在 25～600℃范围内都随着温度的升高而升高，但在相同温度条件下随着合金中 Sn 含量的增加，合金的热导率和热扩散率会发生明显下降，而热膨胀率则有所上升。

(4)压缩蠕变试验结果显示，Ag-In-Cd 合金与 Ag-In-Cd-Sn 合金的抗压缩蠕变性能都较差，但后者比前者在 300～400℃及 12～30MPa 压应力范围内抗压缩蠕变性能稍好。同时，两种合金的稳态压缩蠕变速率对压应力的敏感性都较高，因此结合控制棒中压紧弹簧作用于控制棒的应力水平较低(1～2MPa)的实际情况，认识到热蠕变对控制棒在堆内辐照后期的加速肿胀作用很小。

(5)建立辐照后，Ag-In-Cd 芯块化学成分、密度及芯块半径随中子注量变化的计算方法，为 Ag-In-Cd 控制材料堆内性能的评价提供了基本方法。

参 考 文 献

[1] 李雅范, 李梦启, 秦斌, 等. 第三代核主泵屏蔽电机的关键部件金属材料国产化综述[J]. 大电机技术, 2017(2): 26-30.

[2] 陈昊, 赵涛, 邢健, 等. 核级 Ag-In-Cd 合金棒材料研究进展[J]. 铸造技术, 2019, 40(9): 1018-1021.

[3] 杨文斗. 反应堆材料学[M]. 北京: 原子能出版社, 2000.

[4] 刘正东, 马颖澈, 肖红星, 等. 核电站关键材料性能研究[R]. 北京: 国家能源局, 2014.